Profundiza en las matemáticas universitarias con humor

Luis Martínez

Marcombo

Profundiza en las matemáticas universitarias con humor

© 2024 Luis Martínez

Primera edición, 2024

© 2024 MARCOMBO, S. L.

www.marcombo.com

Diseño de cubierta: ENEDENÚ DISEÑO GRÁFICO

Maquetación: Luis Martínez

Corrección: Cristina Pazos

Directora de producción: M.ª Rosa Castillo

ISBN: 978-84-267-3678-9

D.L.: B 2287-2024

Impreso en Servicepoint

Printed in Spain

Índice general

Prefacio

Si han leído "Adéntrate en las matemáticas universitarias con humor" ([7]), ya saben de qué va este libro. Si no lo han hecho, les diré que es un libro de matemáticas contadas con humor y desparpajo.

Al igual que el anteriormente citado, este libro trata sobre temas que es necesario conocer en un primer curso de un grado en ciencias o ingeniería (matemáticas, químicas, geología[1], ingenierías varias, etc.).

No es, ni mucho menos, un libro enciclopédico sobre matemáticas universitarias, sino algo más próximo a los conocimientos iniciales que se necesitan al iniciar una carrera de ciencias y que se suelen dar en un curso puente, a veces llamado curso cero y, otras veces, simplemente se presuponen[2] o, quizá peor aún, se dan deprisa y corriendo[3] sin dar tiempo de afianzar los conocimientos.

Este libro, "Profundiza en las matemáticas universitarias con humor", es una continuación del ya mencionado[4] "Adéntrate en las matemáticas universitarias con humor", lo cual ya se veía venir en la aliteración de los títulos.

No obstante, no es un volumen II, en cuanto a que se puede leer independientemente del anterior y, en las referencias que se hagan al mismo en algunas definiciones, proposiciones y teoremas, se dará una descripción de los mismos para que los lectores no dependan de su conocimiento previo. Así y todo, les recomiendo que, si no han leído

---

[1] Mal que le pese a Sheldon Cooper.
[2] Asumiendo el don de la ciencia infusa por parte de los alumnos.
[3] Porque me oprime el corsé.
[4] Con esta va la tercera: ¿publicidad encubierta, o no solo en la cubierta?

"Adéntrate en las matemáticas universitarias con humor"[5] lo hagan sin dilación, ya que ha tenido un gran éxito de público y crítica entre mi familia y amigos, lo cual es una garantía indudable y objetiva de calidad.

Como bien dijo el profesor Piero Grullo en su famoso "Tractatus semántico-lúdico", no es lo mismo adentrarse que profundizar, ya que, si uno profundiza sin haberse adentrado primero, se pega tremendo galletazo con la puerta. En consecuencia, en "Adéntrate en las matemáticas universitarias con humor"[6] traté principalmente temas básicos relativos a teoría de conjuntos y estructuras algebraicas que nos proporcionan los fundamentos y el lenguaje para poder estudiar otros temas más avanzados.

Basándome en lo anterior, en este libro expongo algunos tópicos más avanzados, como puedan ser los espacios vectoriales, la aritmética modular sobre los números enteros, los polinomios y las identidades sobre desigualdades entre números reales.

Además, este libro tiene un punto de vista más algorítmico que el anterior, más 'de hacer cuentas', para entendernos (lo cual reducirá ligeramente el número de bromas por página). Este es un enfoque muy importante en las matemáticas, pudiéndose decir que los algoritmos están presentes en gran parte de nuestras vidas, desde si nos conceden un crédito (o, por el contrario, empiezan a sonar fuertemente las alarmas y a encenderse las luces de emergencia en el banco) hasta la publicidad personalizada (viajes vacacionales a Turquía, ¿cómo rayos sabían que empiezo a tener alopecia?). En este libro no trataremos algoritmos tan avanzados, pero empezaremos a entender la idea general de qué es un algoritmo y cómo funciona.

Sigo teniendo las mismas deudas de gratitud en la escritura de este libro que en la del anterior y no enumeraré de nuevo la lista de agradecimientos, sobre todo para no volver a poner en evidencia a los aludidos, aunque sí añadiré a María Merino, revisora de algunos añadidos de última hora al libro y paciente sufridora de mis chistes en el comedor de la universidad. También quisiera mencionar a Antonio Vera, que siempre me ha apoyado en mi proyecto humorístico-matemático.

La web de este libro está en la dirección www.elhumornoquitaelrigor.com, que también aloja la del libro "Adéntrate en las matemáticas universitarias con humor", que

---

[5]¡Y van cuatro!

[6]He perdido la cuenta, si la encuentran, avísenme.

forma parte, al igual que este, de la serie de libros humorístico-científicos[7] "El humor no quita el rigor". En particular, en dicha web aparecen las soluciones a los ejercicios planteados al final de cada capítulo, además de otros materiales complementarios que no cabían en el margen de este libro[8]. También pueden encontrar en la web programas en Python que implementan los algoritmos descritos en el libro.

---

[7] A partes iguales.

[8] Los lectores tendrán que esperar a leer el capítulo 4 para entender este último chiste.

Capítulo 1

Paso a paso, verso a verso

1.1. ¡Que no decaiga el ritmo, aquí llega el algoritmo!

Los *algoritmos* sirven para resolver problemas[1]. Tienen unos datos de entrada y producen un resultado, normalmente numérico, de salida, después de la ejecución de algunos procesos matemáticos a lo largo de una serie de pasos o etapas consecutivas. Son un poco, como si dijéramos, como una receta de cocina, pero en plan matemático, como se puede ver en la siguiente figura:

---

[1]Problemas matemáticos, se entiende; por supuesto, no le van a servir para encontrar las llaves o quitarse de encima a ese cuñado pesado. Bueno, esto último quizá sí, si le cuenta con detalle algún algoritmo.

Figura 1.1: Algoritmo de la tortilla de patatas

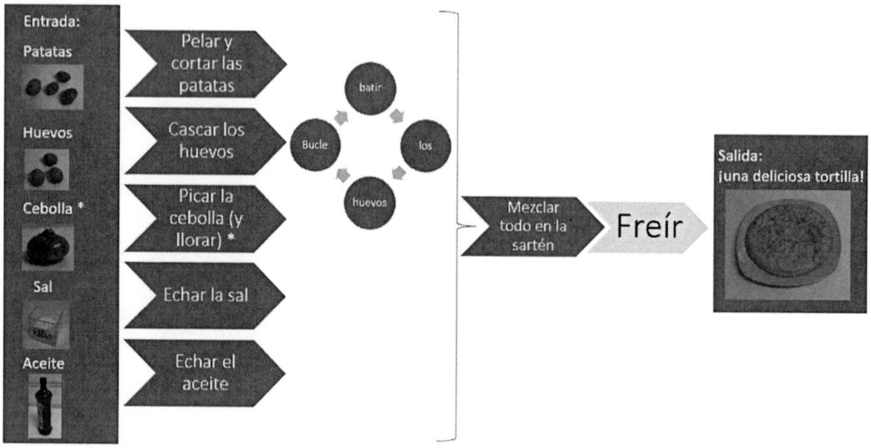

El dato de entrada y la operación indicados con * dependen de si son ustedes del equipo de la tortilla con cebolla o del de sin cebolla. Llegado el caso, y si fuera necesario, pueden omitirse este dato y esta operación.

Su nombre proviene de la fonética del nombre del matemático árabe Mohammed Ibn Musa Al-Khwarizmi, que los utilizó en sus escritos matemáticos. También el nombre 'álgebra', que es un área de conocimiento de las matemáticas, deriva de una de sus obras más famosas, "Kitab al-jabr wa al-muqabalah". A pesar de su otro apellido, no inventó el mus[2] y dar nombre a los algoritmos y al álgebra ya es mérito más que suficiente para entrar en el Parnaso de las matemáticas.

Aunque lo que voy a aclarar ahora es obvio, huelga decir que un algoritmo tiene que terminar y producir su resultado en un número finito de pasos, y este tiene que ser un resultado correcto que resuelva el problema planteado[3].

Hoy en día los algoritmos están muy de moda y se usan para casi todo, desde proteger la seguridad de sus transacciones electrónicas[4], de forma que no le puedan atacar su cuenta bancaria, hasta predecir las pautas de consumo de las personas, de forma que puedan atacar con su consentimiento su cuenta bancaria.

---

[2] Es bien sabido que lo inventó algún vasco.

[3] El que no se cumpliera lo primero comprometería el tiempo libre disponible de la persona que programa o ejecuta el algoritmo, y la falta de lo segundo pondría en entredicho su credibilidad profesional.

[4] O, por lo menos, de los pocos afortunados, entre los que no se cuenta el autor, a los que el sueldo les da ocasión y oportunidad de hacer transacciones electrónicas.

Ilustraré el concepto de algoritmo con un ejemplo bien conocido: el método de Gauss para resolver sistemas de ecuaciones lineales haciendo ceros por debajo de la diagonal en la matriz de coeficientes del sistema. Esto es lo que han venido ustedes haciendo desde la escuela elemental, aunque probablemente no se lo hayan presentado como método de Gauss, y consiste, dicho brevemente, en ir 'eliminando' incógnitas, de forma que en cada ecuación aparezca una menos que en la anterior y al final del proceso, en la última ecuación, aparezca solo una incógnita y, por lo tanto, sea una ecuación lineal fácil de resolver. Ahora, en la penúltima ecuación solo aparecen dos incógnitas y una de ellas se acaba de obtener en la forma que he descrito hace un momento, por lo que es fácil determinar la otra y así sucesivamente hasta hallar los valores de todas las incógnitas y resolver el sistema de ecuaciones.

El problema es en realidad más complicado de lo que acabo de contar, ya que el sistema puede no tener ninguna solución, en cuyo caso se dice que es *incompatible*, o también pueden tener más de una solución, y en este caso, se dice que el sistema es *compatible indeterminado*. Aunque el algoritmo se puede aplicar, haciendo las modificaciones necesarias, de forma que se engloben también estas situaciones en que el sistema es incompatible (de forma que el mismo detecte que no hay solución del sistema) o compatible indeterminado, lo explicaré para la circunstancia en que tiene una única solución (en este caso se dice que el sistema es *compatible determinado*) y en que el número de ecuaciones es igual al número de incógnitas (estos sistemas con solución única y tantas ecuaciones como incógnitas se llaman *sistemas de Cramer*). También supondremos que los coeficientes, los términos independientes y las soluciones buscadas son números reales o, más en general, números complejos, si los lectores no se sienten amilanados por ellos[5].

Supondremos, entonces, que ustedes tienen un sistema de ecuaciones lineales:

$$
\begin{cases}
a_{11}x_1 + \cdots + a_{1n}x_n = b_1 \\
\vdots \\
a_{n1}x_1 + \cdots + a_{nn}x_n = b_n
\end{cases}
$$

---

[5]Puestos a generalizar, nos valdría un cuerpo arbitrario, como los que se estudiaron en [7].

que quieren resolver, bien sea *motu proprio* o por exigencias de algún profesor.

Los números $a_{11}, \ldots, a_{n,n}$ se llaman *coeficientes* del sistema y los números $b_1, \ldots, b_n$ se llaman *términos independientes*. Las $x_1, \ldots, x_n$ se llaman *incógnitas*. Tanto los coeficientes como los términos independientes se consideran *parámetros*. Esto quiere decir que no son números concretos pero, a diferencia de las incógnitas, cuando se planteen y resuelvan un sistema de ecuaciones concreto van a tener unos valores específicos. Es decir, el sistema se puede representar dando los coeficientes $a_{i,j}$ con $1 \leq i, j \leq n$ y dando los términos independientes b_i con $1 \leq i \leq n$. Los coeficientes $a_{i,j}$ se suelen organizar distribuyéndolos en n filas y n columnas, formando lo que se llama una *matriz* numérica[6]. Denotaremos esta matriz por A y la llamaremos *matriz asociada al sistema*. Análogamente, los términos independientes b_i se suelen organizar en una matriz columna con los n números distribuidos a lo largo de la misma. Denotaremos esta matriz por B y la llamaremos *matriz de términos independientes*.

Una solución del sistema es una n-tupla $(u_1, \ldots, u_n)$ que satisface que al sustituir cada incógnita x_i por el número u_i se tiene una igualdad en cada ecuación, es decir, se cumple:

$$a_{11}u_1 + \cdots + a_{1n}u_n = b_1, \ldots, a_{n1}u_1 + \cdots + a_{nn}u_n = b_n.$$

Ejemplo 1.1.1. Consideremos el sistema de dos ecuaciones con dos incógnitas:

$$\begin{cases} 2x - 3y = 1 \\ \\ 5x + 4y = 2 \end{cases},$$

en el que se tiene que $n = 2$. Obsérvese que hemos denotado a las variables por x, y en vez de por x_1, x_2. El poner subíndices a las variables se suele hacer solo cuando se está razonando en general de forma teórica sobre sistemas de ecuaciones o cuando el número de incógnitas es muy grande. Cuando el número de incógnitas es 2, aunque en principio se podrían utilizar cualesquiera dos letras u otros símbolos para representarlas, el gremio de editores de libros de texto de todas las épocas y lugares se empeña en que se representen

---

[6]En lo casos como este, en los que el número de filas es igual al número de columnas, se dice que es una matriz cuadrada.

por x y por y y no hacerlo así les entristecería sobremanera (y cuando son tres incógnitas, x, y, z).

En este caso, $a_{1,1} = 2, a_{1,2} = -3, a_{2,1} = 5, a_{2,2} = 4$ y la matriz asociada es:

$$A = \begin{pmatrix} 2 & -3 \\ 5 & 4 \end{pmatrix}.$$

Los términos independientes son $b_1 = 1, b_2 = 2$, y la matriz columna de términos independientes es:

$$B = \begin{pmatrix} 1 \\ 2 \end{pmatrix}.$$

Es habitual describir los algoritmos mediante *pseudocódigo*. Se le llama así porque recuerda el código escrito en lenguajes de programación como puedan ser C, Java, Fortran, etc., pero usando un lenguaje más próximo a los lenguajes usados en la calle[7] por los seres humanos.

Podemos ver en la tabla del Algoritmo 1 de la página siguiente la descripción concreta en pseudocódigo del algoritmo que estamos considerando.

En dicho algoritmo, la flecha ← indica 'asignación', es decir, asignar a la variable que aparece a la izquierda de la misma el valor que aparece a la derecha. Por ejemplo, $a_{k,r} \leftarrow a_{k,r} - ca_{i,r}$, en la instrucción 10, quiere decir 'asignarle a la variable $a_{k,r}$ la diferencia entre el valor antiguo que tenía la variable $a_{k,r}$[8] y el valor de la variable c multiplicado por $a_{i,r}$', donde el valor de la variable c se asigna en la instrucción 8 y viene dado por el cociente $\frac{a_{k,i}}{a_{i,i}}$. Por cierto, la división entre $a_{i,i}$ que nos aparece en dicho cociente tiene sentido, ya que las instrucciones 3 a 6 nos garantizan que $a_{i,i} \neq 0$.

La idea intuitiva del algoritmo es muy simple: se trata de ir haciendo transformaciones en la matriz del sistema y en la de términos independientes hasta conseguir que la matriz del sistema tenga ceros por debajo de la diagonal principal (la diagonal principal es la formada por los elementos $a_{1,1}, \ldots, a_{n,n}$ con índices de fila y de columna iguales). Este tipo de matrices se llaman *matrices triangulares*. Una vez conseguido esto, en la segunda

---

[7]O en sus casas, o en cualquier otro sitio que estén.

[8]Sí, el valor de $a_{k,r}$ ha cambiado, ¿por qué creían que se llamaba variable, si no?

Algoritmo 1 Algoritmo para resolver sistemas de Cramer

Entrada: (A, B), donde A y B son la matriz del sistema y la matriz de términos independientes, respectivamente

Salida: solución $(u_1, \ldots, u_n)$

1: $n \leftarrow$ número de filas de A
2: **para** i desde 1 hasta $n-1$ **hacer lo siguiente**
3:      buscar el menor $j \geq i$ tal que $a_{j,i} \neq 0$
4:      **si** $j > i$ **entonces**
5:          intercambiar la fila i-ésima de A con la fila j-ésima y b_i con b_j
6:      **fin de si**
7:      **para** k desde $i+1$ hasta n **hacer lo siguiente**
8:          $c \leftarrow \dfrac{a_{k,i}}{a_{i,i}}$
9:          **para** r desde i hasta n **hacer lo siguiente**
10:             $a_{k,r} \leftarrow a_{k,r} - c a_{i,r}$
11:         **fin de para**
12:         $b_k \leftarrow b_k - c b_i$
13:     **fin de para**
14: **fin de para**
15: $u_n \leftarrow \dfrac{b_n}{a_{n,n}}$
16: **para** s descendiendo desde $n-1$ hasta 1 **hacer lo siguiente**
17:     $u_s \leftarrow \dfrac{b_s - \displaystyle\sum_{t=s+1}^{n} a_{s,t} u_t}{a_{s,s}}$
18: **fin de para**
19: **devolver** $(u_1, \ldots, u_n)$

---

parte del algoritmo, a partir de la instrucción 15, se resuelve el sistema despejando las incógnitas 'hacia atrás', es decir, primero la última, u_n, luego la penúltima, u_{n-1} y así sucesivamente.

En la instrucción 3 del algoritmo se busca el menor $j \geq i$ tal que $a_{j,i} \neq 0$. ¿Qué pasaría si no hubiera ningún $j \geq i$ con $a_{j,i} \neq 0$? Afortunadamente, esto no puede ocurrir, ya que entonces el sistema de ecuaciones podría no tener solución, o también podría tener más de una solución y, en cualquier caso, no sería un sistema de Cramer. Por supuesto, si ustedes 'alimentan' el algoritmo con matrices de un sistema que no es de Cramer, esta situación embarazosa de que $a_{j,i} = 0 \ \forall j \geq i$ puede ocurrir para algún i. Hay un conocido adagio en la teoría de algoritmos que dice que "si se introduce basura, se obtiene basura", así que es tarea suya asegurarse cuando ejecuten el algoritmo de que el sistema es de Cramer[9].

En el Ejemplo 1.1.1 antes presentado, al ejecutar el algoritmo habría que proceder del siguiente modo:

Como $n - 1 = 1$, el bucle iniciado en la instrucción 2 en el que i varía desde 1 hasta $n - 1$ tiene una sola iteración. Como $a_{1,1} = 2$ y, por lo tanto, es distinto de cero, no es necesario hacer ningún intercambio de filas y nos ahorramos esa etapa. Dado que la k en la instrucción 7 varía desde 2 hasta 2, este bucle también tiene una sola iteración, en la que k vale 2. Después hacemos:

$$c \leftarrow \frac{a_{2,1}}{a_{1,1}}$$

y:

$$a_{2,r} \leftarrow a_{2,r} - c a_{1,r}$$

con r variando desde 1 hasta 2, es decir:

$$a_{2,r} \leftarrow a_{2,r} - \frac{5}{2} a_{1,r},$$

con lo que:

$$a_{2,1} \leftarrow 5 - \frac{5}{2} 2 = 0 \ \text{y} \ a_{2,2} \leftarrow 4 - \frac{5}{2}(-3) = \frac{23}{2},$$

---

[9]No obstante, como ya dije, es fácil hacer algunas variaciones en el método de Gauss, manteniendo la idea básica, para tratar con casos más generales en los que el sistema pueda no tener solución o tener más de una solución.

y luego hacemos:

$$b_2 \leftarrow b_2 - cb_1,$$

es decir:

$$b_2 \leftarrow 2 - \frac{5}{2} \cdot 1 = -\frac{1}{2}.$$

De esta forma, obtenemos las nuevas matrices:

$$A = \begin{pmatrix} 2 & -3 \\ 0 & \frac{23}{2} \end{pmatrix} \text{ y } B = \begin{pmatrix} 1 \\ -\frac{1}{2} \end{pmatrix}.$$

Si les parece que lo hecho hasta aquí raya en lo esotérico, se lo contaré de forma más simple: a la segunda ecuación, que es $5x + 4y = 2$, le restamos la primera, que es $2x - 3y = 1$, multiplicada por $\frac{5}{2}$, es decir, a la ecuación $5x + 4y = 2$ le restamos la ecuación $5x - \frac{15}{2}y = \frac{5}{2}$, con lo que al hacer la resta 'se van'[10] las x y se obtiene $\frac{23}{2}y = -\frac{1}{2}$, con lo que las 'nuevas' ecuaciones son:

$$\begin{cases} 2x - 3y = 1 \\ \frac{23}{2}y = -\frac{1}{2} \end{cases},$$

cuya matriz asociada es:

$$\begin{pmatrix} 2 & -3 \\ 0 & \frac{23}{2} \end{pmatrix},$$

y cuya matriz de términos independientes es:

$$\begin{pmatrix} 1 \\ -\frac{1}{2} \end{pmatrix},$$

que son las matrices A y B que nos han salido antes. ¿A que así se entiende mejor?

Observamos que, como ya he comentado, en el nuevo sistema se cumple que $a_{2,1} = 0$, es decir, no aparece la x. Esto es porque el número por el que multiplicamos la primera ecuación para hacer la resta está puesto 'a tiro' para que nos aparezca un cero.

---

[10]¿A dónde se van? A ningún sitio, siguen ahí pero, como diría Bart Simpson, se han multiplicado por cero, por lo que es como si no estuvieran.

Fíjense bien, el antiguo valor de $a_{2,1}$ es 5 y aprovechamos que en la primera ecuación el coeficiente de la x es 2, por lo que al multiplicar la primera ecuación por $\frac{5}{2}$ conseguimos dos cosas: primero, al dividir por 2 se tiene que el 2 aparece multiplicando y dividiendo, por lo que este se cancela y nos queda, provisionalmente, un 1; segundo, al multiplicar por 5 el 1 provisional que hemos mencionado, obtenemos como resultado 5, que es igual al coeficiente de la x en la segunda ecuación, de forma que al hacer la diferencia se cancelan los términos en los que aparece la x. Esta es la explicación del misterioso cociente c definido en la instrucción 8 y que aparece también en las instrucciones 10 y 12 del algoritmo: el denominador $a_{i,i}$ 'borra' el coeficiente de la variable x_i en la ecuación que restamos, y el numerador 'copia' el coeficiente de x_i en la ecuación de la que hacemos la resta, de forma que se cancele el término en x_i. Más concretamente, la instrucción 12 consiste en hacer la misma operación con los correspondientes términos independientes, ya que la operación la hacemos con las ecuaciones completas.

Volviendo al ejemplo, podemos ver que en la 'nueva' segunda ecuación, $\frac{23}{2}y = -\frac{1}{2}$, podemos despejar la y dividiendo en ambos miembros entre $\frac{23}{2}$, obteniendo que $y = -\frac{1}{23}$ y, sustituyendo este valor de la y en la primera ecuación, se llega a que $2x = 1 + 3y = 1 - \frac{3}{23}$ y volvemos a tener una ecuación con una sola incógnita, que es fácil de resolver y se obtiene que $x = \frac{10}{23}$.

Este proceso de ir despejando 'hacia atrás' las incógnitas se corresponde con las instrucciones 15 a 18 del algoritmo.

En capítulos posteriores del libro iremos viendo algunos otros algoritmos clásicos. Un aspecto importante a tener en cuenta en la teoría de algoritmos es el estudio de la *complejidad* de los mismos. Esto no tiene que ver con lo 'difíciles' que les parezca a los estudiantes[11], sino con que haya que dar muchos o pocos pasos para obtener la solución (aquí por 'pasos' no quiero decir iteraciones en los bucles del algoritmo, sino operaciones elementales como hacer una suma, resta, multiplicación, división, exponenciación, comparación lógica, asignación a una variable, etc.). Si hay que dar muchos pasos, esto va a redundar negativamente, cuando se ejecute el algoritmo en un ordenador, en el tiempo que será necesario para ejecutar el programa. Una medida de si el número de pasos es grande viene dada por la comparación del número n de bits necesarios para representar

---

[11]Que les suele parecer que mucho al principio.

los elementos de entrada del algoritmo y el número $P(n)$ de pasos necesario para obtener la solución (puede considerarse el número máximo de pasos, el número promedio de pasos, etc.). Un tipo de algoritmos especialmente interesantes son los que tienen una complejidad polinomial. Esto quiere decir que el número de pasos $P(n)$ está acotado por un polinomio de grado fijo evaluado en n. Estos se consideran eficientes, porque el número de pasos es asumible (¡dentro de lo que cabe!). Cuando ocurre esto, se dice que el problema que resuelve el algoritmo está en P.

Veremos en los ejercicios que el algoritmo descrito para resolver sistemas de Cramer tiene una complejidad polinomial, así como también la tienen los demás algoritmos que estudiaremos más adelante.

TURING EX MACHINA

Las matemáticas estudian de manera teórica muchas cuestiones relacionadas con la computación, como, por ejemplo, ¿qué números pueden ser computados con un dispositivo mecánico? ¿qué teoremas matemáticos pueden ser demostrados sistemáticamente a partir de un conjunto de axiomas y unas reglas de inferencia? ¿cuál es el mínimo número de instrucciones con el que se puede elaborar un algoritmo que resuelva un problema? ¿qué ordenador me puedo comprar que sea bueno, bonito y barato? (esta última, como habrán observado, es de broma).

El matemático Alan Turing planteó en [13] una máquina hipotética que consiste básicamente en una cinta infinita dividida en casillas y un cabezal de lectura y escritura que puede desplazarse sobre la cinta a derecha e izquierda (en la formulación original de Turing era la cinta la que se desplaza a derecha e izquierda por el cabezal. Como la cinta es infinita y, por tanto, tiene una masa infinita, esto plantearía un problema de eficiencia energética si existiera de verdad). La cinta contiene inicialmente una serie de símbolos de un alfabeto finito dado (considerándose el caso de que la casilla no contenga ningún símbolo como un caso especial de símbolo, llamado 'blanco'). El cabezal, cuando está situado sobre un símbolo en una casilla, puede borrarlo y escribir otro.

También, en cada etapa en la que el cabezal está en una casilla, dicho cabezal está en un estado concreto de entre los de un conjunto finito de posibles estados.

Intuitivamente, estos estados codifican de forma matemática abstracta el tipo de subtarea que está realizando el cabezal (por ejemplo, 'buscar una cadena de tres símbolos 1 seguidos', o 'borrar todos los símbolos 2, desplazándose hacia la izquierda hasta encontrar un símbolo 1', o 'calcular la llevada en una suma binaria de dos bits', o 'contar el número de treses en un conjunto de casillas consecutivas precedidas y seguidas por un símbolo en blanco'. Como dijo el propio Turing, los estados simulan matemáticamente 'estados de la mente' en los que puede estar una persona al hacer los cálculos (el mío, particularmente, suele estar en una playa tropical con un Daiquiri).

La fuerza impulsora que anima el cotarro viene del hecho de que el cabezal, al estar en un estado concreto en una casilla con un símbolo determinado, puede borrar el símbolo y escribir otro, desplazarse una casilla a la derecha o a la izquierda, o cambiar a otro estado. Esto se codifica mediante una serie de 'instrucciones' que serían, como si dijéramos, el 'software' de la *máquina de Turing*. Estas instrucciones son cuádruplas, donde las dos primeras componentes de cada cuádrupla son el estado y el símbolo leído, la tercera componente puede ser o bien el nuevo símbolo escrito o una D que indicará moverse una casilla a la derecha o una I que indicará moverse una casilla a la izquierda. La cuarta componente indica el nuevo estado al que pasa la máquina.

Por ejemplo, si los posibles estados son s_0, s_1 y s_2 y los posibles símbolos son 'blanco', 0, 1 y si la máquina está en el estado s_0 sobre una casilla que contiene el símbolo 1 y hay una cuádrupla $(s_0, 1, D, s_2)$, entonces el cabezal se mueve una casilla a la derecha (sin alterar el símbolo 1 de la casilla antigua, ya que es una instrucción 'de desplazamiento' y no 'de sobreescritura') y termina en el estado s_2. Si, por ejemplo, la máquina está en el estado s_1 sobre una casilla que contiene el símbolo 0 y si hay una cuádrupla $(s_1, 0, 1, s_0)$, la máquina borra el 0 y escribe un 1 en su lugar y cambia de estado (como el agua) a s_0.

Una vez que una cuádrupla hace su magia, se vuelven a examinar todas las cuádruplas hasta ver a cuál le toca actuar ahora y se repite el proceso hasta siempre o hasta que se llegue a un estado de parada, lo que antes suceda (en algunas formulaciones se admiten varios estados de parada, e incluso en algunas otras la máquina para cuando no hay ninguna cuádrupla en el 'programa' cuyas dos primeras componentes son el estado actual de la máquina y el símbolo leído, respectivamente. Hablando informalmente, cuando la máquina no sabe qué hacer).

Para que no haya ambigüedad, se pide también que no haya dos cuádruplas distintas con las mismas dos primeras componentes, es decir, que no haya dos acciones distintas a tomar cuando, en un estado concreto, el cabezal lee un símbolo concreto.

Huelga decir que la máquina de Turing no es, ni puede ser, una máquina física real de las que se le puede caer a alguien en el pie, ya que presupone una cinta infinita dividida en infinitas casillas, lo cual exigiría papel a cascoporro. Además, cuando Turing la ideó ni siquiera existían los ordenadores en el sentido actual del término. Por el contrario, es una estructura matemática que permite estudiar las preguntas realizadas al comienzo (excepto la de comprar el ordenador) y muchas otras más.

Dos de los tópicos analizados con las máquinas de Turing son los siguientes: el primero, saber si se puede construir una "máquina de Turing universal" que simule cualquier otra máquina de Turing, es decir, que si codificamos inicialmente en la cinta de la máquina universal de forma apropiada las cuádruplas de un 'programa' concreto, la máquina se comporte igual a como lo haría una máquina de Turing con ese 'programa'. El propio Turing demostró que eso es fácil de conseguir y es lo que justifica la opinión no escrita de que lo que se puede hacer con un ordenador también se puede conseguir con otro, aunque sea de otra marca con características distintas, procesador diferente y con otro sistema operativo. Con la idea de máquina universal Turing fue un adelantado a la idea moderna de computador multiusos que según el programa que introduzcamos puede realizar una tarea u otra completamente distinta.

El otro tópico planteado por Turing es el "problema de la parada" y consiste en saber si se puede hallar una máquina de Turing en la que, si se le da como entrada el conjunto de cuádruplas (codificado adecuadamente) de otra máquina de Turing, determine si la otra máquina llegaría a detenerse en algún momento si la ejecutáramos o, si por el contrario, seguiría ejecutándose hasta que Don Limpio se deje melena. Para algunos programas concretos es fácil saber si van a terminar o no, pero Turing probó que la respuesta al problema de la parada para cualquier programa de entrada arbitrario es negativa y no se puede determinar usando una máquina de Turing si otra máquina va a terminar su ejecución en algún momento. Aunque no lo voy a desarrollar, es interesante señalar que el razonamiento de Turing para demostrar la irresolubilidad del problema de la parada se basa en el argumento diagonal de Cantor, del que ya se habló en [7] y que permitía probar que el conjunto de los números reales no es numerable; ya ven que el argumento diagonal de Cantor lo mismo sirve para arreglar un roto que un descosido.

Si se han quedado con ganas de saber más sobre máquinas de Turing pueden consultar el capítulo 5 del libro [14] y, si quieren conocer más cosas sobre la obra y las muchas contribuciones de Turing (entre ellas, la de salvar la vida de miles de personas durante la Segunda Guerra Mundial gracias a haber descifrado el código enigma), les recomiendo que lean [5].

1.2.   *El que busca, halla*

Un ejemplo típico de una familia de algoritmos son los *algoritmos de búsqueda*. El objetivo de estos es encontrar un elemento a en una lista dada $a_1, a_2, a_3, \ldots$ Con 'encontrar' no me refiero a localizarlo visualmente, sino a determinar su posición en la lista, es decir, encontrar un número natural k que cumpla que $a = a_k$. Esto podría parecer un problema anodino y poco interesante, pero no lo es. Por el contrario, tiene un gran interés en informática en el estudio de bases de datos y podría hacer una lista de otras muchas aplicaciones, pero no me apetece ponerme a buscar.

Si los elementos que forman la lista no tienen una mínima estructura, encontrar un elemento en ella sería como buscar una aguja en un pajar o, empleando una metáfora más precisa, buscar una aguja en particular en una montaña de agujas[12] y tendríamos que sacar una bola de cristal o, si falla lo anterior, hacer una búsqueda de fuerza bruta[13] e ir inspeccionando uno por uno los elementos de la lista hasta dar con el que estábamos buscando: ¿Es $a = a_1$? En caso de que sí, el índice buscado es $k = 1$ y, colorín colorado, esta búsqueda ha acabado. En caso contrario, ¿es $a = a_2$? Si la respuesta es afirmativa, $k = 2$ y, en caso contrario, etc., etc. Es casi la versión moderna del mito de Sísifo, ya ven

---

[12]Tarea apta tan solo para fakires.
[13]Llamada, en lenguaje más técnico, búsqueda exhaustiva.

que si la lista fuera larga, digamos que con miles de millones de elementos, la búsqueda llevaría un tiempo prohibitivo.

Si, por el contrario, los elementos de la lista tienen algo de estructura adicional, más concretamente que estén ordenados[14], entonces otro gallo canta y hay algoritmos mucho más rápidos y eficientes.

Entre los muchos algoritmos existentes para realizar esta tarea les presentaré el más famoso de todos: el *algoritmo de búsqueda binaria*. La idea intuitiva es la siguiente: si $a_1 \leq a_2 \leq a_3 \leq \cdots \leq a_n$ y buscamos un elemento a, en vez de ir comparando uno por uno, podemos tomar $k = \lfloor \frac{n+1}{2} \rfloor$ (es decir, la parte entera de $\frac{n+1}{2}$ que, como n es positivo, consiste en 'quitarle los decimales' a $\frac{n+1}{2}$) y ver cuál de las tres situaciones siguientes se da: $a = a_k$, $a < a_k$ o $a > a_k$. En el primer caso el elemento a ya queda localizado en la lista, en la posición k-ésima. En el segundo caso, el elemento buscado está en la 'mitad izquierda' de la lista, es decir, en $a_1, a_2, \ldots, a_{k-1}$ y, en el tercero, está en la 'mitad derecha', o sea, en $a_{k+1}, a_{k+2}, \ldots, a_n$. De esta forma, si no nos toca el jamón ibérico en el primer tiro, hemos restringido la búsqueda a una lista más pequeña que tiene, como quien dice, la mitad de elementos que la original. Ahora, repetimos el proceso, con lo que vamos acorralando al elemento buscado, ya que el número de elementos de la lista de búsqueda se divide (*grosso modo*) por 2 en cada etapa, de forma que si consideramos la etapa p-ésima, cuando p va aumentando, 2^p se va haciendo muuuuuy grande[15], de tal manera que las sublistas que vamos considerando van reduciendo rápidamente su longitud y, más pronto que tarde, nos encontramos con que $a = a_k$ y ahí estará Wally, perdón, el elemento a.

En la tabla del Algoritmo 2 en la página siguiente se puede ver la descripción del algoritmo de búsqueda binaria en pseudocódigo.

---

[14]Pueden ser números reales y que el orden sea el orden numérico habitual, o palabras y que el orden sea el orden alfabético usual (también llamado orden lexicográfico) 'de diccionario' en el que toda palabra que empieza por 'a' va antes que cualquier palabra que empieza por 'b', etc. y, si dos palabras empiezan por la misma letra, se ordenan de acuerdo a la segunda y así sucesivamente.

[15]Que se lo digan, si no, al rey que se quedó a dos velas con el pago a Sissa, inventor del ajedrez.

Algoritmo 2 Algoritmo de búsqueda binaria

Entrada: Una lista ordenada $a_1, a_2, \ldots, a_n$ y un elemento a

Salida: Un índice $k \in \{1, \ldots, n\}$ que cumpla que $a_k = a$ en caso de que exista y el valor 0 en caso de que a no esté en la lista

1: $i \leftarrow 1$
2: $j \leftarrow n$
3: **mientras** $i \leq j$ **hacer lo siguiente**
4:     $k \leftarrow \lfloor \frac{i+j}{2} \rfloor$
5:     **si** $a = a_k$ **entonces**
6:        **devolver** k **y terminar**
7:     **en otro caso si** $a < a_k$ **entonces**
8:        $j \leftarrow k - 1$
9:     **en otro caso**
10:       $i \leftarrow k + 1$
11:     **fin de si**
12: **fin de mientras**
13: **devolver** 0

Hagamos ahora el análisis del algoritmo:

Primeramente, observamos que los sucesivos valores de i y j señalan los índices de los extremos izquierdo y derecho, respectivamente, de las sublistas que nos van apareciendo, que van quedando anidadas cada una de ellas en la que la precede.

El algoritmo termina, ya que en cada etapa del bucle 'mientras' de la instrucción 3, la diferencia $j - i$, siendo ≥ 0, se va reduciendo estrictamente, por lo que en algún momento tendrá que, o bien haberse encontrado el elemento a, o hacerse $i > j$. Si, no contentos con saber que termina, queremos asegurarnos de que termina 'rápido'[16], observemos que, en caso de que se ejecute la instrucción 7, como $k \leq \frac{i+j}{2}$, el nuevo valor de $j - i$, que es $k - 1 - i$, es menor o igual que la mitad del antiguo menos 1 y, en caso de que se ejecute la instrucción 9 (o sea, que $a > a_k$), como $\frac{i+j}{2} < k + 1$, el nuevo valor de $j - i$, que es $j - k - 1$, es menor que la mitad del antiguo luego, después de hacer r etapas desde el comienzo del algoritmo, el número de elementos de la sublista es menor que $\frac{n}{2^r}$ y se tendrá que $\frac{n}{2^r} < 1$ siempre que $n < 2^r$, lo cual ocurre cuando r es mayor que el logaritmo en base 2

---

[16]¡Imagínense qué drama si fuera disminuyendo de unidad en unidad y n fuera 100000000000000000000! Por suerte, no va ser así.

de n y esto pasa 'pronto', ya que el logaritmo en base 2 (¡y en cualquier otra base!) es aproximadamente proporcional al número de cifras de n[17].

Ahora que sabemos que el algoritmo acaba, veamos que da el resultado buscado pues, como en la obra de Guillermo Shakespeare, *bien está lo que bien acaba*. Observen que en todas las etapas se cumple que $a_i \le a \le a_j$, por lo que, si el elemento está en la lista, en algún momento el sandwich atrapa al jamón y $a_k = a$, que es lo que queríamos conseguir[18].

El algoritmo va bien incluso en el caso de que el elemento a no esté en la lista, ya que entonces llega un momento en el que $i > j$ y se sale del bucle 'mientras'[19], con lo que se ejecuta la instrucción 13 y el algoritmo devuelve el valor 0, que nos indica la no pertenencia del elemento a la lista.

Ejemplo 1.2.1. Si tenemos la siguiente lista ordenada de números:

$$17, 25, 34, 59, 60, 67, 75, 108, 351, 392, 591$$

y queremos encontrar el elemento $a = 108$, tenemos $n = 11$ y hacemos las asignaciones $i \leftarrow 1, j \leftarrow 11$. Como $1 \le 11$, hacemos $k \leftarrow \lfloor \frac{1+11}{2} \rfloor = 6$. Al ser $a = 108 > 67 = a_6$, hacemos $i \leftarrow 7$, con lo que ahora i es 7 y j es 11.

Como $7 \le 11$, tomamos $k \leftarrow \lfloor \frac{7+11}{2} \rfloor = 9$. Ahora, $a < a_9$, así que hacemos $j \leftarrow 8$, con lo que i es 7 y j es 8 y, como $7 \le 8$, vamos a la siguiente etapa.

Ahora $k \leftarrow \lfloor \frac{7+8}{2} \rfloor = 7$ y, al ser $a = 108 > 75 = a_7$, hacemos $i \leftarrow 8$, con lo que tenemos $i = 8, j = 8$ (¡choquetazo!) y, en la siguiente etapa, $k \leftarrow 8$ por lo que, como $a = 108 = a_k$, el algoritmo devuelve la posición 8 como resultado y termina.

Un matiz importante del algoritmo de búsqueda binaria que he descrito es que funciona también si en la lista aparecen elementos repetidos (todos seguidos, al ser una lista ordenada). El análisis del algoritmo sigue siendo exactamente igual y este devuelve un valor de entre los posiblemente varios que cumplan que $a = a_k$.

---

[17]Por ejemplo, para $n = 231478$ lo conseguimos con 17 iteraciones. Felizmente, es probable que se haya encontrado antes el elemento.

[18]Y yo un Ferrari, pero eso es otra historia.

[19]Pruébenlo con un ejemplo pequeño y lo verán.

Para saber más sobre los aspectos matemáticos de los algoritmos pueden leer [12] y, sobre la historia de su implementación en dispositivos físicos computacionales, [11].

1.3.   Ejercicios

1. Buscar en la literatura matemática e informática tres ejemplos de algoritmos clásicos.

2. Utilizar el algoritmo visto para la resolución de sistemas compatibles determinados de ecuaciones lineales con igual número de ecuaciones y de incógnitas para resolver el sistema:

$$\begin{cases} x - 2y + z = \sqrt{2} \\ \sqrt{2}x + \frac{1}{3}y + z = \frac{19}{6} \\ \sqrt{2}x + \sqrt{3}y + \frac{1}{2}z = \frac{5+\sqrt{3}}{2} \end{cases}.$$

3. Modificar el Algoritmo 1 visto en el texto para que se pueda aplicar con un número de ecuaciones y de incógnitas arbitrario que sea válido tanto si el sistema no tiene solución (incompatible) como si tiene solo una (compatible determinado) o más de una (compatible indeterminado).

4. Utilizar el algoritmo del problema anterior para decidir si los siguientes sistemas son compatibles y, si lo fueran, dar la solución:

   a)

$$\begin{cases} 2x + 3y + z = 12 \\ -x + y + 4z = -3 \\ 5x + z = 9 \end{cases}.$$

21

b)

$$\begin{cases} x + y - z = 5 \\ x + 6y - z = 7 \\ -x + 4y + z = 3 \end{cases}.$$

c)

$$\begin{cases} x + 3y - 2z = 1 \\ 2x + 5y + z = 1 \\ x + 2y + 3z = 0 \\ x + 4y - 7z = 2 \end{cases}.$$

5. Usar el algoritmo de búsqueda binaria para encontrar la posición del número 6 en la lista:

$$-5, 0, 3, \frac{16}{5}, \sqrt{17}, 5, 6, 9.85, 9.86, 4\pi, 19, 23, 47, \frac{103 + \sqrt{2}}{2}, 75, 283.$$

6. Encontrar, utilizando el algoritmo de búsqueda binaria, la posición de la palabra 'lista' en la lista:

   'afortunadamente', 'desde', 'el', 'inicio', 'la', 'lista', 'mantiene', 'mucho', 'orden'.

7. Deducir del algoritmo visto en el texto que el problema de resolver un sistema de ecuaciones lineales compatible determinado está en P, es decir, tiene una complejidad polinomial respecto al tamaño de la entrada.

8. Concluir del algoritmo de búsqueda binaria que el problema de encontrar un elemento en una lista está en P, en el sentido de que tiene una complejidad polinomial respecto a la cantidad de cifras del número de elementos de la lista.

9. Dadas dos sucesiones $(a_n)_{n \in \mathbb{N}}$ y $(b_n)_{n \in \mathbb{N}}$ de números positivos, diremos que $a_n = O(b_n)$ si $\exists C \in (0, +\infty)$ y $\exists n_0 \in \mathbb{N}$ tales que $a_n \leq C b_n$ $\forall n \geq n_0$ (en este caso, se dice que a_n es 'O grande[20]' de b_n. Esta es la llamada *notación O grande de Landau*).

---

[20]Por razones que saltan a la vista.

Demostrar que un problema está en P, o sea, tiene una complejidad polinomial respecto al tamaño n de la entrada si y solo si el número de pasos elementales a realizar con algún algoritmo que lo resuelva es $O(n^k)$ para algún exponente k, donde n es el tamaño de la entrada.

10. Expresar el máximo número de pasos a realizar con el algoritmo visto de resolución de sistemas de ecuaciones lineales y el de búsqueda binaria en la forma $O(n^k)$.

11. En el algoritmo de búsqueda binaria se pide que, ya de partida, los elementos de la lista estén ordenados. Bueno sería, por lo tanto, disponer de algún algoritmo de ordenación que ponga a tiro la lista. Pensar algún algoritmo que tome como entrada una lista y devuelva como salida la lista ordenada. Rómpanse la cabeza[21] para que el algoritmo sea lo más eficiente posible, en el sentido de que no haya que dar demasiados pasos. Esta estrategia tiene sentido cuando se van a hacer muchas búsquedas en la lista ordenada, para que nos cunda el esfuerzo de realizar la tarea de ordenación.

---

[21]¡No literalmente!

Capítulo 2

Un número no basta

2.1. Navegando por el espacio

A diferencia de las magnitudes escalares, que se determinan por un número real, positivo, negativo o nulo, están las magnitudes vectoriales, representadas por vectores. Intuitivamente, estos se suelen indicar mediante una flecha en el plano $\mathbb{R}^2$ o en el espacio tridimensional $\mathbb{R}^3$, con un origen[1] y una punta[2]. A esto se le suele llamar *vector fijo* y, cuando se permite a los vectores fijos trasladarse en el plano o en el espacio manteniendo su dirección y su sentido, a las clases de equivalencia así formadas[3] se les llama *vectores libres*.

Esto, en el fondo, es una visión demasiado estrecha y restrictiva de lo que son los vectores y se suele explicar también diciendo que son magnitudes que no quedan caracterizadas por tan solo un número, y que se necesita dar para definirlas un número no negativo, llamado el módulo del vector, así como su dirección y sentido. Ejemplos de magnitudes vectoriales en física son la velocidad, la aceleración y el momento lineal.

---

[1]Sin plumas.

[2]Teórica y, por lo tanto, roma e inofensiva.

[3]De la relación de equivalencia obvia en la que dos vectores están relacionados si uno de ellos es un trasladado de otro en la forma indicada.

Otra forma de entender intuitivamente los vectores es como cantidades que no tienen una sola dimensión y que se pueden descomponer como una combinación de múltiplos de cantidades similares en algunas direcciones prefijadas, de forma que el vector en sí es el resultado de dichas acciones conjuntas[4].

Esta forma de ver los vectores es intuitivamente atrayente, pero dicho de forma tan poco concreta carece de rigor matemático. La definición rigurosa es que los vectores son los objetos de una estructura que satisface los axiomas de espacio vectorial que daremos a continuación:

Definición 2.1.1. *Un espacio vectorial sobre un cuerpo[5] $(K, +, \cdot)$, llamado también K-espacio vectorial, es una terna $(V, +, \cdot)$, donde $(V, +)$ es un grupo abeliano[6] y donde:*

$$\cdot : K \times V \longrightarrow V$$

es una ley de composición externa que cumple:

1. *$(\lambda + \mu) \cdot v = \lambda \cdot v + \mu \cdot v \ \forall \lambda, \mu \in K, \forall v \in V$,*

2. *$\lambda \cdot (v + w) = \lambda \cdot v + \lambda \cdot w \ \forall \lambda \in K, \forall v, w \in V$,*

3. *$\lambda \cdot (\mu \cdot v) = (\lambda \cdot \mu) \cdot v \ \forall \lambda, \mu \in K, \forall v \in V$,*

4. *$1 \cdot v = v \ \forall v \in V$.*

El punto se suele omitir en la multiplicación en K, denotando los productos de elementos del cuerpo por yuxtaposición para no recargar la notación.

Cuando se sobreentiende cuál es el cuerpo K que se está considerando se omite la K, de nuevo por no recargar la notación, y se habla simplemente de espacio vectorial en vez de K-espacio vectorial.

---

[4]Como veremos después, la forma rigurosa de decir esto es que, dada una base, un vector se puede poner de forma única como combinación lineal de los vectores de la base.

[5]Un cuerpo es un conjunto con más de un elemento con dos operaciones conmutativas, asociativas, con elemento neutro, elemento simétrico (de cualquier elemento para la suma y de cualquier elemento no nulo para la multiplicación) en el que la multiplicación cumple la propiedad distributiva respecto a la suma, es decir, en el que se puede sumar, restar, multiplicar y dividir y en el que las operaciones satisfacen las propiedades habituales a las que estamos acostumbrados.

[6]Un grupo abeliano es un conjunto con una operación conmutativa, asociativa, con elemento neutro y elemento simétrico de cualquier elemento del grupo.

También se suele omitir el punto en la ley de composición externa, denotándola simplementa por yuxtaposición. Esto genera ambigüedad, ya que entonces se denota por yuxtaposición tanto la ley de composición externa como la multiplicación en K, pero esto no es grave, puesto que normalmente se sabe por el contexto qué operación es la que se está considerando en cada caso.

Esta definición deja un poco frío al principio, pero es la que abarca la esencia de la vectorialidad y enseguida se acostumbra uno a ella en cuanto se ven unos pocos ejemplos[7].

A los elementos del cuerpo K se les llama *escalares* y a los elementos del conjunto V se les llama *vectores*. Habitualmente se suele tomar como cuerpo $\mathbb{Q}, \mathbb{R}$ o $\mathbb{C}$, en cuyo caso se dice que es un espacio vectorial racional, real o complejo, respectivamente, pero la definición es válida para cualquier cuerpo y, en particular, pueden ser también cuerpos finitos[8].

Veamos ejemplos, ejemplos, ejemplos...

Ejemplos 2.1.1.

1. $V = \{0\}$ es un espacio vectorial sobre cualquier cuerpo K, con:

$$0 + 0 = 0 \text{ y } \lambda 0 = 0 \ \forall \lambda \in K$$

   (se le llama *espacio vectorial nulo* o también *espacio vectorial trivial*).

2. Sea K un cuerpo y $n \in \mathbb{N}$. El conjunto K^n de n-tuplas de elementos de K es un K-espacio vectorial, con las operaciones definidas componente a componente, es decir, si $\lambda \in K$ y $(a_1, ..., a_n), (b_1, ..., b_n) \in K^n$, entonces:

$$(a_1, ..., a_n) + (b_1, ..., b_n) = (a_1 + b_1, ..., a_n + b_n)$$

   y:

$$\lambda(a_1, ..., a_n) = (\lambda a_1, ..., \lambda a_n).$$

   La demostración de que K^n, con estas operaciones, es K-espacio vectorial, es sencilla y podría omitirla, pero no lo voy a hacer por dos razones: una, que este es

---

[7]¿Veinte o treinta?

[8]Los espacios vectoriales sobre cuerpos finitos desempeñan un papel muy importante en las llamadas geometrías finitas, así como también en la teoría de códigos.

el ejemplo más prototípico, paradigmático y esdrújulo de K-espacio vectorial, ya que, como veremos más adelante, todo K-espacio vectorial de dimensión finita n es isomorfo a K^n, por lo que es conveniente conocerlo bien y estar familiarizados con dicho ejemplo. La segunda, es convencerles de que cuando les digo que es fácil demostrarlo, verdaderamente es fácil demostrarlo.

Sean $\lambda, \mu \in K$ y $(a_1, ..., a_n), (b_1, ..., b_n), (c_1, ..., c_n) \in K^n$.

$$(a_1, ..., a_n) + (b_1, ..., b_n) = (a_1 + b_1, \ldots, a_n + b_n)$$

y, utilizando la propiedad conmutativa de la suma en cada componente[9], esto es igual a:

$$(b_1 + a_1, \ldots, b_n + a_n),$$

que a su vez es igual a la suma:

$$(b_1, ..., b_n) + (a_1, ..., a_n),$$

con lo que hemos probado que la suma en K^n satisface la propiedad conmutativa.

$$((a_1, ..., a_n) + (b_1, ..., b_n)) + (c_1, ..., c_n) = (a_1 + b_1, \ldots, a_n + b_n) + (c_1, ..., c_n) =$$

$$((a_1 + b_1) + c_1, \ldots, (a_n + b_n) + c_n) = (a_1 + (b_1 + c_1), \ldots, a_n + (b_n + c_n)) =$$

$$(a_1, ..., a_n) + (b_1 + c_1, \ldots, b_n + c_n) = (a_1, ..., a_n) + ((b_1, ..., b_n) + (c_1, ..., c_n)),$$

luego la suma cumple la propiedad asociativa.

$$(a_1, ..., a_n) + (0, \ldots, 0) = (a_1 + 0, \ldots, a_n + 0) = (a_1, ..., a_n)$$

y, también:

$$(0, \ldots, 0) + (a_1, ..., a_n) = (a_1, ..., a_n)$$

---

[9]Esto será la tónica general en la demostración de que se cumplen el resto de las propiedades, es decir, cada propiedad en K^n se derivará de una propiedad similar en K, aunque no se diga explícitamente (¡que no se dirá!).

y, así, la suma tiene elemento neutro, que es:

$$(0, \ldots, 0).$$

$$(a_1, ..., a_n) + (-a_1, \ldots, -a_n) = (a_1 + (-a_1), \ldots, a_n + (-a_n)) = (0, \ldots, 0)$$

y:

$$(-a_1, \ldots, -a_n) + (a_1, ..., a_n) = (0, \ldots, 0)$$

y, por lo tanto, la n-tupla $(a_1, ..., a_n)$ tiene como elemento opuesto, que es como se le suele llamar al elemento simétrico cuando la notación es aditiva, a la n-tupla $(-a_1, \ldots, -a_n)$, en la que aparecen los opuestos de las correspondientes coordenadas. Con esto hemos demostrado que $(K^n, +)$ es grupo abeliano.

$$(\lambda + \mu)(a_1, ..., a_n) = ((\lambda + \mu)a_1, \ldots, (\lambda + \mu)a_n) = (\lambda a_1 + \mu a_1, \ldots, \lambda a_n + \mu a_n) =$$

$$(\lambda a_1, \ldots, \lambda a_n) + (\mu a_1, \ldots, \mu a_n) = \lambda(a_1, ..., a_n) + \mu(a_1, ..., a_n).$$

$$\lambda((a_1, ..., a_n) + (b_1, ..., b_n)) = \lambda(a_1 + b_1, \ldots, a_n + b_n) = (\lambda(a_1 + b_1), \ldots, \lambda(a_n + b_n)) =$$

$$(\lambda a_1 + \lambda b_1, \ldots, \lambda a_n + \lambda b_n) = (\lambda a_1, \ldots, \lambda a_n) + (\lambda b_1, \ldots, \lambda b_n) = \lambda(a_1, ..., a_n) + \lambda(b_1, ..., b_n).$$

$$\lambda(\mu(a_1, ..., a_n)) = \lambda(\mu a_1, \ldots, \mu a_n) = (\lambda(\mu a_1), \ldots, \lambda(\mu a_n)) =$$

$$((\lambda \mu)a_1, \ldots, (\lambda \mu)a_n) = (\lambda \mu)(a_1, ..., a_n).$$

Por último:

$$1 \cdot (a_1, ..., a_n) = (1 \cdot a_1, \ldots, 1 \cdot a_n) = (a_1, \ldots, a_n).$$

3. Si K es un cuerpo, el conjunto $K[X]$ de polinomios en la indeterminada X con coeficientes en K es un K-espacio vectorial con las siguientes operaciones: si $\lambda \in K$ y $a_n X^n + \cdots + a_1 X + a_0, b_n X^n + \cdots + b_1 X + b_0 \in K[X]$, entonces:

$$(a_n X^n + \cdots + a_1 X + a_0) + (b_n X^n + \cdots + b_1 X + b_0) = (a_n + b_n)X^n + \cdots + (a_1 + b_1)X + (a_0 + b_0)$$

y:

$$\lambda(a_n X^n + \cdots + a_1 X + a_0) = (\lambda a_n)X^n + \cdots + (\lambda a_1)X + (\lambda a_0).$$

Podemos observar que estas son las operaciones de sumar dos polinomios y multiplicar un polinomio constante por otro polinomio con la que ya estamos familiarizados. Observamos también que en la suma hemos puesto ambas sumas 'hasta n'.
Los polinomios no tienen por qué ser del mismo grado, pero podemos hacer esto
sin pérdida de generalidad añadiendo monomios nulos, si hiciera falta, al polinomio
de grado menor.

La demostración de que $K[X]$ con estas leyes de composición es un K-espacio
vectorial es fácil de hacer y, por tanto, la omitiré. Es muy pero que muy similar
a la demostración del ejemplo anterior, pero cambiando las coordenadas de las
tuplas por los coeficientes de las distintas potencias de X en los polinomios, con
una importante diferencia: en el ejemplo 2 se tiene que n es un parámetro fijo y
es el número de coordenadas en las n-tuplas, pero ahora el número de potencias
X^n es potencialmente infinito, aunque en cada polinomio concreto, por supuesto,
tan solo aparezca un número finito de monomios con coeficiente no nulo.

4. Si ahora acotamos el grado de los polinomios y tomamos, dado un $n \in \mathbb{Z}_{\geq 0}$[10], el
conjunto:

$$V_n = \{P \in K[X] \mid \operatorname{grad}(P) \leq n\}$$

formado por los polinomios de $K[X]$ de grado a lo sumo n[11] con las mismas leyes
de composición que en el apartado anterior, es evidente que obtenemos de esta
forma un K-espacio vectorial. En este caso, n es un parámetro fijo y las potencias
de X llegan 'hasta el exponente n'. Según la terminología que introduciré más
adelante, este espacio vectorial es un subespacio vectorial del del ejemplo 3, en el
que los grados de los polinomios se despendolaban y podían tomar cualquier valor,
mientras que ahora toman un valor máximo n. Se entenderá mejor con un ejemplo:
si el cuerpo es $\mathbb{R}$ y $n = 3$, los vectores estarían formados por los polinomios con

---

[10]Donde $\mathbb{Z}_{\geq 0}$ denota al conjunto de los enteros no negativos $\{0, 1, 2, \dots\}$

[11]Al polinomio nulo no se le suele asignar grado (a veces se dice que su grado es $-\infty$,
pero, en cualquier caso, <u>no</u> es de grado 0), pero convendremos que está en V_n; esto es
perfectamente compatible con decir que su grado es $-\infty$.

coeficientes reales de grado ≤ 3, es decir, los de la forma $aX^3 + bX^2 + cX + d$ con $a, b, c, d \in \mathbb{R}^{12}$.

5. Dado un intervalo abierto (a, b) de $\mathbb{R}^{13}$, es fácil ver que el conjunto:

$$\mathfrak{F}_{a,b} = \{f : (a, b) \longrightarrow \mathbb{R}\}$$

de funciones de (a, b) en $\mathbb{R}$ con las operaciones:

$$+ : \mathfrak{F}_{a,b} \times \mathfrak{F}_{a,b} \longrightarrow \mathfrak{F}_{a,b}$$

que envía (f, g) a la función:

$$f + g : (a, b) \longrightarrow \mathbb{R} \text{ con } (f + g)(x) = f(x) + g(x) \ \forall x \in (a, b)$$

y:

$$\cdot : \mathbb{R} \times \mathfrak{F}_{a,b} \longrightarrow \mathfrak{F}_{a,b}$$

que envía (λ, f) a la función:

$$\lambda f : (a, b) \longrightarrow \mathbb{R} \text{ definida por } (\lambda f)(x) = \lambda f(x) \ \forall x \in (a, b),$$

es un $\mathbb{R}$-espacio vectorial.

6. Si (a, b) es como en el apartado anterior, entonces el conjunto:

$$\mathfrak{C}_{a,b} = \{f : (a, b) \longrightarrow \mathbb{R} \mid f \text{ es continua en } (a, b)\},$$

con las mismas operaciones que en el apartado anterior[14], es un $\mathbb{R}$-espacio vectorial.

---

[12]Estos polinomios son de grado ≤ 3 pero no tienen por qué ser exactamente 3. Por ejemplo, el polinomio $X^2 + X + 1$, correspondiente a $a = 0, b = c = d = 1$, es de grado 2.

[13]Admitimos que a pueda ser $-\infty$ y que b pueda ser $+\infty$, es decir, intervalos como $(-\infty, 0), (3, +\infty)$ y $\mathbb{R}$.

[14]Mismas, mismas, del todo no, ya que están definidas en conjuntos de pares de vectores o de pares escalar-vector diferentes, pero ya me han entendido, quiero decir definidas de la misma forma para $\lambda \in \mathbb{R}$ y $f, g \in \mathfrak{C}_{a,b}$. Esto me permite ahorrar espacio en la descripción de las operaciones, que vuelvo a perder sobradamente en esta nota aclaratoria.

7. En la misma línea que los ejemplos anteriores, dado un intervalo (a, b), el conjunto:

$$\mathfrak{D}_{a,b} = \{f : (a, b) \longrightarrow \mathbb{R} \mid f \text{ es derivable en } (a, b)\},$$

con las mismas operaciones que en dichos ejemplos, es un $\mathbb{R}$-espacio vectorial.

Veamos algunas propiedades sencillas de los espacios vectoriales:

Proposición 2.1.1. *Sea V un K-espacio vectorial. Entonces, se cumplen las siguientes propiedades:*

1. $0_K \cdot v = 0_V \ \forall v \in V$[15],

2. $\lambda \cdot 0_V = 0_V \ \forall \lambda \in K$,

3. *Si $\lambda v = 0_V$, entonces o bien $\lambda = 0_K$ o $v = 0_V$*[16],

4. $(-1)v = -v \ \forall v \in V$[17],

5. $(\lambda - \mu)v = \lambda v - \mu v \ \forall \lambda, \mu \in K, \forall v \in V$,

6. $\lambda(v - w) = \lambda v - \lambda w \ \forall \lambda \in K, \forall v, w \in V$.

Demostración.

1.

$$0_K \cdot v = (0_K + 0_K)v = 0_K \cdot v + 0_K \cdot v$$

y, sumando el opuesto de $0_K v$ en ambos miembros[18], obtenemos:

$$0_V = 0_K \cdot v.$$

---

[15]Pongo el subíndice para diferenciar de qué 'cero' se trata en cada caso: 0_K es el cero del cuerpo K y 0_V es el vector nulo.

[16]Los dos primeros apartados prueban que la afirmación recíproca también es cierta.

[17]Aquí, -1 es el opuesto en K, mientras que $-v$ es el opuesto en V, es decir, son opuestos en distintas estructuras, lo cual hace que la afirmación sea menos de perogrullo de lo que puede parecer a primera vista, y muestra que aun las afirmaciones más intuitivamente evidentes necesitan demostración a partir de los axiomas de la estructura, sobre todo porque unas pocas veces...¡no son ciertas! y son un 'añadido' nuestro, que pensábamos erróneamente que era verdadero (esto, claro está, le pasó a un amigo y no lo digo por experiencia propia). Todo tiene que poder deducirse a partir de la axiomática básica.

[18]Aunque realmente hay tres miembros, con esto quiero decir el primer y el tercer miembro, o sea, el principio y el final. Lo mismo se aplicará en otros lugares del libro.

2.

$$\lambda \cdot 0_V = \lambda(0_V + 0_V) = \lambda \cdot 0_V + \lambda \cdot 0_V$$

y, sumando el opuesto de $\lambda \cdot 0_V$ en ambos miembros, obtenemos el resultado deseado.

3. Supongamos que $\lambda v = 0_V$ y $\lambda \neq 0_K$. Multiplicando en ambos miembros por el inverso, que es como se le suele llamar al elemento simétrico cuando la notación es multiplicativa, de λ en K[19], llegamos a que:

$$\lambda^{-1}(\lambda v) = \lambda^{-1} \cdot 0_V = 0_V$$

y, como:

$$\lambda^{-1}(\lambda v) = (\lambda^{-1}\lambda)v = 1 \cdot v = v,$$

concluimos que:

$$v = 0_V.$$

4.

$$v + (-1) \cdot v = 1 \cdot v + (-1) \cdot v = (1 + (-1)) \cdot v = 0_K \cdot v = 0_V$$

y, de ahí, sumando el opuesto de v en ambos miembros:

$$(-1) \cdot v = -v.$$

5.

$$(\lambda - \mu)v + \mu v = (\lambda - \mu + \mu)v = \lambda v$$

y, sumando el opuesto de μv en ambos miembros, obtenemos lo que buscamos[20]. Observamos que cuando $\lambda = 0, \mu = 1$ obtenemos como caso particular lo visto en el apartado anterior.

6.

$$\lambda(v - w) + \lambda w = \lambda(v - w + w) = \lambda v$$

---

[19]El cual existe, porque K es cuerpo y λ es no nulo.
[20]No, las llaves perdidas no.

y ahora sumamos el opuesto de λw en ambos miembros.

$\square$

2.2. El subespacio ocupa poco espacio

Al igual que ocurre con otras estructuras algebraicas, también para espacios vectoriales nos interesa estudiar las subestructuras:

Definición 2.2.1. *Sea V un K-espacio vectorial. Un K-subespacio vectorial de V es un subconjunto W de V que satisface las dos siguientes propiedades:*

1.

$$(W, +) \text{ es subgrupo de } (V, +)^{21},$$

2.

$$\lambda v \in W \quad \forall \lambda \in K, \forall v \in W.$$

Al igual que ocurría con los espacios vectoriales, cuando no hay ambigüedad respecto al cuerpo K que se está considerando se suele decir simplemente *subespacio vectorial* en vez de K-subespacio vectorial.

Si W es un K-subespacio vectorial de V, entonces la suma en V induce una suma en W, y la ley de composición externa $\cdot$ en $K \times V$ induce una ley de composición externa $\cdot$ en $K \times W$ y W, con estas operaciones, es un K-espacio vectorial. Es realmente esta estructura de K-espacio vectorial lo que es un K-subespacio vectorial y no solo el subconjunto W, aunque en la definición se hable de un subconjunto de V.

Una caracterización más compacta del concepto de subespacio es la siguiente:

Proposición 2.2.1. *Sea V un K-espacio vectorial y sea $W \subseteq V$. Entonces, W es K-subespacio vectorial de V si y solo si se cumple:*

1.

$$0_V \in W,$$

---

[21]Es decir, es cerrado para la suma y para la formación de opuestos, y el elemento neutro está en el subgrupo.

2.

$$v + w \in W \quad \forall v, w \in W,$$

3.

$$\lambda v \in W \quad \forall \lambda \in K, \forall v \in W.$$

Demostración. Es evidente que, si W es K-subespacio vectorial de V, entonces se cumplen 1 y 2, por ser $(W, +)$ subgrupo de $(V, +)$, y se cumple la condición 3 porque esta no es más que la parte 2 de la definición de subespacio vectorial.

Recíprocamente, supongamos que se satisfacen 1, 2 y 3. Al darse 3 (que, como ya he dicho, es igual a la condición 2 de la definición de subespacio, solo falta probar que $(W, +)$ es subgrupo de $(V, +)$. Como, por hipótesis, se dan 1 y 2, únicamente queda demostrar que el opuesto de un elemento de W está en W. Si $v \in W$ entonces, por 3, $(-1) \cdot v \in W$, y por la parte 4 de la Proposición 2.1.1, se tiene que $(-1) \cdot v$ es el opuesto de v. □

Hay también otra caracterización útil de la noción de subespacio:

Proposición 2.2.2. *Sea V un K-espacio vectorial y sea $W \subseteq V$. Entonces, W es K-subespacio vectorial de V si y solo si se satisfacen:*

1.

$$0_V \in W,$$

2.

$$\lambda v + \mu w \in W \quad \forall \lambda, \mu \in K, \forall v, w \in W.$$

Demostración. Si W es subespacio vectorial, entonces, al ser W subgrupo del grupo aditivo, $0_V \in W$. También, por la propiedad 2 de subespacio, λv y μw están en W y, de nuevo por ser W subgrupo del grupo aditivo:

$$\lambda v + \mu w \in W.$$

Recíprocamente, supongamos que se dan 1 y 2.

Si $v, w \in W$, tomando $\lambda = 1, \mu = 1$ llegamos a que:

$$v + w = 1 \cdot v + 1 \cdot w \in W$$

y, por lo tanto, W es cerrado para la suma.

Por 1, se tiene que:

$$0_V \in W.$$

Si $v \in W$, entonces tomando $\lambda = -1, \mu = 0_K, w = 0_V$, vemos que:

$$-v = (-1)v + 0_K \cdot 0_W \in W$$

y así el opuesto de todo elemento de W está en W.

Por lo tanto, hemos probado que:

$$(W,+) \le (V,+)^{22}.$$

Si $\lambda \in K, v \in W$, tomando $\mu = 0_K, w = 0_W$ obtenemos que:

$$\lambda v = \lambda v + 0_K \cdot 0_W \in W,$$

con lo cual terminamos la demostración[23]. $\qquad\qquad\square$

Ejemplos 2.2.1.

1. Si V es un K-espacio vectorial, entonces es sencillo ver que $\{0_V\}$ y V son K-subespacios vectoriales de V. Estos se llaman subespacios triviales.

2. El K-espacio vectorial V_n del cuarto de los Ejemplos 2.1.1, formado por los polinomios de $K[X]$ de grado a lo sumo n, es un K-subespacio vectorial del espacio vectorial $K[X]$ del tercero de los Ejemplos 2.1.1, que es el de todos los polinomios de grado arbitrario. Para demostrarlo, observamos que:

$$V_n = \{\sum_{i=0}^{n} a_i X^i \mid a_i \in K \ \forall i = 0, \dots, n\}^{24}.$$

Claramente:

$$0 = \sum_{i=0}^{n} 0 \cdot X^i \in V_n.$$

---

[22] El símbolo $\le$ denota 'ser subgrupo'.

[23] *Sayonara, baby.*

[24] Hay que tener en cuenta que n es un parámetro y, por lo tanto, es un número no determinado concretamente *a priori*, pero fijo para todos los polinomios de V_n.

Si:

$$\lambda, \mu \in K \text{ y } P = \sum_{i=0}^{n} a_i X^i, Q = \sum_{i=0}^{n} b_i X^i \in V_n,$$

entonces:

$$\lambda P + \mu Q = \lambda \sum_{i=0}^{n} a_i X^i + \mu \sum_{i=0}^{n} b_i X^i = \sum_{i=0}^{n} (\lambda a_i + \mu b_i) X^i \in V_n.$$

3. El $\mathbb{R}$-espacio vectorial $\mathfrak{C}_{a,b}$ del sexto de los Ejemplos 2.1.1 es un $\mathbb{R}$-subespacio vectorial del $\mathbb{R}$-espacio vectorial $\mathfrak{F}_{a,b}$ del quinto de los Ejemplos 2.1.1. Para probarlo, utilizamos que la función nula es continua en (a, b) y que, si $\lambda \in \mathbb{R}$ y f, g son continuas en (a, b), es un resultado bien conocido que tanto $f + g$ como λf son funciones continuas en (a, b).

4. Análogamente, el $\mathbb{R}$-espacio vectorial $\mathfrak{D}_{a,b}$ del séptimo de los Ejemplos 2.1.1 es un $\mathbb{R}$-subespacio vectorial del $\mathbb{R}$-espacio vectorial $\mathfrak{C}_{a,b}$ del ejemplo anterior. Esto es así porque, evidentemente, la función nula es derivable en (a, b) y, de nuevo, es bien conocido que si $\lambda \in \mathbb{R}$ y f, g son funciones derivables en (a, b), entonces tanto $f + g$ como λf son derivables en dicho intervalo. La misma argumentación muestra que también $\mathfrak{D}_{a,b}$ es $\mathbb{R}$-subespacio vectorial de $\mathfrak{F}_{a,b}$.

Definiremos ahora el K-subespacio vectorial generado por una familia de vectores[25]:

Definición 2.2.2. *Si V es un K-espacio vectorial y S es una familia de vectores de V, entonces el K-subespacio vectorial de V generado por S es:*

$$< S >^{[26]} = \{\lambda_1 s_1 + \cdots + \lambda_n s_n \mid n \in \mathbb{Z}_{\geq 0}, \lambda_1, \ldots, \lambda_n \in K, s_1, \ldots, s_n \in S\}^{[27]}.$$

---

[25]Recordemos que en una familia, a diferencia de en un conjunto, se admiten repeticiones de los elementos. No obstante, como veremos después, si eliminamos las repeticiones, el conjunto resultante genera el mismo subespacio.

[26]No confundir con el símbolo de Superman. Este último no existe, pero el subespacio generado por S, sí.

[27]No se pide que los $s_1, \ldots, s_n$ sean elementos distintos de la familia S, pero llegado el caso podemos suponer, sin perder generalidad, que son distintos, agrupando los sumandos que se correspondan con un mismo s, sacando factor común a s y sumando los coeficientes. Tampoco se pide que los $s_1, \ldots, s_n$ sean <u>todos</u> los elementos de la familia S. De hecho, puede ocurrir que S sea una familia infinita; de esta forma, $s_1, \ldots, s_n$ son una cantidad finita de elementos de S. Asimismo, no se pide que los escalares $\lambda_1, \ldots, \lambda_n$ sean distintos, y esto sí que no lo podemos suponer por mucho que nos esforcemos, ya que, si sacáramos

La siguiente proposición justifica el nombre de 'subespacio' generado por S:

Proposición 2.2.3. *Si S es una familia de vectores de un K-espacio vectorial V, entonces $< S >$ es un K-subespacio vectorial de V.*

Demostración. El vector 0_V es una suma con cero sumandos de la forma indicada en la definición[28].

Sean $\lambda, \mu \in K$ y $v, w \in< S >$. Por definición de $< S >$, existen:

$$n, m \in \mathbb{Z}_{\geq 0}, \lambda_1, \ldots, \lambda_n, \mu_1, \ldots, \mu_m \in K, \text{ y } s_1, \ldots, s_n, s_1', \ldots, s_m' \in S$$

tales que:

$$v = \lambda_1 s_1 + \cdots + \lambda_n s_n \text{ y } w = \mu_1 s_1' + \cdots + \mu_m s_m'.$$

Ahora:

$$\lambda v + \mu w = \lambda(\lambda_1 s_1 + \cdots + \lambda_n s_n) + \mu(\mu_1 s_1' + \cdots + \mu_m s_m') = (\lambda\lambda_1)s_1 + \cdots + (\lambda\lambda_n)s_n +$$
$$(\mu\mu_1)s_1' + \cdots + (\mu\mu_m)s_m'$$

y, dada la forma que tiene este vector, está claramente en $< S >$. □

Evidentemente, $S \subseteq< S >$, ya que si $s \in S$, entonces $s = 1 \cdot s \in< S >$. Además, $< S >$ es el menor subespacio[29] de V que contiene a S, ya que si W es un K-subespacio vectorial de V y $S \subseteq W$ entonces, si $n \in \mathbb{Z}_{\geq 0}, \lambda_1, \ldots, \lambda_n \in K$ y $s_1, \ldots, s_n \in S$, como $s_i \in S$ $\forall i$ y $S \subseteq W$, se deduce que $s_i \in W$ $\forall i$ y, al ser W cerrado para la multiplicación por escalares, también $\lambda_i s_i \in W$ $\forall i$ y, por último, como W es cerrado para la suma, $\lambda_1 s_1 + \cdots + \lambda_n s_n \in W$[30].

---

factor común a los sumandos con un mismo coeficiente λ, <u>no</u> podríamos garantizar que el vector que multiplica a λ esté en S.

[28] Recordemos el convenio de que las sumas con 0 sumandos son 0, y que el n de la definición está en $\mathbb{Z}_{\geq 0}$ y, por lo tanto, puede ser 0.

[29] Respecto a la relación de inclusión.

[30] Es decir, el subespacio generado por S es 'lo más parecido a S' que sea a su vez un subespacio. Esta situación se da también con otras estructuras matemáticas, como grupo, ideal, etc. En este caso, se empieza con los elementos de S como bloques básicos de construcción y se siguen las 'reglas del juego', que para los espacios vectoriales consiste en hacer sumas de vectores y productos de escalares por vectores.

En la teoría de los espacios vectoriales (también llamada álgebra lineal) es fundamental el concepto de combinación lineal de un número finito de vectores[31]:

Definición 2.2.3. *Sea V un K-espacio vectorial, $n \in \mathbb{Z}_{\geq 0}$ y $v_1, \ldots, v_n$ una familia de n vectores. Una combinación lineal de dichos vectores es un vector de la forma:*

$$\lambda_1 v_1 + \cdots + \lambda_n v_n,$$

con $\lambda_1, \ldots, \lambda_n \in K$[32].

Usando esta terminología se ve que $< S >$ es el conjunto de todas las posibles combinaciones lineales de un número finito (pero arbitrario) de vectores de S.

Cuando $S = \{v_1, \ldots, v_n\}$, escribiremos simplemente:

$$< v_1, \ldots, v_n >$$

en vez de:

$$< \{v_1, \ldots, v_n\} > .$$

En este caso es evidente que, sin perder generalidad, podemos tomar las combinaciones lineales de <u>exactamente</u> $v_1, \ldots, v_n$[33], de forma que:

$$< s_1, \ldots, s_n > = \{\lambda_1 s_1 + \cdots + \lambda_n s_n \mid \lambda_1, \ldots, \lambda_n \in K\}.$$

En particular, cuando S tiene un solo elemento:

$$< s > = \{\lambda s \mid \lambda \in K\}.$$

---

[31]Así, a secas, no tiene sentido una combinación lineal de infinitos vectores, ya que no se puede sumar una cantidad infinita de vectores aunque, si se añade una estructura topológica, en espacios vectoriales topológicos sí podría tener sentido como suma de una serie, pero eso sobrepasa los objetivos de este libro (y de muchos otros libros) y no lo tendremos en consideración.

[32]Cuando $n = 0$ admitiremos 0_V como combinación lineal de una familia vacía de vectores.

[33]Posiblemente con algunos escalares nulos como coeficientes, en cuyo caso sería una combinación lineal efectiva de menos vectores.

Ejemplos 2.2.2.

1. Una posible combinación lineal en $\mathbb{C}^2$ [34] de los vectores $(i, 1)$ y $(0, 1)$ es:

$$i(i, 1) + (-i)(0, 1) = (-1, i) + (0, -i) = (-1, 0).$$

2. El subespacio de $\mathbb{Q}^3$ generado por:

$$S = \{(1, 0, 0), (1, 0, 1), (0, 0, 1)\}$$

es el conjunto de combinaciones lineales de los tres vectores de S, es decir:

$$< S >= \{\lambda(1, 0, 0) + \mu(1, 0, 1) + \gamma(0, 0, 1) \mid \lambda, \mu, \gamma \in \mathbb{Q}\} = \{(\lambda + \mu, 0, \mu + \gamma) \mid \lambda, \mu, \gamma \in \mathbb{Q}\}.$$

Esta solución es correcta, pero no es la más esclarecedora[35]. Si llamamos (x, y, z) a una terna genérica de dicho subespacio tenemos:

$$x = \lambda + \mu,$$

$$y = 0,$$

$$z = \mu + \gamma$$

---

[34] Aunque no lo digamos explícitamente, cuando hablemos de un espacio vectorial K^n, como en este caso, nos estaremos refiriendo al K-espacio vectorial del segundo de los Ejemplos 2.1.1, en el que la suma de tuplas y el producto de escalares por tuplas se hace componente a componente.

[35] Como mucho para un regularcillo raspado si se lo hubiera preguntado en un examen.

y, viendo esto como un sistema de ecuaciones lineales en el que x, y, z son parámetros y λ, μ, γ son las incógnitas[36], obtenemos al despejar λ, μ y γ que $\lambda = x - \mu, \gamma = z - \mu$, y μ es arbitrario, y sustituyendo esta solución para ver las restricciones en x, y, z, obtenemos:

$$x = x - \mu + \mu,$$

$$y = 0,$$

$$z = \mu + z - \mu,$$

es decir:

$$x = x, y = 0, z = z,$$

o sea, x y z son arbitrarios y y es 0, con lo que:

$$< S > = \{(x, 0, z) \mid x, z \in \mathbb{Q}\}.$$

En definitiva, el subespacio buscado son las ternas con segunda coordenada nula.

3. Si tomamos el K-espacio vectorial $K[X]$ del tercero de los Ejemplos 2.1.1, entonces el subespacio generado por:

$$S = \{X^i \mid i \in \mathbb{Z}_{\geq 0}, i \text{ es par}\},$$

es decir, el generado por las potencias de X con exponente par, está formado por las combinaciones lineales de un número finito de potencias de exponente par. Este es un ejemplo en el que no podemos tomar combinaciones lineales de todos los elementos de S a la vez. En este caso, si $2k_1, \ldots, 2k_n$ son un número finito de enteros pares no negativos, entonces $X^{2k_1}, \ldots, X^{2k_n} \in S$, y si $a_{2k_1}, \ldots, a_{2k_n} \in K$,

---

[36]Rompiendo así la regla impuesta a sangre y fuego en las escuelas durante generaciones de que tres incógnitas se llaman, en ese orden, x, y y z.

entonces:

$$a_{2k_1}X^{2k_1} + \cdots + a_{2k_n}X^{2k_n} \in\, <S>.$$

Recíprocamente, si tomamos un polinomio en el que todos sus monomios se correspondan con potencias pares de X [37] entonces, como el número de dichos monomios es finito[38], el polinomio tendrá la forma:

$$a_{2k_1}X^{2k_1} + \cdots + a_{2k_n}X^{2k_n}\,^{39}.$$

Por lo tanto:

$$<S> = \{a_{2k_1}X^{2k_1} + \cdots + a_{2k_n}X^{2k_n} \mid n \in \mathbb{Z}_{\geq 0}, 0 \leq k_1 < \cdots < k_n, a_{2k_i} \in K\ \forall i\},$$

es decir, $<S>$ son los polinomios en los que todos sus monomios con coeficientes no nulos se corresponden con una potencia par de X.

Podemos observar, además, que este conjunto está formado por polinomios arbitrarios evaluados en X^2.

Por ejemplo, si $K = \mathbb{R}$, entonces $\pi X^8 + 5X^2 + 1 \in\, <S>$, pero $18X^6 + 4X^3 + 2X^2 \notin\, <S>$, ya que X^3 tiene exponente impar.

Definición 2.2.4. *Sea V un K-espacio vectorial. Una familia S de vectores de V es un sistema generador de V si:*

$$V = <S>.$$

En un sistema generador se pueden omitir los vectores que son combinación lineal de los demás y se sigue teniendo un sistema generador. Aunque esto es cierto para sistemas generadores arbitrarios, lo demostraremos para los que son finitos, que es el caso que usaremos más adelante:

---

[37] Con esto quiero decir de exponente par.

[38] Aquí quiero decir, obviamente, 'el cardinal del conjunto de dichos monomios es finito', pero esta es una forma habitual de abreviarlo. Como ven, decir todo con un formalismo completo haría el discurso muy árido, y recurrimos muchas veces a formas más coloquiales.

[39] Para que quede bonito y lustroso, podemos suponer sin perder generalidad que $0 \leq k_1 < \cdots < k_m$.

Proposición 2.2.4. *Si $V = <u_1, \ldots, u_n>, i \in \{1, \ldots, n\}$ y u_i es combinación lineal de:*

$$u_1, \ldots, u_{i-1}, u_{i+1}, \ldots, u_n,$$

entonces:

$$V = <u_1, \ldots, u_{i-1}, u_{i+1}, \ldots, u_n>.$$

Demostración. Es evidente que:

$$<u_1, \ldots, u_{i-1}, u_{i+1}, \ldots, u_n> \subseteq V,$$

así que vamos a demostrar que también se da la otra inclusión. Por hipótesis, existen:

$$\lambda_1, \ldots, \lambda_{i-1}, \lambda_{i+1}, \ldots, \lambda_n \in K$$

tales que:

$$u_i = \lambda_1 u_1 + \cdots + \lambda_{i-1} u_{i-1} + \lambda_{i+1} u_{i+1} + \cdots + \lambda_n u_n. \tag{2.1}$$

Ahora, si $u \in V$, $\exists \mu_1, \ldots, \mu_n \in K$ tales que:

$$u = \mu_1 u_1 + \cdots + \mu_{i-1} u_{i-1} + \mu_i u_i + \mu_{i+1} u_{i+1} + \cdots + \mu_n u_n. \tag{2.2}$$

Sustituyendo (2.1) en (2.2), obtenemos $u = \mu_1 u_1 + \cdots + \mu_{i-1} u_{i-1} + \mu_i \lambda_1 u_1 + \cdots + \mu_i \lambda_{i-1} u_{i-1} + \mu_i \lambda_{i+1} u_{i+1} + \cdots + \mu_i \lambda_n u_n + \mu_{i+1} u_{i+1} + \cdots + \mu_n u_n = (\mu_1 + \mu_i \lambda_1) u_1 + \cdots + (\mu_{i-1} + \mu_i \lambda_{i-1}) u_{i-1} + (\mu_{i+1} + \mu_i \lambda_{i+1}) u_{i+1} + \cdots + (\mu_n + \mu_i \lambda_n) u_n$, luego:

$$u \in <u_1, \ldots, u_{i-1}, u_{i+1}, \ldots, u_n>.$$

$\square$

Diremos que un K-espacio vectorial es *finitamente generado* si se puede generar por una familia finita[40], es decir, si admite un sistema generador finito.

Ejemplos 2.2.3.

---

[40]Más adelante veremos que esto es equivalente a que sus bases sean conjuntos finitos, así que también podemos caracterizar los espacios vectoriales finitamente generados como los que son de dimensión finita.

1. El $\mathbb{R}$-espacio vectorial $\mathbb{R}^2$ es finitamente generado ya que, por ejemplo:

$$\mathbb{R}^2 = <(1,0),(0,1)>.$$

Para demostrarlo, es obvio que:

$$<(1,0),(0,1)> \subseteq \mathbb{R}^2$$

y, para ver que se da también el otro contenido, si $(x,y) \in \mathbb{R}^2$, está claro que:

$$(x,y) = x(1,0) + y(0,1), \text{ luego } (x,y) \in <(1,0),(0,1)>.$$

2. El $\mathbb{R}$-espacio vectorial $\mathbb{R}[X]$ no es finitamente generado. Razonando por reducción al absurdo, si existiera un número finito de polinomios $P_1, \ldots, P_n$ tales que $\mathbb{R}[X] = <P_1, \ldots, P_n>$ y, si m es el máximo de sus grados[41], entonces toda combinación lineal de $P_1, \ldots, P_n$ tiene grado $\leq m$, luego lo mismo pasaría con todo polinomio de $\mathbb{R}[X]$. En particular, X^{m+1} tendría grado $\leq m$, pero este tiene grado $m+1$, con lo que llegamos a una contradicción.

Otro concepto fundamentalisísimo relativo a los espacios vectoriales es el de independencia lineal de vectores:

Definición 2.2.5. *Si V es un K-espacio vectorial y $S = (s_i)_{i \in I}$ es una familia de vectores de V, se dice que S es una familia libre (o también que los vectores de S son linealmente independientes) si $\forall s_{i_1}, \ldots, s_{i_n} \in S$ con los índices $i_1, \ldots, i_n \in I$ distintos[42] se cumple que si:*

$$\lambda_{i_1} s_{i_1} + \cdots + \lambda_{i_n} s_{i_n} = 0_V,$$

entonces:

$$\lambda_{i_1} = 0, \ldots, \lambda_{i_n} = 0.$$

---

[41] Usamos el convenio de que los que sean nulos tienen grado $-\infty$. Observamos que m no es $-\infty$, ya que si $P_1, \ldots, P_n$ fuesen 0 se tendría que $\mathbb{R}[X] = \{0\}$, pero esto no es así, ya que $1 \in \mathbb{R}[X]$ y $1 \neq 0$.

[42] Lo cual no quita *a priori* que los vectores $s_{i_1}, \ldots, s_{i_n}$ sí puedan tener repeticiones, ya que S es una familia en vez de un conjunto. No obstante, *a posteriori* veremos, en los ejemplos, que no puede ocurrir esto, ya que en cuanto hay repeticiones la familia no es libre.

Cuando esto no ocurre, es decir, cuando la familia no es libre, se dice que es una *familia de vectores ligada*, o también que los vectores que la forman son *linealmente dependientes*.

La definición de familia libre no es tan intuitiva a primera vista y, aunque no es difícil de entender, cuesta un poco acostumbrarse y familiarizarse (valga la redundancia) con ella.

El que S sea libre quiere decir que, si tomamos un número finito $s_{i_1}, \ldots, s_{i_n}$ de vectores de S, la única manera posible de que una combinación lineal de los mismos dé como resultado 0_V es de la forma trivial en la que todos los coeficientes son 0_K, es decir, en la que:

$$0_K \cdot s_{i_1} + \cdots + 0_K \cdot s_{i_n} = 0_V.$$

Esta forma de expresar 0_V como combinación lineal de $s_{i_1}, \ldots, s_{i_n}$ la podemos conseguir siempre, tanto si S es una familia libre como si no lo es. El que S sea libre quiere decir que esta es la única manera posible de lograrlo y no hay ninguna otra en la que por lo menos uno de los $\lambda_{i_1}, \ldots, \lambda_{i_n}$ sea distinto de 0_K.

Una cosa importante que tenemos que entender en la definición es que las combinaciones lineales las tomamos de subfamilias finitas de S[43], pero el concepto de independencia lineal tiene sentido para familias con cardinal finito y con cardinal infinito, y hay tanto familias infinitas que son libres como familias infinitas que son ligadas.

Veamos algunos ejemplos para entender mejor el concepto:

Ejemplos 2.2.4.

1. En $\mathbb{R}^2$:

$$\{(0,0),(1,0)\}$$

   es una familia ligada, ya que:

$$1 \cdot (0,0) + 0 \cdot (1,0) = (0,0),$$

   pero el primero de los coeficientes de la combinación lineal, el 1, es no nulo. Dado que no se pide en la definición de familia libre que los $s_{i_1}, \ldots, s_{i_n}$ sean <u>todos</u> los

---

[43] ¿Acaso hay alguna otra forma de hacerlo, si como ya dije no tiene sentido hacer combinaciones lineales de infinitos vectores?

elementos de S, podemos simplificar el razonamiento observando que el $(1,0)$ de la combinación lineal es un convidado de piedra y no contribuye de forma esencial a la *ligatitud*[44]. Es decir, que podríamos razonar que $(0,0) \in S$ y $1 \cdot (0,0) = (0,0)$ con $1 \neq 0$, con lo que hemos encontrado una relación de dependencia lineal en la que interviene tan solo el vector $(0,0)$ de S. Aunque este ejemplo es muy particular[45], el mismo razonamiento muestra que en general todas las familias que contienen al 0_V son ligadas: Si V es un K-espacio vectorial y $S \subseteq V$[46] y $0_V \in S$, entonces S es ligada, ya que $1 \cdot 0_V = 0_V$. En resumen, una familia libre nunca contiene el vector nulo.

2. En $\mathbb{R}^2$ la familia:

$$\{(1,1),(1,1)\}$$

es ligada, ya que:

$$1 \cdot (1,1) + (-1) \cdot (1,1) = (1,1) + (-1,-1) = (0,0).$$

El que los dos vectores que forman la familia sean iguales nos ha puesto la cosa a tiro para obtener una combinación lineal nula no trivial simplemente tomando los coeficientes opuestos 1 y -1. De aquí también sacamos una lección, razonando exactamente igual, para el caso general: si V es un K-espacio vectorial y S es una familia de vectores de V en la que un elemento v se repite más de una vez, entonces S es ligada, ya que $1 \cdot v + (-1) \cdot v = 0_V$. Por lo tanto, solo las familias que son <u>conjuntos</u>, es decir, que no tienen repeticiones entre sus elementos, pueden ser libres.

3. En $\mathbb{R}^3$ los vectores:

$$(1,1,1),(1,0,0),(0,1,0),(0,0,1)$$

---

[44]Término acuñado por el autor; por favor, no utilizarlo en exámenes, por la cuenta que les trae.

[45]Como el patio de mi casa.

[46]Aquí usaremos también la notación $\subseteq$ para familias; aunque esto suele querer decir que cada elemento de la primera familia está en la segunda familia con al menos la misma multiplicidad, en este caso no queremos decir esto, sino simplemente 'S es una familia de vectores de V'.

son linealmente dependientes, ya que $1 \cdot (1,1,1) + (-1) \cdot (1,0,0) + (-1) \cdot (0,1,0) +$ $(-1) \cdot (0,0,1) = (1,1,1) + (-1,0,0) + (0,-1,0) + (0,0,-1) = (0,0,0)$ y tenemos una combinación lineal nula con coeficientes $1, -1, -1, -1$. Así, la familia:

$$\{(1,1,1),(1,0,0),(0,1,0),(0,0,1)\}$$

es ligada.

4. En $\mathbb{R}^2$ la familia:

$$\{(1,0),(0,1)\}$$

es libre[47], ya que si:

$$\lambda(1,0) + \mu(0,1) = (0,0),$$

entonces:

$$(\lambda,0) + (0,\mu) = (0,0),$$

es decir:

$$(\lambda,\mu) = (0,0),$$

de donde concluimos que $\lambda = 0$ y $\mu = 0$[48]. Por lo tanto, los vectores $(1,0)$ y $(0,1)$ son linealmente independientes.

5. En $K[X]$, la familia:

$$S = \{1, X, X^2, X^3, \dots\} = \{X^n \mid n \in \mathbb{Z}_{\geq 0}\}$$

formada por las potencias de X es libre, ya que si n es un entero no negativo arbitrario y si $0 \leq i_1 < \cdots < i_n$ y:

$$a_{i_1} X^{i_1} + \cdots + a_{i_n} X^{i_n} = 0,$$

entonces:

$$a_{i_1} = 0, \dots, a_{i_n} = 0,$$

---

[47]¡Al fin libre!

[48]Dos pares ordenados son iguales si son iguales tanto las primeras componentes como las segundas componentes.

pues un polinomio es el polinomio nulo, por definición, cuando todos sus coeficientes son 0.

6. En $K[X]$ la familia:

$$\{1, X, 2X - 3\}$$

es ligada, ya que:

$$3 \cdot 1 + (-2) \cdot X + 1 \cdot (2X - 3) = 0,$$

pero los coeficientes $3, -2$ y 1 de la combinación son no nulos.

2.3. Sentando las bases

Combinando los conceptos de sistema generador y familia libre hacemos saltar chispas al álgebra lineal:

Definición 2.3.1. *Sea V un K-espacio vectorial. Una K-base es una familia de vectores de V que es libre y es sistema generador*[49].

Hemos visto antes que una familia libre no puede tener vectores repetidos, por lo que podemos concluir que una base es un conjunto.

Ejemplos 2.3.1.

1. En $\mathbb{R}^3$ la familia:

$$\{(\frac{1}{2}, \frac{1}{2}, \frac{1}{2}), (\sqrt{3}, \sqrt{3}, \sqrt{3})\}$$

no es libre, y tampoco es un sistema generador, por lo que está más lejos que un pimiento choricero de ser base. No es libre, ya que:

$$\sqrt{3}(\frac{1}{2}, \frac{1}{2}, \frac{1}{2}) + (-\frac{1}{2})(\sqrt{3}, \sqrt{3}, \sqrt{3}) = (0, 0, 0)$$

y los escalares $\sqrt{3}$ y $-1/2$ son no nulos. No es sistema generador porque es evidente que cualquier combinación lineal de sus dos vectores tiene las tres coordenadas

---

[49]Cuando se sobreentiende cuál es el cuerpo se omite la K y se habla de base a secas.

iguales[50] y, por lo tanto, los tres vectores no generan todo $\mathbb{R}^3$ ya que, por ejemplo, $(1,0,0)$ no tiene sus tres coordenadas iguales y, por ende, no está en $< S >$.

2. En $\mathbb{R}^2$ la familia:

$$\{(1,0),(1,2),(0,1)\}$$

sí es sistema generador, porque todo vector $(x,y) \in \mathbb{R}^2$ se puede expresar como:

$$x \cdot (1,0) + 0 \cdot (1,2) + y \cdot (0,1),$$

pero no es familia libre, pues:

$$(-1) \cdot (1,0) + 1 \cdot (1,2) + (-2) \cdot (0,1) = (0,0).$$

Por tanto, no es una base de $\mathbb{R}^2$.

3. La familia:

$$\{(1,0,0),(0,1,0)\}$$

es libre en $\mathbb{R}^3$, ya que si:

$$\lambda(1,0,0) + \mu(0,1,0) = (0,0,0),$$

entonces:

$$(\lambda,0,0) + (0,\mu,0) = (0,0,0),$$

de donde deducimos que $(\lambda,\mu,0) = (0,0,0)$, y $\lambda = 0, \mu = 0$. No obstante, no es sistema generador, porque cualquier combinación lineal de $(1,0,0)$ y $(0,1,0)$ tiene la tercera coordenada nula y así, por ejemplo, $(0,0,1)$ no está en el subespacio que generan los dos vectores[51]. Concluimos, entonces, que no es base de $\mathbb{R}^3$.

4. En $\mathbb{R}^2$, la familia:

$$\{(1,0),(0,1)\}$$

---

[50]De hecho, es fácil ver que el subespacio de $\mathbb{R}^3$ que generan está formado precisamente por las ternas con sus tres coordenadas iguales.

[51]Aquí también es fácil ver (es más, ¡pueden ver que ya lo hemos mostrado, si han seguido detenidamente la demostración de que la familia no es libre!) que el subespacio de $\mathbb{R}^3$ que generan dichos vectores es $\{(x,y,0) \mid x,y \in \mathbb{R}\}$, es decir, está formado por todas las ternas cuya tercera coordenada es 0.

sí es base de $\mathbb{R}^2$, ya que vimos en el primero de los Ejemplos 2.2.3 que es sistema generador y en el cuarto de los Ejemplos 2.2.4 que es familia libre.

5. Más en general, si K^n es el K-espacio vectorial del segundo de los Ejemplos 2.1.1, entonces la familia:

$$B = \{(1,0,\ldots,0),(0,1,\ldots,0),\ldots,(0,0,\ldots,1)\}$$

en la que el vector i-ésimo tiene un 1 en la posición i-ésima y 0 en las demás posiciones, es base de K^n.

Es sistema generador, ya que si $v = (x_1,\ldots,x_n) \in K^n$, entonces $v = (x_1,0,\ldots,0) + (0,x_2,\ldots,0)+\cdots+(0,0,\ldots,x_n) = x_1(1,0,\ldots,0)+x_2(0,1,\ldots,0)+\cdots+x_n(0,0,\ldots,1)$ y, por lo tanto, es combinación lineal de los vectores de B.

La familia es libre, pues si:

$$\lambda_1(1,0,\ldots,0) + \lambda_2(0,1,\ldots,0) + \cdots + \lambda_n(0,0,\ldots,1) = (0,0,\ldots,0),$$

entonces:

$$(\lambda_1,\lambda_2,\ldots,\lambda_n) = (0,0,\ldots,0)$$

y, por definición de igualdad entre n-tuplas, deducimos que:

$$\lambda_1 = 0,\ldots,\lambda_n = 0,$$

por lo que los vectores de B son linealmente independientes.

A esta base de K^n se la suele llamar la *base canónica* de K^n. Es una base muy importante de K^{n}[52], pero hay más, créanme.

6. En el K-espacio vectorial $K[X]$ los monomios de la familia:

$$B = \{1, X, X^2,\ldots\} = \{X^n \mid n \in \mathbb{Z}_{\geq 0}\}$$

forman una base.

---

[52]O, por lo menos, es la que tenemos más a mano.

B es sistema generador, ya que si $P \in K[X]$ y:

$$P = \sum_{i=0}^{n} a_i X^i,$$

donde n es el grado del polinomio, entonces P es combinación lineal de los vectores $1, X, \ldots, X^n$, que están en B. Si $P = 0$ entonces no se puede hablar de su grado, pero en este caso es trivial ver que es la combinación lineal $0 \cdot 1$[53].

También es libre, como vimos en el quinto de los ejemplos 2.2.4.

En este ejemplo, a diferencia de las bases de los ejemplos anteriores, la base tiene infinitos elementos y es que en ningún momento se ha excluido esta posibilidad en la definición de base, aunque el caso más interesante, por lo menos en los libros introductorios de álgebra lineal, es aquel en el que las bases son finitas.

En la siguiente proposición veremos que, dada una base de un espacio vectorial, todo vector se puede expresar de forma única[54] como combinación lineal de un número finito de elementos de la base:

Proposición 2.3.1. *Si V es un K-espacio vectorial, B es una base de V, y $v \in V$, entonces existe una familia de escalares $\{\lambda_w\}_{w \in B}$ indexada por los vectores de la base tales que:*

$$v = \sum_{w \in B} \lambda_w w$$

con $\lambda_w = 0$ salvo para un número finito de vectores de la base[55].

Si además:

$$v = \sum_{w \in V} \mu_w w \quad [56]$$

con $\mu_w = 0$ salvo para un número finito de vectores de B, entonces:

$$\lambda_w = \mu_w \ \forall w \in B.$$

---

[53]O incluso, más simple aún, se suele convenir que el vector nulo es una combinación lineal de cero vectores, que es algo parecido al convenio de una suma sin sumandos.

[54]Es decir, con coeficientes unívocamente determinados por el vector.

[55]Se suele decir, de forma más breve, '$\lambda_w = 0$ para casi todo w' (no es un chiste, se dice así). Esta condición nos garantiza que la suma es realmente una suma finita, que son las únicas que tienen sentido.

[56]Es decir, si tenemos otra descomposición del mismo estilo para el mismo vector v.

Demostración. Como B es sistema generador, v es combinación lineal de un número finito de vectores, llamémosles $w_1, \ldots, w_n$, de B. Es decir:

$$v = \lambda_1 w_1 + \cdots + \lambda_n w_n.$$

Añadiendo coeficientes nulos en los demás vectores de B, obtenemos una descomposición de v en la forma buscada.

Para demostrar la unicidad de los coeficientes, si:

$$v = \sum_{w \in B} \lambda_w w = \sum_{w \in B} \mu_w w,$$

entonces:

$$\sum_{w \in B} (\lambda_w - \mu_w) w = 0$$

y, como $\lambda_w - \mu_w = 0$ excepto para un número finito de vectores de B[57], tenemos una combinación lineal nula de un número finito de vectores de B y, dado que B es libre, si fuera $\lambda_w - \mu_w \neq 0$ para algún w llegaríamos a una contradicción. $\qquad\square$

A los escalares λ_w de la proposición anterior se les llama *coordenadas* del vector v respecto de la base B y las no nulas son un número finito.

Como una base es un conjunto, si $\{v_1, \ldots, v_n\}$ es una base de V y $\pi \in S_n$ es una permutación de los índices[58], entonces $\{v_{\pi(1)}, \ldots, v_{\pi(n)}\}$ es el mismo conjunto, es decir, es la misma base. Pero, entonces, si decimos que $\lambda_1, \ldots, \lambda_n$ son las coordenadas de un vector v, es decir, si:

$$v = \lambda_1 v_1 + \cdots + \lambda_n v_n,$$

también tenemos que:

$$v = \lambda_{\pi(1)} v_{\pi(1)} + \cdots + \lambda_{\pi(n)} v_{\pi(n)}$$

y, por lo tanto, que $\lambda_{\pi(1)}, \ldots, \lambda_{\pi(n)}$ también son las coordenadas de v y, por ello, habría ambigüedad respecto al orden de las coordenadas. Como entre los dones exigibles a un

---

[57]Esto es sencillo de probar, pero hay que demostrarlo, e insto a los lectores a hacerlo.

[58]Con permiso del número π, que espero que no se moleste por tomar prestado su símbolo.

matemático no se debe incluir el de la adivinación, se suelen dar las bases ordenadas, de forma que el orden de los vectores en la base marca la pauta del orden de las coordenadas.

Cuando $B = \{v_1, \ldots, v_n\}$ y $v = \lambda_1 v_1 + \cdots + \lambda_n v_n$, las coordenadas de v en la base B se suelen representar en forma de n-tupla, como:

$$(\lambda_1, \ldots, \lambda_n).$$

Esto no quiere decir que v sea, estrictamente hablando, la n-tupla $(\lambda_1, \ldots, \lambda_n)$ de K^n, cosa que no ocurre salvo en el caso trivial en el que $V = K^n$ y B es la base canónica.

Ejemplos 2.3.2.

1. Es fácil comprobar (y, por lo tanto, no lo desarrollaré) que el conjunto:

$$B = \{(1, 2), (5, 7)\}$$

es una base de $\mathbb{Q}^2$. En particular, si tomamos el vector $v = (13/6, 10/3)$, existen unos únicos escalares $\lambda, \mu \in \mathbb{Q}$ tales que:

$$v = \lambda(1, 2) + \mu(5, 7).$$

Para hallarlos, tenemos que resolver el sistema:

$$\begin{cases} \lambda + 5\mu = 13/6 \\ 2\lambda + 7\mu = 10/3 \end{cases},$$

cuya solución es:

$$\lambda = 1/2, \mu = 1/3.$$

Así, las coordenadas de v en dicha base son $(1/2, 1/3)$. Como mencioné antes, no hay que confundir esto con que el vector sea el par ordenado $(1/2, 1/3)$, que no lo es. Son coordenadas relativas a la base B y lo que quiere decir es que:

$$\left(\frac{13}{6}, \frac{10}{3}\right) = \frac{1}{2}(1, 2) + \frac{1}{3}(5, 7).$$

2. Pueden ustedes comprobar fácilmente que en el $\mathbb{R}$-espacio vectorial V_2 de los polinomios de $\mathbb{R}[X]$ de grado ≤ 2 la familia:

$$B = \{1, X - 2, (X - 2)^2\}$$

es una base. Si queremos hallar las coordenadas del vector $X^2 + X + 1$ tenemos que encontrar los escalares λ, μ, γ que satisfagan:

$$X^2 + X + 1 = \lambda \cdot 1 + \mu \cdot (X - 2) + \gamma \cdot (X - 2)^2, \tag{2.3}$$

es decir:

$$X^2 + X + 1 = \gamma X^2 + (\mu - 4\gamma)X + (\lambda - 2\mu + 4\gamma)$$

e, igualando coeficientes, tenemos que resolver el sistema:

$$\begin{cases} \lambda - 2\mu + 4\gamma = 1 \\ \mu - 4\gamma = 1 \\ \gamma = 1 \end{cases}$$

Este sistema es muy sencillo de resolver, ya que es un sistema triangular: en la última ecuación aparece una sola incógnita, la γ y, así, obtenemos $\gamma = 1$. En la segunda ecuación aparecen solo dos incógnitas, μ y γ, y una de ellas, la γ, la acabamos de determinar hace un momento, por lo que sustituyéndola llegamos a $\mu - 4 = 1$ y, por lo tanto, a $\mu = 5$. Sustituyendo ahora μ y γ en la primera ecuación obtenemos $\lambda - 10 + 4 = 1$, y de ahí $\lambda = 7$, de forma que las coordenadas de $X^2 + X + 1$ en la base B son:

$$(7, 5, 1).$$

Hay otra forma, muy sencilla también, de hallar las coordenadas: si sustituimos X por 2 en (2.3) entonces dos de los tres sumandos del segundo miembro son 0, con lo que llegamos a $4 + 2 + 1 = \lambda$, es decir, $\lambda = 7$. Si derivamos en (2.3) llegamos a:

$$2X + 1 = \mu + 2\gamma(X - 2) \tag{2.4}$$

y, sustituyendo de nuevo la X por 2 en esta expresión vemos que el segundo sumando del segundo miembro se anula, y así $2 \cdot 2 + 1 = \mu$, es decir, $\mu = 5$. Derivando en (2.4) tenemos $2 = 2\gamma$ y de ahí, finalmente, $\gamma = 1$.

Si un K-espacio vectorial tiene una base finita B, es evidente que es finitamente generado, ya que como toda base es también sistema generador, el propio B es un sistema generador finito. Como veremos a continuación, el recíproco también es cierto:

Proposición 2.3.2. *Si V es un K-espacio vectorial finitamente generado, entonces V admite una base finita.*

Demostración. Sea $S = \{s_1, \ldots, s_n\}$ un sistema generador finito. Si S es libre, entonces S es base y ya hemos terminado la demostración y podemos irnos a tomar un café. Si no, entonces existen escalares $\lambda_1, \ldots, \lambda_n$ no todos nulos tales que $\lambda_1 s_1 + \cdots + \lambda_n s_n = 0$. Tomemos un índice i tal que $\lambda_i \neq 0$. Entonces:

$$\lambda_i s_i = -\lambda_1 s_1 - \cdots - \lambda_{i-1} s_{i-1} - \lambda_{i+1} s_{i+1} - \cdots - \lambda_n s_n$$

y, por lo tanto:

$$s_i = -\lambda_1 \lambda_i^{-1} s_1 - \cdots - \lambda_{i-1} \lambda_i^{-1} s_{i-1} - \lambda_{i+1} \lambda_i^{-1} s_{i+1} - \cdots - \lambda_n \lambda_i^{-1} s_n.$$

Por la Proposición 2.2.4 tenemos que $\{s_1, \ldots, s_{i-1}, s_{i+1}, \ldots, s_n\} = S - \{s_i\}$ es un sistema generador. Si $\{s_1, \ldots, s_{i-1}, s_{i+1}, \ldots, s_n\} = S - \{s_i\}$ es libre, entonces es base y pueden ustedes tomar el café postergado en la primera etapa[59]. Si no, repetimos el razonamiento anterior con $S - \{s_i\}$ y concluimos que $\exists j \neq i$ tal que $S - \{s_i, s_j\}$ es sistema generador, etc., etc. Procediendo así, llegará un momento en que obtengamos una familia generadora y libre y, por lo tanto, una base[60]. □

---

[59] Aunque probablemente ya frío.

[60] En el peor de los casos y si tenemos muy mala suerte, cuando hayamos quitado todos los vectores de S y nos quede el conjunto vacío. Este sería un caso muy trivial, ya que el conjunto vacío es base del espacio vectorial nulo, pues el conjunto vacío es evidentemente libre (tengan en cuenta que se puede afirmar a ciencia cierta cualquier cosa de los elementos del conjunto vacío, porque no hay ninguno) y genera el espacio vectorial que contiene solamente al vector cero (por cierto, sería erroneo decir que el conjunto vacío es base del espacio vectorial vacío, porque el vacío no es un espacio vectorial: todo

La demostración de la proposición anterior es constructiva, es decir, nos da un método para obtener una base en un K-espacio vectorial finitamente generado: empezamos con un sistema generador finito y, en un proceso iterativo, cada vez que el conjunto generador obtenido no sea libre, quitamos de manera apropiada un vector de forma que sigamos teniendo un conjunto generador y repetimos el procedimiento hasta tener una base[61].

En la demostración también hemos probado que todo sistema generador finito contiene una base[62], es decir, podemos obtener bases quitando vectores de manera adecuada a cualquier sistema generador.

Quisiera comentar que la demostración de la proposición se podría haber abreviado tomando al principio un sistema generador de cardinal mínimo. De este modo, si no fuera libre, obtendríamos un sistema generador de cardinal menor y, por lo tanto, llegaríamos a una contradicción. Este razonamiento es más elegante, pero oscurece el aspecto constructivo de la demostración.

AUNQUE NO HAYA INVERSIÓN SIGUE HABIENDO DIVERSIÓN

Si en un espacio vectorial se elimina la condición de que todos los escalares no nulos sean inversibles, es decir, que formen un cuerpo, y se pide simplemente que sean un *anillo conmutativo y unitario* A (es decir, un conjunto A con dos operaciones que satisfacen la propiedad conmutativa y la propiedad asociativa, tienen elemento neutro, todo elemento tiene un opuesto para la suma y se cumple la propiedad distributiva de la multiplicación respecto a la suma), entonces se habla de un A-módulo. Es decir, un A-módulo es un grupo abeliano $(M, +)$ junto con una ley de composición externa:

$$\cdot : A \times M \longrightarrow M$$

---

espacio vectorial tiene que contener, cuando menos, al vector nulo. También sería erroneo decir que una base del espacio vectorial $\{0_V\}$ es $B = \{0_V\}$, ya que hemos visto antes que el vector nulo no puede estar en ninguna base). El espacio nulo es el único que tiene al conjunto vacío como base.

[61]Pero no al tuntún y a la buena de Dios; puede ocurrir, por ejemplo, que no sea libre pero al quitar el primer vector deje de ser sistema generador.

[62]Esto también ocurre con cualquier sistema generador infinito, aunque no voy a entrar en ello.

que satisface:

1. $(a+b) \cdot x = a \cdot x + b \cdot x \; \forall a, b \in A, \forall x \in M,$

2. $a \cdot (x+y) = a \cdot x + a \cdot y \; \forall a \in A, \forall x, y \in M,$

3. $a \cdot (b \cdot x) = (a \cdot b) \cdot x \; \forall a, b \in A, \forall x \in M,$

4. $1 \cdot x = x \; \forall x \in M.$

Es verdad que, al no haber siempre inversos en A, dejan de cumplirse algunas propiedades que se satisfacen en los espacios vectoriales. Por ejemplo, si $a \cdot x = 0$, no tiene por qué ser $a = 0$ o $x = 0$; o, por ejemplo, otra diferencia importante es que no siempre existen bases. Así y todo, sí que comparten muchas propiedades con los espacios vectoriales y la teoría de módulos es muy importante y fructífera en el álgebra. De hecho, muchos teoremas importantes, como por ejemplo el teorema de Bezout para curvas planas, utilizan en su demostración el formulismo de los módulos. También, los módulos sobre anillos con propiedades especiales, como los dominios de ideales principales, permiten obtener de manera natural resultados clásicos, como la existencia y unicidad, cuando el cuerpo K es algebraicamente cerrado, de la forma canónica de Jordan de un endomorfismo de un K-espacio vectorial de dimensión finita.

Una propiedad fundamental de las bases en espacios vectoriales finitamente generados es que todas tienen que tener el mismo número de elementos. No puede ocurrir que, por ejemplo, una base B_1 tenga 3 vectores y otra base B_2 tenga 5 vectores. Esto es lo que demostraremos a continuación:

Teorema 2.3.1. *En un K-espacio vectorial finitamente generado todas las bases son finitas y tienen el mismo número de vectores[63].*

Para demostrar el teorema usaremos el famoso e irreemplazable lema del reemplazamiento:

Lema 2.3.1 (*lema del reemplazamiento*). *Si V es un K-espacio vectorial finitamente generado y si $S = \{u_1, \ldots, u_n\}$ es un sistema generador y $T = \{v_1, \ldots, v_m\}$ es una familia*

---

[63]Es decir, el mismo cardinal.

libre, entonces $m \leq n$ y existen $n - m$ vectores $u_{k_1}, \ldots, u_{k_{n-m}}$ de S tales que:

$$\{v_1, \ldots, v_m, u_{k_1}, \ldots, u_{k_{n-m}}\}$$

es sistema generador[64].

Demostración. Como S es sistema generador, el vector v_1 está en $< u_1, \ldots, u_n >$ y, por lo tanto, existen $\lambda_1, \ldots, \lambda_n \in K$ tales que:

$$v_1 = \lambda_1 u_1 + \cdots + \lambda_n u_n.$$

Si todos los λ_i fuesen 0 se tendría $v_1 = 0$, lo cual contradice que v_1 forma parte de una familia libre. Por lo tanto, existe un índice $i \in \{1, \ldots, n\}$ t.q. $\lambda_i \neq 0$. Pero entonces:

$$\lambda_i u_i = v_1 - \lambda_1 u_1 - \cdots - \lambda_{i-1} u_{i-1} - \lambda_{i+1} u_{i+1} - \cdots - \lambda_n u_n$$

y:

$$u_i = \lambda_i^{-1} v_1 - \lambda_i^{-1} \lambda_1 u_1 - \cdots - \lambda_i^{-1} \lambda_{i-1} u_{i-1} - \lambda_i^{-1} \lambda_{i+1} u_{i+1} - \cdots - \lambda_i^{-1} \lambda_n u_n.$$

Por lo tanto, u_i es combinación lineal de $v_1, u_1, \ldots, u_{i-1}, u_{i+1}, \ldots, u_n$ y, por la Proposición 2.2.4, y usando el hecho de que, por contener a un sistema generador, también $\{v, u_1, \ldots, u_n\}$ es sistema generador, obtenemos que $\{v_1, u_1, \ldots, u_{i-1}, u_{i+1}, \ldots, u_n\} = \{v_1\} \cup (S - \{u_i\})$ es sistema generador, con lo que hemos conseguido reemplazar en S uno de sus vectores por v_1.

Razonamos ahora de forma similar: como $\{v_1\} \cup (S - \{u_i\})$ es sistema generador, $\exists \lambda_1', \ldots, \lambda_n' \in K$ tales que:

$$v_2 = \lambda_1' v_1 + \lambda_2' u_1 + \cdots + \lambda_i' u_{i-1} + \lambda_{i+1}' u_{i+1} + \cdots + \lambda_n' u_n.$$

Si fuera $\lambda_i' = 0 \; \forall i \geq 2$ se tendría que $v_2 = \lambda_1' v_1$, y esto contradice que v_1, v_2 forman parte de una familia libre y que, por lo tanto, son linealmente independientes. Por consiguiente, $\exists r \geq 2$ t.q. $\lambda_r' \neq 0$, y si u_j es el vector con coeficiente λ_r, entonces u_j es combinación lineal de los vectores de $\{v_1, v_2\} \cup (S - \{u_i\})$ y, por la Proposición 2.2.4, deducimos que

---

[64]Es decir, el lema del reemplazamiento viene a decir que en S podemos reemplazar m de sus vectores por los vectores de T de forma que sigamos teniendo un sistema generador.

$\{v_1, v_2\} \cup (S - \{u_i, u_j\})$ es sistema generador, por lo que hemos podido reemplazar dos vectores u_i y u_j de S por v_1 y v_2, respectivamente.

Continuamos el procedimiento: enjabonar, aclarar, repetir hasta que no se pueda continuar. Esto, *a priori*, podría ocurrir por dos razones: porque no nos queden vectores de S para poder ser reemplazados y queden algunos vectores de T sin usar, o porque ya hayamos usado todos los vectores de T. El primer caso no puede darse, ya que tendríamos $n < m$ y V estaría generado por $v_1, \ldots, v_n$, pero entonces v_{n+1} sería combinación lineal de $v_1, \ldots, v_n$, lo cual contradice que T es libre. Por lo tanto, se tiene que dar el segundo caso, en el que $n \geq m$ y V se puede generar por una familia obtenida a partir de S en la que m vectores son reemplazados por los correspondientes $v_1, \ldots, v_m$[65]. $\square$

Vamos a demostrar ya el Teorema 2.3.1.

Demostración. Como V es finitamente generado, por la Proposición 2.3.2, V tiene una base finita:

$$B = \{u_1, \ldots, u_n\}.$$

Si B' es otra base de V, entonces B' es finita y $|B'| \leq |B|$, ya que si B' contuviera más de n vectores y si $v_1, \ldots, v_{n+1} \in B'$, entonces la familia $T = \{v_1, \ldots, v_{n+1}\}$ es libre, B es sistema generador y $|T| > |B|$, lo cual contradice el lema del reemplazamiento, ya que una familia libre no puede tener más vectores que un sistema generador.

Si fuese $|B'| < |B|$ entonces, como B' es sistema generador y B es libre, esto contradice de nuevo el lema del reemplazamiento y, por tanto, en el menor o igual no se puede dar el menor estricto y se tiene que cumplir la igualdad, y B y B' tienen que tener el mismo número de vectores. $\square$

---

[65]La notación de los subíndices en la demostración es bastante enrevesada. Se podría haber simplificado la demostración diciendo que, sin perder generalidad y renombrando los índices si fuera necesario, el u_i de la primera etapa es u_1, el u_j de la segunda etapa es u_2, y así sucesivamente; de hecho, eso es lo que suele hacerse en la mayoría de los libros de texto. Yo no lo he hecho así para no dar lugar al equívoco de que los lectores primerizos (no se ofendan, todos lo hemos sido al principio) piensen que, literalmente, los vectores de S que son reemplazados son los m primeros, cosa que puede ser falsa.

Definición 2.3.2. *Sea V un K-espacio vectorial finitamente generado. Se llama K-dimensión de V y se denota $\dim_K(V)$ (o también $\dim_K V$, omitiendo los paréntesis), al cardinal común de todas las bases de V[66].*

Como es habitual, cuando se sobreentiende cuál es el cuerpo K, se aligera la terminología y la notación y se habla simplemente de dimensión de V, y se denota por $\dim V$.

Ejemplos 2.3.3.

1. Como ya mencioné en su momento, el conjunto vacío es una base del K-espacio vectorial nulo $\{0_V\}$. En consecuencia:

$$\dim_K\{0_V\} = 0.$$

2. En el K-espacio vectorial K^n conocemos una base concreta, la base canónica. Por lo tanto:

$$\dim_K K^n = n.$$

3. Es fácil demostrar que en el K-espacio vectorial V_n de los polinomios de $K[X]$ de grado a lo sumo n las potencias $1, X, \ldots, X^n$ forman una base. Por consiguiente:

$$\dim_k V_n = n + 1.\text{[67]}$$

Es interesante comparar este ejemplo con el sexto de los Ejemplos 2.3.1, en el que el espacio vectorial era $K[X]$. Allí también una base estaba formada por las potencias de X, pero en ese caso de grado arbitrario y, por lo tanto, era una base infinita.

Aunque para que una familia sea base tiene que ser tanto libre como generadora, si su cardinal es igual a la dimensión del espacio vectorial, basta con que se dé una de las dos condiciones para garantizar que es base:

---

[66]Haberlas, haylas, por la Proposición 2.3.2.

[67]Hay que tener en cuenta que los exponentes van de 0 a n, y por eso hay $n+1$ potencias en total.

Proposición 2.3.3. *Sea V un K-espacio vectorial de dimensión n. Si S es una familia de vectores de cardinal n, entonces son equivalentes:*

1. *S es base de V.*

2. *S es familia libre.*

3. *S es sistema generador.*

Demostración. Por definición de base, es evidente que $1 \Longrightarrow 2$ y que $1 \Longrightarrow 3$. Veamos que $2 \Longrightarrow 1$ y $3 \Longrightarrow 1$.

Probaremos primero que $2 \Longrightarrow 1$. Supongamos que $S = \{u_1, \ldots, u_n\}$ es libre y sea B una base. Si S no es sistema generador, entonces existe un $v \in V$ que no es combinación lineal de $u_1, \ldots, u_n$. Se cumple que $T' = \{u_1, \ldots, u_n, v\}$ es libre, ya que si no, $\exists \lambda_1, \ldots, \lambda_{n+1} \in K$, no todos nulos, con:

$$\lambda_1 u_1 + \cdots + \lambda_n u_n + \lambda_{n+1} v = 0,$$

y $\lambda_{n+1} \neq 0$, ya que en caso contrario la familia $\{u_1, \ldots, u_n\}$ sería ligada. Pero entonces:

$$v = -\lambda_{n+1}^{-1}(\lambda_1 u_1 + \cdots + \lambda_n u_n) = -\lambda_{n+1}^{-1}\lambda_1 u_1 - \cdots - \lambda_{n+1}^{-1}\lambda_n u_n$$

y v sería combinación lineal de los vectores de S, con lo que se llega a un absurdo. Tenemos entonces que B es sistema generador, T' es libre y $|T'| > |B|$[68], lo cual entra en contradicción con el lema del reemplazamiento.

Vamos a probar ahora que $3 \Longrightarrow 1$. Supongamos, por reducción al absurdo, que S es sistema generador pero no es libre. Como S es sistema generador, por lo ya visto en este capítulo, contiene una familia libre y generadora (base) B y el contenido es estricto, ya que S es ligado. Entonces, $|B| < |S|$, pero esto contradice que $|B| = \dim_K V$, por ser B base, y $|S| = \dim_K V$, por hipótesis. $\qquad\square$

Habrán observado que la única parte del lema del reemplazamiento que hemos usado en la demostración del Teorema 2.3.1 es que el cardinal de cualquier familia libre es menor o igual que el de cualquier familia generadora, con lo cual está, de momento, bastante

---

[68]Ya que $|B| = n$.

infrautilizado. Hay una consecuencia importante de dicho lema que sí lo utiliza en toda su potencialidad: si B es una base de V de cardinal n y T es una familia libre de cardinal m, entonces podemos ver el hecho de que m vectores de B sean reemplazados por los vectores de T desde otro punto de vista, como que se le pueden añadir $n-m$ vectores, que son 'tomados prestados' de B, a la familia T, hasta formar una base (la Proposición 2.3.3 nos garantiza que la familia obtenida, al ser un sistema generador y tener un cardinal igual a la dimensión de V, es una base). Este proceso se llama completar la familia libre T hasta una base añadiendo $n-m$ vectores[69]. Así, toda familia libre se puede considerar el germen de una base formada añadiendo vectores.

Entonces tenemos que las bases se pueden formar quitando vectores a un sistema generador y también añadiendo vectores a una familia libre.

Proposición 2.3.4. *Si V es un K-espacio vectorial de dimensión finita y W es un K-subespacio vectorial de V, entonces W también es de dimensión finita y:*

$$\dim_K W \leq \dim_K V.$$

Demostración. Sea $n = \dim_K V$ y sea $B = \{v_1, \dots, v_n\}$ una base de V. Por el lema del reemplazamiento, toda familia libre S de vectores de W es finita y de cardinal $\leq n$, ya que toda familia de vectores libre en W es también libre en V[70]. Sea, entonces, $S = \{u_1, \dots, u_m\}$ una familia libre de vectores de W de cardinal máximo. Como ya he comentado, $m \leq n$. Probaremos que S es sistema generador de W, con lo que se tendrá que S es base de W y quedará así demostrado el resultado. Supongamos, por reducción al absurdo, que S no es sistema generador de W, y sea $v \in W- < S >$. La familia $S' = \{u_1, \dots, u_m, v\}$ es libre, ya que si:

$$\lambda_1 u_1 + \cdots + \lambda_m u_m + \lambda_{m+1} v = 0$$

---

[69]Pero añadiéndolos de forma apropiada; no valen, en principio, $n-m$ vectores cualesquiera.

[70]Porque las combinaciones lineales son las mismas en ambos espacios y la propiedad de las combinaciones que caracteriza la libertad se cumple en W si y solo si se cumple en V.

es una combinación lineal nula de vectores de S', entonces $\lambda_{m+1} = 0$, porque en caso contrario se tendría:

$$v = -\left(\lambda_{m+1}\right)^{-1}\lambda_1 u_1 - \cdots - \left(\lambda_{m+1}\right)^{-1}\lambda_m u_m,$$

lo cual contradice que $v \notin < S >$. Así:

$$\lambda_{m+1} = 0 \text{ y } \lambda_1 u_1 + \cdots + \lambda_m u_m = 0$$

y, como S es libre:

$$\lambda_1 = \cdots = \lambda_m = 0.$$

Pero entonces S' es libre y está formado por vectores de W, lo cual contradice que S es de cardinal máximo entre las familias con dicha propiedad. $\qquad\square$

Proposición 2.3.5. *Si V es un K-espacio vectorial de dimensión finita y W es un K-subespacio vectorial de V, entonces $W = V$ si y solo si $\dim_K W = \dim_K V$.*

Demostración. Es evidente que dos espacios vectoriales iguales tienen la misma dimensión [71], por lo que, si $W = V$, entonces $\dim_K W = \dim_K V$.

Recíprocamente, si W es subespacio de V y $\dim_K W = \dim_K V$, y si tomamos una base $B = \{w_1, \ldots, w_n\}$ de W, la podemos completar hasta una base de V. Esta no es una tarea pesada, ya que, como W y V tienen la misma dimensión, no hay que añadir ningún vector a B y ya es una base de V. Pero entonces:

$$W =< B >= V,$$

y queda así demostrado que W y V son iguales. $\qquad\square$

El siguiente corolario se suele usar con frecuencia en álgebra lineal, sobre todo en situaciones en que tenemos dos subespacios de la misma dimensión para los que es 'fácil' demostrar que se da un contenido, pero que es 'difícil' demostrar 'a pulso' que se da el otro contenido:

---

[71] Casi sería de chiste, si este no fuera un libro serio.

Corolario 2.3.1. *Si V es un K-espacio vectorial de dimensión finita y S, T son subespacios de V con $S \subseteq T$ y $\dim_K S = \dim_K T$, entonces $S = T$.*

Demostración. Usamos la proposición anterior con $V^{72} = T$ y $W = S$. $\qquad\qquad$ $\square$

2.4. El excelente cociente

Si tenemos un subespacio de un espacio vectorial podemos definir, como es habitual hacer también con otras estructuras algebraicas, una relación de equivalencia que nos permita definir las operaciones pertinentes en el conjunto de clases de equivalencia y formar el espacio vectorial cociente: si V es un K-espacio vectorial, W es un K-subespacio vectorial de V y $u, v \in V$, entonces $u \mathcal{R} v$ si $u - v \in W$. En este caso diremos que u y v son congruentes módulo el subespacio W y lo denotaremos por $u \equiv v \pmod{W}$.

Proposición 2.4.1. *La relación $\mathcal{R}$ es de equivalencia.*

Demostración. Sea $u \in V$. Se cumple que $u - u = 0_V \in W$, ya que el vector nulo está en todos los subespacios, luego $u \mathcal{R} u$ y la relación es reflexiva.

Si $u \mathcal{R} v$, entonces $u - v \in W$, luego $-(u - v) \in W$, pues el opuesto de un vector de un subespacio está en el subespacio, pero $-(u - v) = v - u$ y, por lo tanto, $v \mathcal{R} u$ y la relación es simétrica.

Si $u \mathcal{R} v$ y $v \mathcal{R} w$, entonces $u - v \in W$ y $v - w \in W$ y, sumándolos, llegamos a que:

$$u - w = (u - v) + (v - w) \in W,$$

ya que la suma de vectores de un subespacio está en el subespacio, luego la relación es transitiva. $\qquad\qquad$ $\square$

Probaremos que la clase de equivalencia representada por u es el conjunto:

$$u + W = \{u + w \mid w \in W\}.$$

---

[72] El V de la proposición anterior, no el de esta. ¡Maldita manía de llamar (casi)siempre V a los espacios vectoriales!

Efectivamente, esta es la clase de equivalencia $\overline{u}$ para la relación $\mathcal{R}$ de la proposición anterior, ya que, si $v \in \overline{u}$, entonces $u\mathcal{R}v$ y, por lo tanto, también $v\mathcal{R}u$ y $v - u \in W$. Si ponemos $w = v - u$, entonces $v = u + w$ y, así, $v \in u + W$. Recíprocamente, si $v \in u + W$ y, por tanto, $v = u + w$ para algún $w \in W$, entonces $u - v = -w \in W$[73], luego $u\mathcal{R}v$ y $v \in \overline{a}$.

Por cómo hemos definido la relación $\mathcal{R}$ y por definición de clase de equivalencia se tiene que:

$$u + W = u' + W \Longleftrightarrow u - u' \in W.$$

Llamaremos a $u + W$ la coclase módulo W representada por u y al conjunto cociente formado por todas las clases de equivalencia lo denotaremos por V/W.

Podemos definir ahora la suma de coclases y el producto de escalares por coclases. Haremos esto haciendo las correspondientes operaciones con los representantes de las coclases y tomando la coclase representada por el resultado de la operación. Así:

$$(u + W) + (v + W) = (u + v) + W \quad \forall u + W, v + W \in V/W$$

y:

$$\lambda(u + W) = (\lambda u) + W \quad \forall \lambda \in K, \forall u + W \in V/W.$$

Veamos que ambas operaciones están bien definidas y el resultado no depende de los representantes elegidos en las coclases.

Proposición 2.4.2. *Sean $\lambda \in K$ y $u + W, u' + W, v + W, v' + W \in V/W$.*

1. Si $u + W = u' + W$ y $v + W = v' + W$, entonces:

$$(u + v) + W = (u' + v') + W.$$

2. Si $u + W = u' + W$, entonces:

$$(\lambda u) + W = (\lambda u') + W.$$

---

[73]No olvidemos que W es cerrado para la formación de opuestos.

Demostración.

1. Existen $w_1, w_2 \in W$ tales que:

$$u' = u + w_1, v' = v + w_2,$$

luego:

$$(u+v)-(u'+v') = (u+v)-(u+w_1+v+w_2) = u+v-u-w_1-v-w_2 = -w_1-w_2 \in W,$$

ya que W es cerrado para la formación de opuestos y para la suma.

2. Existe $w \in W$ tal que $u' = u + w$ y, por lo tanto:

$$\lambda u - \lambda u' = \lambda u - \lambda(u+w) = \lambda u - \lambda u - \lambda w = -\lambda w \in W,$$

porque W es cerrado respecto a tomar opuestos y a hacer productos de escalares por vectores.

$\square$

Proposición 2.4.3. *Si V es un K-espacio vectorial y W es un K-subespacio vectorial de V, entonces:*

$$(V/W, +, \cdot)$$

es también un K-espacio vectorial.

Demostración. Sean $a + W, b + W, c + W \in V/W$ y $\lambda, \mu \in K$:

$$(a + W) + (b + W) = (a + b) + W = (b + a) + W = (b + W) + (a + W),$$

y la suma es commutativa.

$$((a+W)+(b+W))+(c+W) = ((a+b)+W)+(c+W) = ((a+b)+c)+W = (a+(b+c))+W =$$
$$(a + W) + ((b + c) + W) = (a + W) + ((b + W) + (c + W)),$$

luego la suma es asociativa.

$$(0_V + W) + (a + W) = (0_V + a) + W = a + W$$

y:

$$(a + W) + (0_V + W) = a + W$$

y, por lo tanto, existe elemento neutro para la suma, que es $0_V + W$.

$$(a + W) + ((-a) + W) = (a + (-a)) + W = 0_V + W$$

y:

$$((-a) + W) + (a + W) = 0_V + W$$

y, así, $a + W$ tiene elemento opuesto, que es $(-a) + W$.

Con esto hemos probado que $(V/W, +)$ es grupo abeliano.

$(\lambda + \mu)(a + W) = ((\lambda + \mu)a) + W = (\lambda a + \mu a) + W = ((\lambda a) + W) + ((\mu a) + W) = \lambda(a + W) + \mu(a + W)$.

$\lambda((a + W) + (b + W)) = \lambda((a + b) + W) = (\lambda(a + b)) + W = (\lambda a + \lambda b) + W = ((\lambda a) + W) + ((\lambda b) + W) = \lambda(a + W) + \lambda(b + W)$.

$$\lambda(\mu(a + W)) = \lambda((\mu a) + W) = (\lambda(\mu a)) + W = ((\lambda \mu)a) + W = (\lambda \mu)(a + W).$$

$$1 \cdot (a + W) = (1 \cdot a) + W = a + W.$$

$\square$

Al espacio vectorial de la proposición anterior se le llama *espacio vectorial cociente* del espacio V entre el subespacio W.

Ejemplo 2.4.1. Si tomamos:

$$V = \mathbb{R}^2 \text{ y } W = < (1, 1) >,$$

entonces W está formado por los elementos de $\mathbb{R}^2$ con sus dos componentes iguales, es decir:

$$W = \{(\lambda, \lambda) \mid \lambda \in \mathbb{R}\}.$$

Si $(a, b) \in \mathbb{R}^2$, entonces:

$$(a, b) + W = \{(a, b) + (\lambda, \lambda) \mid \lambda \in \mathbb{R}\}.$$

Podemos seleccionar un representante de $(a, b) + W$ en el que la segunda componente sea nula, ya que:

$$(a, b) + W = (a, b) + (-b, -b) + W = (a - b, 0) + W.$$

Además, cuando tomamos los representantes de esta forma, las coclases son siempre distintas, ya que si $(a, 0) + W = (a', 0) + W$, entonces $(a - a', 0) \in W$ y, como entonces las dos coordenadas tienen que ser iguales, $a - a' = 0$ y $a = a'$. Es decir:

$$V/W = \{(a, 0) + W \mid a \in \mathbb{R}\}.$$

Observamos que en este ejemplo las coclases son rectas paralelas a la diagonal principal, ya que:

$$\{(a + \lambda, b + \lambda) \mid \lambda \in \mathbb{R}\}$$

es la recta paralela a la diagonal principal que pasa por (a, b).

Con respecto a las operaciones en este $\mathbb{R}$-espacio vectorial:

$$((a, 0) + W) + ((b, 0) + W) = (a + b, 0) + W$$

y:

$$\lambda((a, 0) + W) = (\lambda a, 0) + W.$$

Veamos cómo se puede calcular la dimensión de un espacio cociente:

Proposición 2.4.4. *Si V es un K-espacio vectorial de dimensión finita y W es un subespacio vectorial de V, entonces:*

$$\dim_K \frac{V}{W} = \dim_K V - \dim_K W.$$

Demostración. Por la Proposición 2.3.4, W también es de dimensión finita, y $\dim_K W \leq \dim_K V$. Sean $n = \dim_K V$ y $m = \dim_K W$. Tomamos una base $B_1 = \{w_1, \ldots, w_m\}$ de

W y la completamos hasta una base $B_2 = \{w_1, \ldots, w_m, v_{m+1}, \ldots, v_n\}$ de V añadiéndole $n - m$ vectores[74]. Probaremos que:

$$\overline{B} = \{v_{m+1} + W, \ldots, v_n + W\}$$

es una base de V/W.

Veamos primero que $\overline{B}$ es sistema generador. Sea $v \in V$. Como B_2 es base de V, existen $\lambda_1, \ldots, \lambda_n \in K$ tales que:

$$v = \lambda_1 w_1 + \cdots + \lambda_m w_m + \lambda_{m+1} v_{m+1} + \cdots + \lambda_n v_n.$$

Tomando coclases:

$$v + W = \lambda_1 (w_1 + W) + \cdots + \lambda_m (w_m + W) + \lambda_{m+1} (v_{m+1} + W) \cdots + \lambda_n (v_n + W).$$

Como $w_i \in W$ para $i = 1, \ldots, m$, se tiene que $w_i + W = 0_V + W$ y $\lambda_i (w_i + W) = 0_V + W$. Por lo tanto:

$$v + W = \lambda_{m+1} (v_{m+1} + W) + \cdots + \lambda_n (v_n + W)$$

y $v + W$ es combinación lineal de los vectores de $\overline{B}$.

Veamos ahora que $\overline{B}$ es libre. Supongamos que:

$$\lambda_{m+1} (v_{m+1} + W) + \cdots + \lambda_n (v_n + W) = 0_V + W.$$

Entonces:

$$(\lambda_{m+1} v_{m+1} + \cdots + \lambda_n v_n) + W = 0_V + W$$

y, por definición de igualdad entre coclases:

$$\lambda_{m+1} v_{m+1} + \cdots + \lambda_n v_n \in W.$$

---

[74]Denotamos los vectores que añadimos por $v_{m+1}, \ldots,$ en vez de por $w_{n+1}, \ldots$ para no llevar a confusión a los lectores con la notación y que no piensen que son vectores de W, cosa que, de hecho, no ocurre para ninguno de los vectores añadidos.

Profundiza en las matemáticas universitarias con humor

Ahora, como B_1 es base de W, existen $\lambda_1, \ldots, \lambda_m \in K$ tales que:

$$\lambda_{m+1}v_{m+1} + \cdots + \lambda_n v_n = \lambda_1 w_1 + \cdots + \lambda_m w_m$$

y, por lo tanto:

$$(-\lambda_1)w_1 + \cdots + (-\lambda_m)w_m + \lambda_{m+1}v_{m+1} + \cdots + \lambda_n v_n = 0_V.$$

Como B_2 es base de V, todos los coeficientes de la combinación son nulos y, en particular, lo son los coeficientes de los vectores cuyas coclases están en $\overline{B}$, es decir:

$$\lambda_{m+1} = 0_K, \ldots, \lambda_n = 0_K{}^{75}.$$

$\square$

'AFÍN' DE CUENTAS, EN EL FONDO ACABA HABIENDO VECTORES

La idea intuitiva del plano afín y el espacio afín tridimensional es que son continuos de puntos indiferenciados en los que no hay, *a priori*, un origen ni unos ejes de coordenadas predeterminados, como se ve en la siguiente figura en el caso del plano afín:

Figura 2.1: El plano afín

¿Que no se ve nada? ¡Pues esa es la idea, precisamente! El concepto de plano afín n-dimensional se modela mediante un conjunto A, que es el conjunto de puntos del espacio

---

[75] Como ya he dicho, los demás coeficientes también son 0, pero ¿a quién le importa?

afín, junto con una aplicación:

$$f : A \times V \longrightarrow A,$$

donde V es un $\mathbb{R}$-espacio vectorial de dimensión n (intuitivamente, la idea es que $f(P, v)$ es el extremo del vector fijo que obtendríamos al colocar un representante del vector libre v de forma que tenga su origen en P, aunque esto no es más que una *aide-mémoire*, ya que f es cualquier aplicación que satisfaga las propiedades mostradas a continuación) que cumpla las cuatro propiedades siguientes:

1. Para cada $P \in A$ la aplicación:

$$f_P : V \longrightarrow A$$

 que envía el vector v al punto $f(P, v)$ es biyectiva.

2. Para cada $v \in V$ la aplicación:

$$f_v : A \longrightarrow A$$

 que envía el punto P al punto $f(P, v)$ es biyectiva.

3. $f(P, 0) = P \; \forall P \in A$.

4. $f(P, v_1 + v_2) = f(f(P, v_1), v_2) \; \forall P \in A, \forall v_1, v_2 \in V$.

Esta definición nos permite desarrollar sistemáticamente la geometría afín con toda su parafernalia de variedades lineales, hiperplanos, coordenadas cartesianas y baricéntricas en un sistema de referencia, etc.

2.5. Lo lineal no está tan mal

Lo mismo que se hace con los grupos y los anillos, también en los espacios vectoriales se estudian las aplicaciones entre ellos que preservan la estructura. Estas se llaman *homomorfismos*, aunque en este caso es más habitual usar el término *aplicaciones lineales*. Ambos tienen que ser espacios vectoriales sobre el mismo cuerpo.

Definición 2.5.1. *Sean V y W dos K-espacios vectoriales. Una aplicación:*

$$f : V \longrightarrow W$$

se dice K-lineal[76] si cumple:

1. $f(v + w) = f(v) + f(w) \ \forall v, w \in V,$

2. $f(\lambda v) = \lambda f(v) \ \forall \lambda \in K, \forall v \in V.$

Es decir, las aplicaciones lineales preservan la ley de composición interna de suma de vectores y la ley de composición externa de producto de un escalar por un vector.

Las aplicaciones lineales inyectivas se llaman *monomorfismos*, las suprayectivas, *epimorfismos* y las biyectivas, *isomorfismos*. Cuando $V = W$[77], se llaman *endomorfismos* y, cuando además son biyectivas, se llaman *automorfismos*[78]. Cuando existe un isomorfismo entre dos K-espacios vectoriales V y W se dice que V y W son isomorfos y se denota por $V \simeq W$.

Veremos en la siguiente proposición algunas propiedades básicas de las aplicaciones lineales:

Proposición 2.5.1. *Si $f : V \longrightarrow W$ es una aplicación K-lineal, entonces:*

1. $f(0_V) = 0_W,$

2. $f(-v) = -f(v) \ \forall v \in V,$

3. $f(u - v) = f(u) - f(v) \ \forall u, v \in V.$

Demostración.

1. $f(0_V) = f(0_V + 0_V) = f(0_V) + f(0_V)$ y, sumando en ambos miembros el opuesto de $f(0_V)$ (es decir, restando $f(0_V)$), obtenemos el resultado buscado[79].

2. $f(v) + f(-v) = f(v + (-v)) = f(0_V) = 0_W$ y, ahora, sumamos el opuesto de $f(v)$ en ambos miembros[80].

---

[76]Lineal, a secas, si se sobreentiende cuál es el cuerpo K.

[77]Iguales en toda su estructura, también las operaciones, no solo con el mismo conjunto de vectores.

[78]No confundir con los *Autobots* de los *Transformers*.

[79]También podríamos probarlo usando que $f(0_V) = f(0_K \cdot 0_V) = 0_K \cdot f(0_V) = 0_W$.

[80]También aquí podríamos dar otra demostración alternativa: $f(-v) = f((-1) \cdot v) = (-1) \cdot f(v) = -f(v)$.

3. $f(u-v) + f(v) = f(u-v+v) = f(u)$ y, ahora, sumamos en ambos miembros el

   opuesto de $f(v)$[81].

   $\square$

Vamos a probar que las aplicaciones lineales también preservan las combinaciones lineales de vectores:

Proposición 2.5.2. *Si* $f : V \longrightarrow W$ *es una aplicación lineal y si* $n \in \mathbb{N}, \lambda_1, \dots, \lambda_n \in K$ *y* $v_1, \dots, v_n \in V$, *entonces:*

$$f(\lambda_1 v_1 + \cdots + \lambda_n v_n) = \lambda_1 f(v_1) + \cdots + \lambda_n f(v_n).$$

Demostración. Lo probaremos por inducción sobre n. Para $n = 1$ es trivial. Supongamos que se cumple para $n-1$. Como f es lineal (y utilizando ambas condiciones de la definición de aplicación lineal):

$$f(\lambda_1 v_1 + \cdots + \lambda_n v_n) = f(\lambda_1 v_1 + (\lambda_2 v_2 + \cdots + \lambda_n v_n)) = \lambda_1 f(v_1) + f(\lambda_2 v_2 + \cdots + \lambda_n v_n)$$

y, usando la hipótesis de inducción en el segundo sumando, esto nos da:

$$\lambda_1 f(v_1) + \cdots + \lambda_n f(v_n).$$

$\square$

Ejemplos 2.5.1.

1. Si W es un subespacio de V, entonces es fácil ver que la aplicación inclusión:

   $$i : W \longrightarrow V$$

   con $i(w) = w \ \forall w \in W$ es un monomorfismo y que, si $W = V$, entonces es un automorfismo.

---

[81] Otra forma de demostrarlo podría ser utilizar la Proposición 2.5.2 que veremos dentro de un momento con $n = 2, \lambda_1 = 1$ y $\lambda_2 = -1$.

2. Si W es un subespacio de V, entonces:

$$p : V \longrightarrow V/W,$$

donde $p(v) = v + W$ $\forall v \in V$, es un epimorfismo, ya que si $\lambda \in K$ y $u, v \in V$, entonces:

$$p(u + v) = (u + v) + W = (u + W) + (v + W) = p(v) + p(w)$$

y:

$$p(\lambda u) = (\lambda u) + W = \lambda(u + W) = \lambda p(u)$$

y p es suprayectiva, ya que si tomamos una coclase $u + W \in V/W$[82], entonces $u + W = p(u)$.

A este epimorfismo se le suele llamar el epimorfismo canónico de V en el cociente V/W.

3. La aplicación:

$$f : \mathbb{R}^2 \longrightarrow \mathbb{R}^2$$

con:

$$f(x, y)^{83} = (x + y, x - y)$$

es un automorfismo de $\mathbb{R}^2$, ya que si $\lambda \in \mathbb{R}$ y $(x, y), (x', y') \in \mathbb{R}^2$, entonces:

$f((x, y) + (x', y')) = f(x + x', y + y') = (x + x' + y + y', x + x' - y - y') = (x + y + x' + y', x - y + x' - y') = (x + y, x - y) + (x' + y', x' - y') = f(x, y) + f(x', y')$ y, también:

$f(\lambda(x, y)) = f(\lambda x, \lambda y) = (\lambda x + \lambda y, \lambda x - \lambda y) = (\lambda(x + y), \lambda(x - y)) = \lambda(x + y, x - y) = \lambda f(x, y)$.

La aplicación f es inyectiva, porque si $f(x, y) = f(x', y')$, entonces:

$$(x + y, x - y) = (x' + y', x' - y'),$$

---

[82]Una coclase siempre tiene esa forma $u + W$ para algún $u \in V$, el cual no es único, ya que, por lo general (salvo en el caso trivial en que $W = \{0\}$), una coclase tiene más de un representante (de hecho, infinitos representantes si el cuerpo K tiene infinitos elementos). No obstante, siempre podemos elegir uno de ellos, que es precisamente lo que hemos hecho.

[83]Aquí hemos omitido un par de paréntesis, para no recargar la notación.

luego:

$$x + y = x' + y',$$

$$x - y = x' - y'$$

y, sumando estas dos igualdades, $2x = 2x'$, luego $x = x'$ y, restándolas, $2y = 2y'$ y, por lo tanto, $y = y'$.

Además, f es suprayectiva, pues si $x, y \in \mathbb{R}$, entonces:

$$(x, y) = f(\frac{x + y}{2}, \frac{x - y}{2}).$$

Se podría haber comprobado también de forma más sencilla que f es aplicación lineal observando que f se puede describir en forma matricial como:

$$f(x, y) = (x, y) \begin{pmatrix} 1 & 1 \\ 1 & -1 \end{pmatrix},$$

y utilizando lo que veremos en el ejemplo 4.

4. Más en general, si $n, m \in \mathbb{N}$ y $A \in M_{n \times m}(K)$ es una matriz con n filas y m columnas con entradas en el cuerpo K, entonces la aplicación:

$$f_A : K^n \longrightarrow K^m$$

definida por:

$$f_A(x_1, \ldots, x_n) = (x_1, \ldots, x_n) A$$

es una aplicación lineal. Se puede probar utilizando propiedades elementales de las operaciones con matrices: si $x = (x_1, \ldots, x_n), y = (y_1, \ldots, y_n) \in K^n$ y $\lambda \in K$, entonces:

$$f_A(x + y) = (x + y)A = xA + yA = f_A(x) + f_A(y)$$

y:

$$f_A(\lambda x) = (\lambda x)A = \lambda(xA) = \lambda f_A(x).$$

En general, esta aplicación f_A no tiene por qué ser inyectiva ni suprayectiva.

La misma idea se aplica si en vez de K^n y K^m tenemos dos espacios vectoriales V y W con bases respectivas $B_1 = \{v_1, \dots, v_n\}$ y $B_2 = \{w_1, \dots, w_m\}$ y una matriz $A \in M_{n \times m}(K)$. Podemos entonces definir una aplicación $f : V \longrightarrow W$ en la que, si $v = \lambda_1 v_1 + \cdots + \lambda_n v_n$ y si $(\lambda_1, \dots, \lambda_n)A = (\mu_1, \dots, \mu_m)$, entonces $f(v) = \mu_1 w_1 + \cdots + \mu_m w_m$. La aplicación f_A está bien definida, ya que, como B_1 es base, cada $v \in V$ se puede poner de forma única como $v = \lambda_1 v_1 + \cdots + \lambda_n v_n$; es fácil ver, utilizando de nuevo propiedades elementales de las operaciones matriciales, que f_A es una aplicación lineal.

El último ejemplo que hemos visto describe, en cierto modo, <u>todas</u> las aplicaciones lineales, ya que si V y W son K-espacios vectoriales de dimensiones n y m, respectivamente, y si $B_1 = \{v_1, \dots, v_n\}$ y $B_2 = \{w_1, \dots, w_m\}$ son bases de V y W, y si:

$$f : V \longrightarrow W$$

es una aplicación lineal cualquiera entonces, para cada $i \in \{1, \dots, n\}$, como $f(v_i) \in W$ y B_2 es base de W, existen $a_{i,1}, \dots, a_{i,m} \in K$ tales que:

$$f(v_i) = a_{i,1} w_1 + \cdots + a_{i,m} w_m.$$

Llamaremos matriz coordenada de f respecto de las bases B_1 y B_2, a la cual denotaremos por $M_{B_1, B_2}(f)$[84], a la matriz de $M_{n \times m}(K)$ que tiene como término general en la fila i-ésima y columna j-ésima a $a_{i,j}$, es decir, $M_{B_1, B_2}(f) = (a_{i,j})$.

La matriz coordenada de f nos permite expresar fácilmente las coordenadas de la imagen $f(v)$ de un vector de V:

Proposición 2.5.3. *Si:*

$$f : V \longrightarrow W$$

---

[84]En algunos textos se suele denotar también por $M_{B_1}^{B_2}(f)$.

es una aplicación lineal y:

$$B_1 = \{v_1, \ldots, v_n\}, B_2 = \{w_1, \ldots, w_m\}$$

son bases de V y W, respectivamente, y si:

$$v = \lambda_1 v_1 + \cdots + \lambda_n v_n \ y \ f(v) = \mu_1 w_1 + \cdots + \mu_m w_m,$$

entonces:

$$(\mu_1, \ldots, \mu_m) = (\lambda_1, \ldots, \lambda_n) M_{B_1, B_2}(f).$$

Demostración. Pongamos $M_{B_1, B_2}(f) = (a_{i,j})$.

Se tiene que:

$$f(v) = f(\sum_{i=1}^{n} \lambda_i v_i).$$

Por la Proposición 2.5.2, esto es igual a:

$$\sum_{i=1}^{n} \lambda_i f(v_i)$$

y, por definición de matriz coordenada, esto nos da:

$$\sum_{i=1}^{n} \lambda_i \sum_{j=1}^{m} a_{i,j} w_j = \sum_{i=1}^{n} \sum_{j=1}^{m} \lambda_i a_{i,j} w_j.$$

Intercambiando los índices de sumación[85], la expresión anterior es:

$$\sum_{j=1}^{m} (\sum_{i=1}^{n} \lambda_i a_{i,j}) w_j,$$

y está claro que $\sum_{i=1}^{n} \lambda_i a_{i,j}$ es el término general en la (única) fila 1 y columna j de:

$$(\lambda_1, \ldots, \lambda_n) A.$$

---

[85] Podemos hacer esto, ya que si vemos la suma anterior como una suma doble en la que los sumandos están colocados en filas y columnas, intercambiar los índices de sumación quiere decir que, en vez de sumar los elementos en cada fila y sumar los valores resultantes, sumemos los elementos en cada columna y después sumemos los valores obtenidos. De ambas formas llegamos al mismo resultado, ya que acabamos sumando todos los elementos del 'rectángulo' correspondiente.

□

Lo que hemos probado en esta proposición muestra que, tal y como dije antes, el ejemplo 4 de aplicaciones lineales es universal, ya que toda aplicación lineal (entre espacios de dimensión finita, por supuesto) es de esa forma cuando consideramos las coordenadas de un vector y de su imagen.

Ejemplos 2.5.2.

1. Si tomamos los $\mathbb{R}$-espacios vectoriales V_3 y V_2 formados por los polinomios de $\mathbb{R}[X]$ de grados a lo sumo 3 y 2, respectivamente, entonces la aplicación de derivación:

$$D : V_3 \longrightarrow V_2$$

que lleva P a $D(P) = \frac{dP}{dX} = P'$ es lineal, ya que es bien conocido que:

$$(P + Q)' = P' + Q' \text{ y } (\lambda P)' = \lambda P'.$$

Si tomamos las bases:

$$B_1 = \{1, X, X^2, X^3\} \text{ y } B_2 = \{1, X, X^2\}$$

de V_3 y V_2, respectivamente, entonces:

$D(1) = 0 = 0 \cdot 1 + 0 \cdot X + 0 \cdot X^2,$

$D(X) = 1 = 1 \cdot 1 + 0 \cdot X + 0 \cdot X^2,$

$D(X^2) = 2X = 0 \cdot 1 + 2 \cdot X + 0 \cdot X^2,$

$D(X^3) = 3X^2 = 0 \cdot 1 + 0 \cdot X + 3 \cdot X^2,$

luego:

$$M_{B_1, B_2}(f) = \begin{pmatrix} 0 & 0 & 0 \\ 1 & 0 & 0 \\ 0 & 2 & 0 \\ 0 & 0 & 3 \end{pmatrix}.$$

2. Tomamos la aplicación lineal $f : \mathbb{Q}^2 \longrightarrow \mathbb{Q}^2$ con:

$$f(x, y) = (y, -x + 2y),$$

y las bases:

$$B_1 = \{(1,1), (2,3)\} \text{ y } B_2 = \{(-5,1), (1,0)\}.$$

Se tiene que:

$$f(1,1) = (1,1) = 1 \cdot (-5,1) + 6 \cdot (1,0)$$

y:

$$f(2,3) = (3,4) = 4 \cdot (-5,1) + 23 \cdot (1,0)$$

y, así:

$$M_{B_1,B_2}(f) = \begin{pmatrix} 1 & 6 \\ 4 & 23 \end{pmatrix}.$$

Veremos ahora que las aplicaciones lineales se comportan bien con respecto a las imágenes directas e inversas de subespacios vectoriales:

Proposición 2.5.4. *Si:*

$$f : V \longrightarrow W$$

es una aplicación lineal entre K-espacios vectoriales y V' es un K-subespacio vectorial de V, entonces $f(V')$ es un K-subespacio vectorial de W.

Demostración. Por la parte 1 de la Proposición 2.5.1 se tiene que $f(0_V) = 0_W$ y, como $0_V \in V'$, concluimos que $0_W = f(0_V) \in f(V')$.

Sean $w_1, w_2 \in f(V')$ y $\lambda, \mu \in K$. Como $w_1, w_2 \in f(V')$, existen $v_1, v_2 \in V'$ tales que $w_1 = f(v_1)$ y $w_2 = f(v_2)$ y, de ahí:

$$\lambda w_1 + \mu w_2 = \lambda f(v_1) + \mu f(v_2)$$

y, por la Proposición 2.5.2, esto es $f(\lambda v_1 + \mu v_2)$ y $\lambda v_1 + \mu v_2 \in V'$, ya que $v_1, v_2 \in V'$ y V' es subespacio vectorial de V. $\qquad\square$

Corolario 2.5.1. *Si $f : V \longrightarrow W$ es una aplicación lineal, entonces $\mathrm{Im}(f)$ es un subespacio vectorial de W.*

Demostración. Se cumple que $\mathrm{Im}(f) = f(V)$, y V es subespacio vectorial de V, por lo cual lo que se quiere probar es una consecuencia inmediata de la proposición anterior. $\square$

Al subespacio $\mathrm{Im}(f)$ se le llama *subespacio imagen* de f.

Proposición 2.5.5. *Si:*

$$f : V \longrightarrow W$$

es una aplicación lineal entre K-espacios vectoriales y W' es un K-subespacio vectorial de W, entonces $f^{-1}(W')$ es un K-subespacio vectorial de V.

Demostración. Tenemos que $f(0_V) = 0_W$, y $0_W \in W'$, por ser W' subespacio de W y, así, $0_V \in f^{-1}(W')$.

Sean $v_1, v_2 \in f^{-1}(W')$ y $\lambda, \mu \in K$. Como f es aplicación lineal:

$$f(\lambda v_1 + \mu v_2) = \lambda f(v_1) + \mu f(v_2)$$

y, como $v_1, v_2 \in f^{-1}(W')$, se tiene que $f(v_1)$ y $f(v_2)$ están en W'. Así, por ser W' subespacio de W, se deduce que $\lambda f(v_1) + \mu f(v_2) \in W'$ y $\lambda v_1 + \mu v_2 \in f^{-1}(W')$. $\square$

Corolario 2.5.2. *Si $f : V \longrightarrow W$ es una aplicación lineal, entonces $f^{-1}(\{0_W\})$ es un K-subespacio vectorial de V.*

Demostración. El conjunto $\{0_W\}$ es un K-subespacio vectorial de W y podemos usar la proposición anterior. $\square$

Como ocurre también con otras estructuras, a la imagen inversa $f^{-1}(\{0_W\})$ se le llama el *núcleo* de f y se le denota por $\mathrm{Ker}(f)$[86] [87].

El conocimiento del núcleo nos permite saber si una aplicación lineal es inyectiva:

---

[86]O por $\mathrm{Ker}\, f$, omitiendo el paréntesis.

[87]En castizo, se le suele denotar también por $\mathrm{Nuc}(f)$.

Proposición 2.5.6. *Si:*

$$f : V \longrightarrow W$$

es una aplicación lineal, entonces f es inyectiva si y solo si $\mathrm{Ker}(f) = \{0_V\}$.

Demostración. Supongamos que f es inyectiva. Es obvio que $\{0_V\} \subseteq \mathrm{Ker}(f)$ y, si $v \in \mathrm{Ker}(f)$, entonces $f(v) = 0_W = f(0_V)$, por lo que al ser f inyectiva, $v = 0_V$.

Recíprocamente, si $\mathrm{Ker}(f) = \{0_V\}$ y $f(v_1) = f(v_2)$, entonces $0_W = f(v_1) - f(v_2)$ y, por la parte 3 de la Proposición 2.5.1, esto es igual a $f(v_1 - v_2)$, por lo que $v_1 - v_2 \in \mathrm{Ker}(f)$ y, así, $v_1 - v_2 = 0_V$ y $v_1 = v_2$. $\qquad\qquad\qquad\qquad\qquad\qquad\qquad\qquad\square$

Proposición 2.5.7. *Si V y W son K-espacios vectoriales finitamente generados, entonces V y W son isomorfos si y solo si tienen la misma dimensión.*

Demostración. Supongamos que $V \simeq W$, y sea:

$$f : V \longrightarrow W$$

un isomorfismo entre ellos. Si $B = \{v_1, \dots, v_n\}$ es una base de V, probaremos que el conjunto:

$$f(B) = \{f(v_1), \dots, f(v_n)\}$$

es base de W, con lo que quedará demostrado que $\dim_K V = \dim_K W$. Sea $w \in W$; como f es suprayectiva, $\exists v \in V$ t.q. $w = f(v)$, y al ser B sistema generador, $\exists \lambda_1, \dots, \lambda_n \in K$ t.q. $v = \lambda_1 v_1 + \cdots + \lambda_n v_n$, por lo que aplicando f en ambos miembros y teniendo en cuenta que f es lineal, obtenemos que:

$$f(v) = \lambda_1 f(v_1) + \cdots + \lambda_n f(v_n)$$

y, así, $f(B)$ es sistema generador.

Supongamos que:

$$\lambda_1 f(v_1) + \cdots + \lambda_n f(v_n) = 0_W.$$

Dado que f es lineal y que $f(0_V) = 0_W$, concluimos que:

$$f(\lambda_1 v_1 + \cdots + \lambda_n v_n) = f(0_V)$$

y, como f es inyectiva, que:

$$\lambda_1 v_1 + \cdots + \lambda_n v_n = 0_V.$$

Al ser B libre, se deduce que:

$$\lambda_1 = \cdots = \lambda_n = 0,$$

con lo que hemos probado que $f(B)$ es libre y, al haber demostrado anteriormente que también es sistema generador, concluimos que es base.

Recíprocamente, supongamos que $\dim_K V = \dim_K W$, y sean:

$$B_1 = \{v_1, \ldots, v_n\} \ y \ B_2 = \{w_1, \ldots, w_n\}$$

bases de V y W, respectivamente. Definimos la aplicación:

$$f : V \longrightarrow W$$

en la que:

$$f(\lambda_1 v_1 + \cdots + \lambda_n v_n) = \lambda_1 w_1 + \cdots + \lambda_n w_n.$$

Por lo que ya sabemos, f es una aplicación lineal; de hecho, es la que tiene como matriz coordenada en las bases B_1 y B_2 la matriz identidad:

$$\begin{pmatrix} 1 & 0 & \ldots & 0 \\ \vdots & & & \vdots \\ 0 & 0 & \ldots & 1 \end{pmatrix}.$$

Veamos que f es biyectiva y, por lo tanto, que es un isomorfismo. Si $v \in \mathrm{Ker}(f)$ y:

$$v = \lambda_1 v_1 + \cdots + \lambda_n v_n,$$

entonces

$$f(v) = \lambda_1 w_1 + \cdots + \lambda_n w_n = 0_W$$

y, como B_2 es base:

$$\lambda_1 = \cdots = \lambda_n = 0,$$

de donde:

$$v = 0 \cdot v_1 + \cdots + 0 \cdot v_n = 0_V.$$

Por lo tanto, $\mathrm{Ker}(f) = \{0_V\}$ y f es inyectiva.

Para demostrar que es suprayectiva, si:

$$w = \lambda_1 w_1 + \cdots + \lambda_n w_n \in W,$$

entonces:

$$w = f(\lambda_1 v_1 + \cdots + \lambda_n v_n),$$

por lo que $w \in \mathrm{Im}(f)$. $\square$

Corolario 2.5.3. *Si* $\dim_K V = n$, *entonces:*

$$V \simeq K^n.$$

Demostración. La dimensión de K^n es n y, por lo tanto, V y K^n tienen la misma dimensión. $\square$

Así, los espacios vectoriales de dimensión finita son, estructuralmente, los K^n. Pero entonces, ¿por qué montarnos todo este rollo patatero de los K-espacios vectoriales cuando, en cierto modo, estos son, cuando son finitamente generados, esencialmente K^n? ¿Son ganas de fastidiar o de complicar innecesariamente las cosas? Ciertamente no; la presentación formal abstracta de los espacios vectoriales en la forma que lo hemos hecho nos permite abarcar una gran cantidad de objetos matemáticos muy variopintos, por lo que es un concepto muy potente, y el que los espacios vectoriales sean isomorfos a K^n se convierte entonces en una ventaja, pues podemos aprovechar la facilidad de cálculo en el conjunto de n tuplas de K^n. Esto es, en el fondo, lo que hacemos cuando tomamos las coordenadas de vectores respecto a una base, o cuando hallamos la expresión coordenada de una aplicación lineal, en la que simplemente multiplicamos un vector fila por la matriz coordenada de la aplicación para hallar las coordenadas de la imagen de un vector. En K^n todo es un mundo de colores.

Tenemos un *teorema fundamental de isomorfía* para espacios vectoriales (también llamado *primer teorema de isomorfía*) similar al que hay para otras estructuras algebraicas:

Teorema 2.5.1 (teorema fundamental de isomorfía de espacios vectoriales). *Si:*

$$f : V \longrightarrow W$$

es una aplicación lineal de K-espacios vectoriales, entonces:

$$V/\operatorname{Ker}(f) \simeq \operatorname{Im}(f).$$

Demostración. Por lo ya visto, $\operatorname{Im}(f)$ es un subespacio de W y $\operatorname{Ker}(f)$ es un subespacio de V, por lo que tiene sentido tomar el espacio cociente $V/\operatorname{Ker}(f)$ y considerar a $\operatorname{Im}(f)$ como un espacio vectorial.

Definimos:

$$\overline{f} : V/\operatorname{Ker}(f) \longrightarrow \operatorname{Im}(f)$$

mediante:

$$\overline{f}(v + \operatorname{Ker}(f)) = f(v).$$

La aplicación $\overline{f}$ está bien definida y no depende del representante de la coclase, ya que si:

$$v + \operatorname{Ker}(f) = v' + \operatorname{Ker}(f),$$

entonces $v - v' \in \operatorname{Ker}(f)$ y, por lo tanto, $f(v - v') = 0_W$. Como f es aplicación lineal, $f(v - v') = f(v) - f(v')$, luego $f(v) = f(v')$.

Si $v_1 + \operatorname{Ker}(f), v_2 + \operatorname{Ker}(f) \in V/\operatorname{Ker}(f)$, entonces:

$$\overline{f}((v_1 + \operatorname{Ker}(f)) + (v_2 + \operatorname{Ker}(f))) = \overline{f}((v_1 + v_2) + \operatorname{Ker}(f)).$$

Por definición de $\overline{f}$, esto es $f(v_1 + v_2)$ y, como f es lineal, es $f(v_1) + f(v_2)$, lo cual es igual a $\overline{f}(v_1 + \operatorname{Ker}(f)) + \overline{f}(v_2 + \operatorname{Ker}(f))$, de nuevo por definición de $\overline{f}$.

Si $v + \text{Ker}(f) \in V/\text{Ker}(f)$ y $\lambda \in K$, entonces:

$$\overline{f}(\lambda(v + \text{Ker}(f))) = \overline{f}((\lambda v) + \text{Ker}(f)).$$

Esto es igual a $f(\lambda v)$, por definición de $\overline{f}$, lo cual nos da $\lambda f(v)$, al ser f lineal, y esto último es $\lambda \overline{f}(v + \text{Ker}(f))$, por definición de $\overline{f}$.

La aplicación $\overline{f}$ es inyectiva, ya que si:

$$\overline{f}(v_1 + \text{Ker}(f)) = \overline{f}(v_2 + \text{Ker}(f)),$$

entonces $f(v_1) = f(v_2)$ y, como f es lineal, $f(v_1 - v_2) = f(v_1) - f(v_2) = 0_W$ y $v_1 - v_2 \in \text{Ker}(f)$, de donde concluimos que $v_1 + \text{Ker}(f) = v_2 + \text{Ker}(f)$ (también sería fácil demostrarlo comprobando que $\text{Ker}(\overline{f}) = \{0_V + \text{Ker}(f)\}$).

Finalmente, $\overline{f}$ es suprayectiva, ya que si $w \in \text{Im}(f)$, entonces $\exists v \in V$ tal que $w = f(v)$, pero entonces $f(v) = \overline{f}(v + \text{Ker}(f))$. $\qquad\square$

Veremos en los ejercicios otros dos teoremas de isomorfía que se deducen de este.

Veamos una consecuencia importante del teorema fundamental de isomorfía. Primero necesitamos definir el rango de una aplicación lineal:

Definición 2.5.2. *Sea:*

$$f : V \longrightarrow W$$

una aplicación lineal entre K-espacios vectoriales. Se llama rango de f, y se denota por $r(f)$[88], a $\dim_K \text{Im}(f)$[89].

Teorema 2.5.2 (*teorema del rango*). *Si:*

$$f : V \longrightarrow W$$

---

[88]También se suele denotar por $\text{rang}(f)$.

[89]Aunque el concepto es aplicable a espacios vectoriales arbitrarios, el caso interesante se da cuando son de dimensión finita (o, por lo menos, cuando $\text{Im}(f)$ es de dimensión finita, para que sea un número como Dios manda).

es una aplicación lineal entre K-espacios vectoriales y V es de dimensión finita, entonces:

$$\dim_K \text{Ker}(f) + r(f) = \dim_K V.$$

Demostración. Usando el teorema fundamental de isomorfía y la Proposición 2.5.7, deducimos que:

$$r(f) = \dim_K \text{Im}(f) = \dim_K \frac{V}{\text{Ker}(f)}$$

y, por la Proposición 2.4.4, esto es $\dim_K V - \dim_K \text{Ker}(f)$, y de ahí se deduce de forma inmediata lo que queremos probar. $\qquad\square$

Para que una aplicación lineal:

$$f : V \longrightarrow W$$

sea biyectiva, tiene que ser inyectiva y suprayectiva. Como consecuencia del teorema anterior, veremos que si V y W tienen la misma dimensión, basta con que sea o bien inyectiva o bien suprayectiva, ya que con este 'ingrediente extra' cada una de las dos condiciones implica la otra:

Corolario 2.5.4. *Si:*

$$f : V \longrightarrow W$$

es una aplicación lineal entre espacios vectoriales de dimensión finita, con $\dim_K V = \dim_K W$, *entonces f es inyectiva si y solo si f es suprayectiva.*

Demostración. La aplicación f es inyectiva si y solo si $\text{Ker}(f) = \{0\}$, lo cual es equivalente a que $\dim_K \text{Ker}(f) = 0$. Por el teorema anterior, eso es equivalente a que $\dim_K V = \dim_K \text{Im}(f)$. Ahora, como $\text{Im}(f)$ es un subespacio de W y $\dim_K V = \dim_K W$, por la Proposición 2.3.5, el que $\text{Im}(f)$ y W tengan la misma dimensión es equivalente a que $\text{Im}(f) = W$, es decir, a que f sea suprayectiva. $\qquad\square$

2.6. Ejercicios

1. Decir razonadamente si las siguientes estructuras son espacios vectoriales:

   a) Los números complejos (con su suma habitual $(a+bi)+(c+di) = (a+c)+(b+d)i$) sobre el cuerpo de los números reales con la ley de composición externa $\cdot : \mathbb{R} \times \mathbb{C} \longrightarrow \mathbb{C}$ definida por $\lambda \cdot (a+bi) = (\lambda a) + (\lambda b)i$.

   b) Las flechas de un kit de tiro con arco.

   c) El conjunto $\mathbb{R}^2$ con su suma habitual $(a,b)+(c,d) = (a+c,b+d)$ sobre el cuerpo $\mathbb{R}$ con sus operaciones habituales de suma y multiplicación, con la ley de composición externa $\cdot : \mathbb{R} \times \mathbb{R}^2 \longrightarrow \mathbb{R}^2$ altamente inhabitual definida por $\lambda(a,b) = (\lambda^2 a, \lambda^2 b)$.

2. Si V es un K-espacio vectorial y W, X son K-subespacios vectoriales de V demostrar que entonces X es K-subespacio vectorial de W si y solo si $X \subseteq W$.

3. Si V_n, V_m son como en el apartado 4 de los Ejemplos 2.1.1, probar que V_n es K-subespacio vectorial de V_m si y solo si $n \leq m$.

4. Si V es un espacio vectorial y W_1, W_2 son subespacios de V demostrar que la condición necesaria y suficiente para que $W_1 \cup W_2$ sea subespacio de V es que o bien $W_1 \subseteq W_2$ o $W_2 \subseteq W_1$.

5. Probar que un espacio vectorial es de dimensión infinita si y solo si tiene un subconjunto libre de cardinal infinito.

6. Hallar las coordenadas del vector $(\frac{3}{2}, -1, \frac{9}{2}, 3)$ respecto a la base:

   $$B = \{(1,0,1,1), (1,2,-1,0), (1,1,1,1), (-1,5,1,3)\}$$

   del $\mathbb{Q}$-espacio vectorial $\mathbb{Q}^4$ con su estructura usual de espacio vectorial.

7. Calcular el núcleo de la aplicación lineal $f : \mathbb{R}^3 \longrightarrow \mathbb{R}^3$ definida por:

   $$f(x,y,z) = (x + 3y - z, 2x + y - z, -5x + 5y + z)$$

   y determinar su dimensión.

8. Demostrar que, si V es un K-espacio vectorial y si $B = \{v_1, \ldots, v_n\}$ es una base de V y $a_1, \ldots, a_n$ son n escalares de K no todos nulos[90], entonces el conjunto:

$$W = \{\lambda_1 v_1 + \cdots + \lambda_n v_n \in V \mid \lambda_1 a_1 + \cdots + \lambda_n a_n = 0\}$$

es un K-subespacio vectorial de V de dimensión $n - 1$. A este tipo de subespacios (y, más en general, a sus trasladados en los espacios afines) se les suele llamar *hiperplanos*[91].

9. Si V es un K-espacio vectorial y S, T son K-subespacios vectoriales de V con $S \subseteq T$, demostrar que entonces el conjunto:

$$T/S = \{x + S \mid x \in T\}$$

es K-subespacio vectorial de V/S y que:

$$\frac{V/S}{T/S} \simeq V/T.$$

A esto se le conoce como el *teorema de isomorfía del doble cociente*, o también *segundo teorema de isomorfía*.

10. Probar que, si V es un K-espacio vectorial y S, T son K-subespacios vectoriales de V entonces S es subespacio de $S + T$[92], $S \cap T$ es subespacio de T y:

$$\frac{T}{S \cap T} \simeq \frac{S + T}{S}.$$

A este resultado se le suele llamar *tercer teorema de isomorfía*.

11. Demostrar que si V es un K-espacio vectorial y S, T son K-subespacios vectoriales de dimensión finita de V entonces:

$$\dim_K (S + T) = \dim_K S + \dim_K T - \dim_K (S \cap T).$$

---

[90] No hay que confundir esto con 'todos no nulos', lo cual querría decir que $a_i \neq 0 \ \forall i$. Por el contrario, 'no todos nulos', que es lo que nos atañe ahora, quiere decir que $\exists i \in \{1, \ldots, n\}$ tal que $a_i \neq 0$.

[91] No, no tiene nada que ver con los saltos al hiperespacio de *Star Wars*.

[92] Donde $S + T = \{x + y \mid x \in S, y \in T\}$.

12. Si consideramos los dos siguientes subespacios de $\mathbb{R}^4$ con su estructura usual de $\mathbb{R}$-espacio vectorial:

$$S = \{(x, y, z, t) \in \mathbb{R}^4 \mid x - 2z + t = 0, y = 0\},$$

$$T = \{(x, y, z, t) \in \mathbb{R}^4 \mid x - z = 0, x + y - t = 0\},$$

hallar la dimensión y una base de $S + T$[93].

13. Si consideramos los dos siguientes subespacios de $\mathbb{Q}^4$ con su estructura usual de $\mathbb{Q}$-espacio vectorial:

$$S = \{(x, y, z, t) \in \mathbb{Q}^4 \mid x - 2z + t = 0, y = 0\},$$

$$T = \{(x, y, z, t) \in \mathbb{Q}^4 \mid x - z = 0, x + y - t = 0\},$$

hallar la dimensión y una base de $S + T$.

14. Encontrar una aplicación lineal $f : \mathbb{R}^3 \longrightarrow \mathbb{R}^2$, donde consideramos la estructura habitual de $\mathbb{R}$-espacio vectorial en $\mathbb{R}^3$ y en $\mathbb{R}^2$, respectivamente, que satisfaga:

$$\mathrm{Ker}(f) = \{(x, y, z) \in \mathbb{R}^3 \mid x - y + z = 0\} \text{ y } f(4, -1, 2) = (1, 3).$$

¿Es única o puede haber más de una?

15. Responder a las mismas preguntas del problema anterior con $f : \mathbb{R}^3 \longrightarrow \mathbb{R}^2$ y:

$$\mathrm{Ker}(f) = \{(x, y, z) \in \mathbb{R}^3 \mid 2x - y = 0, 3x - z = 0\} \text{ y } f(1, 1, 1) = (2, -1).$$

---

[93]Bueno, mejor háganlo en orden inverso, primero una base y luego la dimensión, para ahorrar cuentas, que es lo único que se puede ahorrar hoy en día.

Capítulo 3

Divide y vencerás

3.1. La entereza de los números ante los problemas matemáticos

Los números naturales $1, 2, 3, \ldots$ sirven para contar. Por ejemplo, pueden ser útiles para contar a cuántos metros sobre el nivel del mar viven ustedes[1], o cuántos euros tienen en su cuenta bancaria[2]. Pero... ¿qué pasaría si estuvieran ustedes haciendo submarinismo en una isla tropical o si su cuenta corriente estuviera en números rojos[3]? Por lo tanto, los números naturales parecen ser insuficientes para modelar algunos problemas de la vida cotidiana.

Otro inconveniente adicional con los números naturales es que podemos sumarlos sin problema pero, en cambio, no podemos hacer siempre algo tan básico como restarlos.

---

[1]Suponiendo que redondeen a metros dicho desnivel y que no consideren centímetros, milímetros, etc. Realmente, una subdivisión tan precisa ni siquiera tendría sentido por causa de factores como el oleaje, que hacen que no sean números definidos con mucha precisión y que sean rápidamente variables, pero todo el mundo estará de acuerdo en que se pueden hacer *grosso modo* afirmaciones como "Estoy a 200 metros sobre el nivel del mar".

[2]Si se ponen ustedes tiquismiquis con que ese número puede tener decimales, cámbienlo por el número de céntimos; de ahí no pasa, puede haber subdivisiones matemáticas a cantidades menores, pero no estarán respaldadas por el banco de España.

[3]Si pueden ustedes permitirse el primer evento, es poco probable que se dé el segundo.

Por ejemplo, se puede hacer la resta $9 - 4 = 5$, pero no tiene sentido la resta $3 - 17$ dentro de los números naturales. Y, si no podemos hacer operaciones con los números, ¿para qué narices los queremos?

Esto motiva la introducción de los números enteros, que son los números:

$$\ldots, -2, -1, 0, 1, 2, \ldots$$

y son los que no tienen decimales[4], o se puede entender también como los que no tienen parte fraccionaria[5].

Al conjunto de números enteros se le denota por $\mathbb{Z}$[6].

El concepto de número entero es bastante evidente e intuitivo y lo entiendo hasta yo, pero es necesario dar la definición matemática rigurosa y esto significa definir claramente y sin ambigüedad qué son, utilizando en la definición conceptos matemáticos previos ya conocidos y, por último pero no menos importante, describir con rigor cuáles son las operaciones entre ellos, que van a ser básicamente la suma y la multiplicación, y luego veremos que también tiene sentido la resta de dos números enteros cualesquiera. Vamos allá con la construcción. Definimos en $\mathbb{N} \times \mathbb{N}$ la relación:

$$(a, b)\mathcal{R}(c, d) \text{ si } a + d = b + c.$$

Proposición 3.1.1. *La relación $\mathcal{R}$ es de equivalencia.*

Demostración. Si $(a, b) \in \mathbb{N} \times \mathbb{N}$, entonces $a + b = b + a$, luego $(a, b)\mathcal{R}(a, b)$, y esta profunda reflexión nos lleva a concluir que la relación es reflexiva.

Si $(a, b)\mathcal{R}(c, d)$, entonces $a + d = b + c$ y, entonces, $c + b = d + a$ y así $(c, d)\mathcal{R}(a, b)$ y, por lo tanto, la relación es simétrica.

---

[4]Esto es un poquito mentira, realmente tienen decimales de la forma '.000...'o '.999...', que es como si no los tuvieran en el primer caso, o como si los quitáramos y sumáramos 1 si es positivo o restáramos 1 si es negativo en el segundo caso.

[5]Esto también es un poco mentira, lo que quiero decir es que su parte fraccionaria es nula.

[6]Esto puede chocar con que, por ejemplo, al conjunto de números naturales se le denota por $\mathbb{N}$, y la 'N' es la inicial de 'natural'. En el caso de los enteros, no es que el Zorro haya dejado su marca, sino que viene del alemán (la notación, no el Zorro), ya que en ese idioma 'número' se dice *zahl*, y la notación ha acabado siendo aceptada, como los *bretzel*, de forma universal.

Si $(a,b)\mathcal{R}(c,d)$ y $(c,d)\mathcal{R}(e,f)$, entonces $a + d = b + c$ y $c + f = d + e$ y, sumando ambas igualdades, llegamos a $a + d + c + f = b + c + d + e$ y, simplificando $d + c$, obtenemos $a + f = b + e$[7]; por lo tanto, $(a,b)\mathcal{R}(e,f)$ y la relación es transitiva. $\qquad\square$

Una vez que hemos introducido la relación anterior $\mathcal{R}$, el conjunto $\mathbb{Z}$ de los *números enteros* es, por definición, el conjunto cociente $(\mathbb{N} \times \mathbb{N})/\mathcal{R}$ formado por las clases de equivalencia. Como es habitual, denotaremos por $\overline{(a,b)}$ a la clase de equivalencia representada por (a,b), es decir, está formada por todos los pares (c,d) que satisfacen $a + d = b + c$. Así, el 'número entero' $\overline{(a,b)}$ es, por definición, un conjunto formado por infinitos pares ordenados de números naturales[8]. Por ejemplo, el entero $\overline{(2,1)}$ es el conjunto infinito formado por los pares $\{(2,1),(3,2),(4,3),\dots\}$. Intuitivamente, el número entero $\overline{(a,b)}$ es la 'diferencia' entre los números naturales a y b (el ejemplo mostrado anteriormente sería la diferencia entre los naturales 2 y 1, es decir, el número entero 1), pero para hacer rigurosa esta intuición tenemos que definir primero las operaciones en $\mathbb{Z}$, que son las siguientes leyes de composición internas:

$$\overline{(a,b)} + \overline{(c,d)} = \overline{(a+c,b+d)}$$

y:

$$\overline{(a,b)} \cdot \overline{(c,d)} = \overline{(ac+bd,ad+bc)}.$$

Por lo que sabemos hasta el momento, no podemos concluir ni siquiera que estas definiciones tengan sentido[9], ya que se definen en términos de representantes de las clases de equivalencia en los operandos. Habría que comprobar que si sustituimos el representante (a,b) de de la clase de equivalencia $\overline{(a,b)}$ por otro representante (a',b')

---

[7]Podríamos pensar que aquí estamos 'restando' y, por lo tanto, haciendo trampa al poner los bueyes detrás de la carreta; en realidad no es así, ya que lo único que estamos usando es el hecho de que en el conjunto de los números naturales todo elemento es simplificable para la suma, lo cual se puede probar a partir de su construcción sin salirnos de los propios números naturales y sin hacer referencia a la existencia de opuestos, es decir, a la formación de diferencias.

[8]Es una definición extraña a primera vista (y quizá también a segunda) pero matemáticamente rigurosa y válida.

[9]Tranquilos, lo tiene.

y el representante (c,d) de la clase de equivalencia $\overline{(c,d)}$ por otro representante (c',d'), entonces vamos a obtener las mismas clases de equivalencia para la suma y el producto, respectivamente.

Veremos que esto es así en la siguiente proposición, con lo que respiraremos aliviados al comprobar que, efectivamente, las definiciones dadas de suma y producto son consistentes y que, por lo tanto, estas operaciones están bien definidas:

Proposición 3.1.2. *Si $(a,b)\mathcal{R}(a',b')$ y $(c,d)\mathcal{R}(c',d')$, entonces:*

$$(a+c,b+d)\mathcal{R}(a'+c',b'+d') \ y \ (ac+bd,ad+bc)\mathcal{R}(a'c'+b'd',a'd'+b'c').$$

Demostración. Se cumple que:

$$a+b'=b+a' \tag{3.1}$$

y:

$$c+d'=d+c'. \tag{3.2}$$

Sumando ambas igualdades, llegamos a que:

$$a+b'+c+d'=b+a'+d+c'$$

y, por tanto:

$$a+c+b'+d'=b+d+a'+c',$$

luego:

$$(a+c,b+d)\mathcal{R}(a'+c',b'+d'),$$

como queríamos probar.

Multiplicando (3.1) por c:

$$ac+b'c=bc+a'c.$$

Multiplicando (3.1) por d (e intercambiando ambos miembros):

$$bd+a'd=ad+b'd.$$

94

Multiplicando (3.2) por a':

$$a'c + a'd' = a'd + a'c'.$$

Multiplicando (3.2) por b' (e intercambiando ambos miembros):

$$b'c' + b'd = b'c + b'd'.$$

Sumando ahora las cuatro igualdades, llegamos a:

$$ac + b'c + bd + a'd + a'c + a'd' + b'c' + b'd = bc + a'c + ad + b'd + a'd + a'c' + b'c + b'd'.$$

Simplificando[10] la expresión $b'c + a'd + a'c + b'd$, llegamos a:

$$ac + bd + a'd' + b'c' = ad + bc + a'c' + b'd'$$

y, por lo tanto, a que:

$$(ac + bd, ad + bc)\mathcal{R}(a'c' + b'd', a'd' + b'c'),$$

que es lo que queríamos demostrar. □

Cuando consideramos el conjunto de números enteros con las operaciones que acabamos de definir tenemos el siguiente resultado sobre su estructura algebraica:

Proposición 3.1.3. $(\mathbb{Z}, +, \cdot)$ *es un anillo conmutativo y unitario.*

La demostración es sencilla y la omitiré, aunque sí quiero hacer notar que el elemento neutro para la suma es $\overline{(1,1)}$[11], el elemento neutro para la multiplicación es $\overline{(2,1)}$ y el opuesto de $\overline{(a,b)}$, al cual denotaremos por $-\overline{(a,b)}$, es $\overline{(b,a)}$.

---

[10]Nos gustaría decir 'restando en ambos miembros', pero eso todavía está prohibido hasta que probemos que todo elemento tiene un opuesto. No obstante, como dije antes, la noción de simplificabilidad en los naturales es perfectamente válida, y nos soluciona la papeleta.

[11]La razón de no poner $\overline{(0,0)}$, que podría parecer más natural, es que 0 no está en el conjunto de números naturales.

No obstante lo anterior, $\mathbb{Z}$ no es un cuerpo, ya que los únicos elementos inversibles con respecto a la multiplicación son $\overline{(2,1)}$, cuyo inverso es él mismo, y $\overline{(1,2)}$, cuyo inverso también es él mismo (con la notación que veremos después, estos son los enteros 1 y -1, respectivamente).

Hay una identificación natural (¡y nunca mejor dicho!) entre el número natural n y el número entero $\overline{(n+1,1)}$ que nos establece una aplicación f de $\mathbb{N}$ en $\mathbb{Z}$ definida por $f(n) = \overline{(n+1,1)}$, por lo que podemos decir, por abuso del lenguaje, que $\mathbb{N}$ está incluido en $\mathbb{Z}$[12]. Está identificación es inyectiva y preserva las dos operaciones y el elemento neutro de la multiplicación, como veremos en lo que sigue:

Proposición 3.1.4. *Si $n, m \in \mathbb{N}$, entonces:*

1. $f(n + m) = f(n) + f(m)$.

2. $f(nm) = f(n)f(m)$.

3. $f(1) = \overline{(2,1)}$.

4. f es inyectiva.

Demostración.

1.

$$f(n) + f(m) = \overline{(n+1,1)} + \overline{(m+1,1)} = \overline{(n+m+2,2)} = \overline{(n+m+1,1)} = f(n+m),$$

por lo que f preserva la suma.

2.

$$f(n)f(m) = \overline{(n+1,1)} \cdot \overline{(m+1,1)} = \overline{((n+1)(m+1)+1, n+1+m+1)} =$$

$$\overline{(nm+n+m+2, n+m+2)} = \overline{(nm+1,1)} = f(nm),$$

por lo que f preserva la multiplicación.

3. Obviamente:

$$f(1) = \overline{(2,1)},$$

---

[12] Esto, estrictamente hablando, es falso, ya que los elementos de $\mathbb{N}$ y de $\mathbb{Z}$ son de distinta naturaleza: los segundos son conjuntos de pares ordenados de números naturales.

que es el elemento neutro para la multiplicación en $\mathbb{Z}$, y así f preserva el elemento neutro de la multiplicación.

4. Supongamos que $f(n_1) = f(n_2)$. Entonces, $\overline{(n_1 + 1, 1)} = \overline{(n_2 + 1, 1)}$, luego $n_1 + 2 = n_2 + 2$ y, simplificando los doses, $n_1 = n_2$ [13].

$\square$

Ahora, podemos descomponer un número entero arbitrario en la forma indicada en la siguiente proposición:

Proposición 3.1.5. *Si $n, m \in \mathbb{N}$, entonces:*

$$\overline{(n, m)} = f(n) - f(m) = n - m.$$

Demostración.

$$f(n) - f(m) = \overline{(n + 1, 1)} - \overline{(m + 1, 1)}^{[14]} = \overline{(n + 1, 1)} + \overline{(1, m + 1)} = \overline{(n + 2, m + 2)} = \overline{(n, m)}.$$

Evidentemente, esta diferencia es también igual a $n - m$, identificando n y m con $f(n)$ y $f(m)$, respectivamente.

$\square$

De esta forma, hemos dado rigor a la afirmación intuitiva de que $\overline{(n, m)}$ es la diferencia $n - m$ entre n y m.

---

[13]Lo que hemos demostrado en esta proposición muestra que la identificación de cada número natural con un entero preserva la estructura algebraica. Casi estamos tentados de decir que es un monomorfismo de anillos unitarios. Esto no tendría sentido ya que, evidentemente, $\mathbb{N}$ no es un anillo, pues ningún elemento tiene opuesto para la suma, mayormente porque ni siquiera tiene elemento neutro para la suma, pues el cero no se considera número natural; pero, aunque se hubiera considerado, ni por esas, porque el opuesto de, por ejemplo, 5, es -5, y al ser negativo no es un número natural. En cualquier caso, la idea es que la estructura (estructura es, aunque le falten patas a la silla) se preserva en lo relativo a la suma, la multiplicación y el neutro de la multiplicación.

[14]Recordemos cómo es el opuesto de un elemento de $\mathbb{Z}$ en términos de los pares que representan a la clase de equivalencia.

Proposición 3.1.6. *Todo número entero es de exactamente una de estas tres formas:*

1. *n, con $n \in \mathbb{N}$,*

2. *0,*

3. *−n, con $n \in \mathbb{N}$.*

Demostración. Es una consecuencia obvia de que $\overline{(1, m+1)} = -\overline{(m+1, 1)} = -m$, y de que en cualquier número entero $\overline{(n, m)}$ podemos suponer sin perder generalidad, cambiando el representante si fuera necesario, que $n = 1$ o $m = 1$. $\qquad\square$

Ejemplo 3.1.1. $\overline{(4, 2)} = \overline{(3, 1)} = 2$, $\overline{(5, 8)} = \overline{(1, 4)} = -3$, y $\overline{(4, 4)} = \overline{(1, 1)} = 0$[15]

Así, estando ya casi terminada esta sección, hemos llegado al punto en el que la empezamos, con que $\mathbb{Z} = \dots, -2, -1, 0, 1, 2, \dots$, pero ahora afirmándolo con conocimiento de causa y habiendo ganado algo en el trayecto[16].

Una particularidad de los números enteros es que la condición necesaria y suficiente para que un producto de enteros sea nulo es que alguno de los factores lo sea:

Proposición 3.1.7. *Si $k_1, k_2 \in \mathbb{Z}$, entonces $k_1 k_2 = 0$ si y solo si $k_1 = 0$ o $k_2 = 0$.*

Demostración. Supongamos que o bien $k_1 = 0$ o $k_2 = 0$. Si es k_1 el que vale 0 entonces $k_1 = \overline{(1, 1)}$, con lo que, si $k_2 = \overline{(n, m)}$, entonces $k_1 k_2 = \overline{(n + m, m + n)} = \overline{(1, 1)} = 0$. Si es k_2 el nulo, la demostración es hermana gemela de la anterior (o, directamente, se puede suponer sin perder generalidad que es k_1 el que es 0 cambiando los símbolos con los que denotamos a ambos números).

Recíprocamente, supongamos que $k_1 k_2 = 0$ y supongamos, por reducción al absurdo, que k_1, k_2 son no nulos. Es evidente que también:

$$(-k_1)k_2 = 0, k_1(-k_2) = 0 \text{ y } (-k_1)(-k_2) = 0$$

y, utilizando ahora la Proposición 3.1.6, podemos suponer que $k_1, k_2 \in \mathbb{N}$, pero entonces $k_1 k_2$ también es un número natural, lo cual contradice que es 0. $\qquad\square$

---

[15]Ni para ti ni para mí.

[16]Que espero que no sea sueño y aburrimiento.

3.2. Echando el resto

Todos hemos aprendido de pequeños las cuatro reglas: sumar, restar, multiplicar y dividir. En particular, con respecto a la división, todavía no teníamos el concepto abstracto de dividir de forma exacta multiplicando por el inverso, como se hace, por ejemplo, con las fracciones en $\mathbb{Q}$, sino que era un concepto vinculado a la idea de repartir en partes iguales... en la medida de lo posible, es decir, que todos se llevan lo mismo y hay una pequeña cantidad que sobra. Esto es lo que se conoce como *división con resto*, o también *división euclídea*. De esta forma, si tenemos una cantidad, llamada *dividendo*, a dividir entre un cierto número de personas, llamado *divisor*, se obtiene un *cociente*, que indica 'a cuánto toca a cada uno', y un *resto*, que se corresponde con 'lo que sobra'. Recordarán ustedes que se tenía que cumplir que el dividendo es igual al divisor multiplicado por el cociente más el resto; esto último lo aplicaban como prueba de la división para ver si se habían equivocado[17], aunque en nuestro caso va a ser parte de la definición y *alma mater* de la misma. Recordarán también que el resto tenía que ser menor que el divisor, ya que, en caso contrario, podríamos repartir parte del resto de modo que tocara a por lo menos uno más a cada uno.

Enunciaremos lo anterior en forma analítica y demostraremos que siempre existen unos tales cociente y resto:

Proposición 3.2.1. *Si $n, m \in \mathbb{Z}$ y $m \neq 0$, entonces existen $q, r \in \mathbb{Z}$ tales que $n = mq + r$, con $|r| < |m|$.*

Demostración. Sea q la parte entera de $\frac{n}{m}$, es decir, $q = \lfloor \frac{n}{m} \rfloor$, de forma que:

$$q \leq \frac{n}{m} < q + 1 \tag{3.3}$$

(en un capítulo posterior demostraremos, utilizando la completitud de $\mathbb{R}$, que existe un tal número), y sea $r = n - mq$. Por definición, ya se cumple que $n = mq + r$, por lo que solo falta demostrar que $|r| < |m|$.

---

[17]¡Y vaya si nos equivocábamos!

Si $m > 0$, entonces, multiplicando por m en (3.3) se mantiene la desigualdad, y obtenemos:

$$mq \leq n < mq + m$$

y, restando mq en los tres miembros de las desigualdades, deducimos que:

$$0 \leq r < m$$

y, como r es no negativo y m es positivo, $|r| = r < m = |m|$.

Si $m < 0$, al multiplicar por m en (3.3) se invierten las desigualdades y llegamos a:

$$mq \geq n > mq + m$$

y, si ahora restamos mq en los tres miembros, concluimos que $0 \geq r > m$ y, al ser r no positivo y m negativo, $|r| = -r < -m = |m|$. □

Los enteros q y r no son únicos. Por ejemplo, si $n = 10, m = 3$, se tiene que $10 = 3 \cdot 3 + 1 = 3 \cdot 4 - 2$, de forma que se puede tener $q_1 = 3, r_1 = 1$ o $q_2 = 4, r_2 = -2$. Esta es la única falta de unicidad, ya que se tiene que q y r sí son únicos si imponemos la condición de que $r \geq 0$, y también si imponemos la condición de que $r \leq 0$. Lo probaremos cuando $r \geq 0$, siendo la demostración muy parecida (¡y muy omitida!) cuando $r \leq 0$: si $n = mq_1 + r_1$ y $n = mq_2 + r_2$, con $0 \leq r_1, r_2 < |m|$, entonces podemos suponer, sin pérdida de generalidad, que $r_1 \leq r_2$. Como $mq_1 + r_1 = mq_2 + r_2$, deducimos que $r_2 - r_1 = m(q_1 - q_2)$, pero obviamente $0 \leq r_2 - r_1 < |m|$ y la única manera posible de que esa diferencia de restos sea múltiplo de m es que $r_2 - r_1$ sea 0[18], es decir, que sea $r_1 = r_2$, lo cual demuestra la unicidad del resto. Ahora, como $mq_1 + r_1 = mq_2 + r_2$ y $r_1 = r_2$, concluimos que $mq_1 = mq_2$ y, simplificando la m, $q_1 = q_2$, y con esto probamos la unicidad del cociente.

En el caso en que el resto es ≥ 0, al cociente q se le llama *cociente por defecto* y, en el que $r \leq 0$, *cociente por exceso*. Cuando no se especifique lo contrario, se tomará el cociente por defecto y a los números q y r se les llamará cociente y resto de la división. La división se dice exacta si $r = 0$.

---

[18] ¡Pocas veces va a caber $|m|$ en un número no negativo menor que $|m|$!

La demostración dada en la Proposición 3.2.1 de la existencia de cociente y resto se basa en la existencia de la función 'parte entera', pero no es constructiva. No obstante, hay un algoritmo eficiente[19] para probar que existen y, no menos importante, para hallarlos. Este se basa en obtener el primer dígito del cociente (por un método de prueba y error 'controlado' que apunta a hacer una primera estimación razonada que puede ser corregida posteriormente), restar al dividendo dicho dígito multiplicado por el divisor y repetir el proceso con la diferencia obtenida. Este método iterativo podría sustentar una demostración de la mencionada Proposición 3.2.1 alternativa a la ya presentada, razonando por inducción sobre el valor absoluto del dividendo, y seguro que ya lo han identificado como el algoritmo de la división que utilizaban ustedes en su infancia hasta que les regalaron su primera calculadora[20].

3.3. Dame una base de apoyo y levantaré un sistema de numeración

En la prehistoria de las matemáticas se representaban los números haciendo corresponder cada unidad con un objeto pequeño (guijarros, palos, etc.). Para saber cuántas cabezas de ganado tenía un individuo podía usar, por ejemplo, pequeños guijarros[21], lo que le facilitaba la gestión de su rebaño de cara a hacer transacciones comerciales, etc.

---

[19]En el sentido de que el número de operaciones a realizar se puede acotar por una función polinómica evaluada en la suma del número de dígitos del dividendo y del divisor.

[20]A este respecto, hay polémica sobre el uso de calculadoras para hacer operaciones elementales en la vida diaria. La calculadora en sí misma no es mala (salvo si les pegan con ella en la cabeza); el problema viene cuando se utiliza sistemáticamente para hacer cualquier operación, incluso cuando los números que intervienen son muy pequeños, ya que en este caso es fácil perder el sentido de lo que significan dichas operaciones y, en consecuencia, no saber cómo utilizarlas para resolver un problema concreto cuando sea necesario (con lo que, en último término, de poco les va a servir la calculadora, como no sea como pisapapeles). Aunque, por otra parte, si los operandos tienen muchos dígitos, hacer la cuenta con lápiz y papel les consumirá mucho tiempo y es probable que se equivoquen en algún paso del proceso. En definitiva, hacer los cálculos a mano cuando los números tienen solo un par de dígitos (o tres, si son ustedes del mismo Bilbao) les servirá como gimnasia mental y les brindará una excelente excusa para evitar discutir con sus cuñados en la cena de Nochevieja.

[21]Que tenían la ventaja de que no se les escapaban corriendo ni requerían de un elevado gasto en comida.

Pronto vieron que este sistema no era muy práctico si se trataba con conjuntos grandes[22], y que bastaba usar un pequeño conjunto de símbolos (dígitos) para representar un número cualquiera, por grande que sea[23]. La clave está en que podemos convenir que cada dígito represente números a una escala cada vez mayor según la posición que ocupe (sistema de numeración posicional) en la escritura del número. De esta forma, si un 2 aparece al final del todo, representa dos unidades, es decir, un dos mondo y lirondo, mientras que si aparece en penúltima posición representa dos decenas, es decir, $2 \cdot 10 = 20$; si aparece en antepenúltima posición, dos centenas, es decir, $2 \cdot 100 = 200$ y así sucesivamente (millares, decenas de millar, centenas de millar, unidades de millón, etc.). Se observa que al moverse una posición a la izquierda, la escala de lo que representan los dígitos se multiplica por 10: 1 en la última, $10 = 10 \cdot 1$ en la penúltima, $100 = 10 \cdot 10 = 10^2$ en la antepenúltima, etc. Intuitivamente, el proceso es como si hiciéramos 'sacos' de distintos tamaños, empezando con 'bolitas' sueltas: una bolita es 1 unidad, juntando 10 bolitas hacemos un saco de una decena (el más pequeño de estos sacos), juntando 10 sacos de decenas formamos un saco de centenas (el siguiente en tamaño después del de decenas) y así sucesivamente, de forma que expresamos finalmente el número como una 'suma' de sacos de distintos tamaños, donde el número de sacos de cada tamaño es a lo sumo 9, ya que si tuviéramos 10 sacos de un mismo tamaño los juntaríamos en un saco de tamaño superior. Así, por ejemplo, 3540 está formado por 3 sacos de millares, 5 sacos de centenas y 4 sacos de decenas (y nada más, ya que la cifra de las unidades es 0), de forma que:

$$3540 = 3 \cdot 1000 + 5 \cdot 100 + 4 \cdot 10.$$

Como ya comenté, el cambio de escala se obtiene multiplicando cada magnitud por 10: una decena son 10 unidades, una centena son 10 decenas, etc. A este factor de multiplicación se le llama *base* del sistema de numeración y, en lo que hemos descrito anteriormente, la base es 10. La principal razón de esto y no es broma, a pesar del tono del libro, es que los seres humanos tenemos (habitualmente) 10 dedos en las manos y, por lo tanto, es

---

[22]Si, por ejemplo, Bill Gates respaldara su patrimonio con guijarros se vería sepultado por una montaña de piedras y por otra montaña de demandas de acreedores no satisfechos con cobrar en guijarros.

[23]Esta es una de las ocasiones en que la pereza ha estimulado el progreso humano.

lo que nuestros ancestros tenían más a mano (¡y nunca mejor dicho![24]) para contar las cosas (granos de trigo, mamuts, etc.). De hecho, probablemente el sistema de numeración original que utilizaron los seres humanos no fuera completamente posicional, sino tan solo parcialmente, de forma que tuvieran una palabra para representar los números del 1 al 9 (el cero fue un 'invento' bastante posterior), otra palabra para representar el 10 y para de contar (¡literalmente!), y combinaran estas para formar números pequeños, pero no tuvieran (¡ni necesitaran!) palabras para representar 100, 1000, etc.

Quitando la razón anatómico-antropológica antes mencionada, el número 10 no tiene nada de especial y se podría usar cualquier otro número natural como base. En realidad, usar el 1 como base sería equivalente al 'conteo de guijarros' que ya hemos mencionado y que hemos visto que no es muy práctico, pues el número de veces que hay que usar el único símbolo para representar el número es igual al propio número (estrictamente hablando, ni siquiera sería una notación posicional, ya que todos los grupos, o sea, el equivalente a lo que en base 10 serían las unidades, decenas, centenas, etc., tendrían tamaño 1), por lo que consideraremos un número natural $b > 1$ como base. El primer número que cumple esa condicion es $b = 2$. A primera vista usar una base tan pequeña puede saber a poco, pero es una opción perfectamente válida y, de hecho, es la que utilizan de modo natural los ordenadores para hacer sus cálculos[25]. O sea, que con ceros y unos nos podemos arreglar perfectamente, y a este sistema de numeración en base 2 se le llama *sistema binario*.

Formalizando lo dicho anteriormente, si $b > 1$ diremos que, en un sistema de numeración en base b, la expresión $a_n a_{n-1} \ldots a_0$, con $0 \le a_i < b$ $\forall i$, con $a_n \ne 0$, representa el número entero no negativo:

$$a_0 + a_1 b + \cdots + a_n b^n. \tag{3.4}$$

Proposición 3.3.1. *Todo número natural m se puede expresar de manera única en la forma descrita en (3.4).*

Demostración. Probaremos primero la existencia de una tal expresión por inducción completa sobre m. Si $m = 1$, entonces 1 es una expresión de la forma buscada con un solo

---

[24]Por eso de nuevo y sin que sirva de precedente, no es broma, a los números $0, 1, \ldots, 9$, se les llama dígitos.

[25]Mejor dicho, nuestros cálculos, ya que a pesar de su nombre no ordenan en sentido imperativo y son unos *mandaos*.

dígito. Supongamos que es cierto para todo $m' < m$. Si r es el resto de la división de m entre b, entonces:

$$m = r + b\left(\frac{m-r}{b}\right),$$

donde la fracción $\frac{m-r}{b}$ es, por definición de resto, un número natural, y como $b \geq 2$, es obviamente $< m$ y así, si $m' = \frac{m-r}{b}$, entonces por hipótesis de inducción $\exists n' \in \mathbb{Z}_{\geq 0}$ y $\exists a_0', \ldots, a_{n'}'$ con $0 \leq a_i' < b$ $\forall i$ y $a_{n'}' \neq 0$, tales que:

$$m' = a_0' + a_1'b + \cdots + a_{n'}'b^{n'}$$

y así:

$$m = r + a_0'b + \cdots + a_{n'}'b^{n'+1},$$

que es de la forma buscada poniendo $n = n' + 1, a_0 = r$ y $a_i = a_{i-1}'$ para $i \geq 1$.

Probaremos ahora la unicidad, también por inducción completa sobre m. Primero, observamos que el número n en una posible descomposición de m es único, ya que, como $a_n \geq 1$ en la expresión de m en base b y como $a_0 + a_1 b + \cdots + a_n b^n \leq (b-1) + (b-1)b + \cdots + (b-1)b^n = (b-1)(1 + b + \cdots + b^n) = (b-1)\frac{b^{n+1}-1}{b-1}$, se deduce que $b^{n+1} > m \geq b^n$ y, por lo tanto, que $n + 1 > \log_b(m) \geq n$, de donde se obtiene que $n = \lfloor \log_b(m) \rfloor$, y el número de dígitos es $\lfloor \log_b(m) \rfloor + 1$.

La unicidad se cumple obviamente si $m = 1$. Supongamos que se cumple si $m' < m$. Ahora, si:

$$a_n a_{n-1} \ldots a_0 \text{ y } a_n' a_{n-1}' \ldots a_0'$$

son dos descomposiciones de m, entonces:

$$m = a_0 + b(a_1 + \cdots + a_n b^{n-1}) = a_0' + b(a_1' + \cdots + a_n' b^{n-1}) \tag{3.5}$$

y, de ahí, tanto a_0 como a_0' son el resto de la división de m entre b y, como este es único cuando es ≥ 0, por lo tanto, $a_0 = a_0'$ y, restando a_0 en ambos miembros de (3.5), y dividiendo luego por b, obtenemos

$$a_1 + \cdots + a_n b^{n-1} = a_1' + \cdots + a_n' b^{n-1}$$

y, puesto que ese número es $< m$, concluimos por hipótesis de inducción que $a_1 = a'_1, \ldots, a_n = a'_n$, y esto completa la demostración. $\qquad\qquad\square$

Es fácil obtener la expresión en base 10 de un número del que se conocen sus dígitos en una base b a partir de la representación indicada en (3.4), como veremos en el siguiente ejemplo:

Ejemplo 3.3.1. El número que viene dado en base 4 como 313021 es:

$$1 + 2 \cdot 4 + 0 \cdot 4^2 + 3 \cdot 4^3 + 1 \cdot 4^4 + 3 \cdot 4^5 = 1 + 8 + 192 + 256 + 3072 = 3529.$$

La propia demostración de la Proposición 3.3.1 sugiere un método para hacer el proceso recíproco y hallar la descomposición en base b de un número m: el 'dígito' a_0 es el resto de la división de m entre b, de forma que podemos hallar así el dígito de más a la derecha. Ahora, si restamos a m el dígito a_0 y dividimos la diferencia por b nos da como resultado:

$$a_1 + a_2 b + \cdots + a_n b^{n-1},$$

con lo que volviendo a hacer lo mismo, es decir, hallando el resto de la división de este número entre b, obtenemos el dígito a_1 y así sucesivamente.

El algoritmo correspondiente al método descrito consiste en definir $k_{-1} \leftarrow m$ y después, para $i \geq 0$, definir iterativamente a_i como el resto de la división de k_{i-1} entre b y $k_i \leftarrow \frac{k_{i-1} - a_i}{b}$ (esto nos va dando los dígitos buscados) hasta que obtengamos un k_i que sea 0, momento en que habremos obtenido el primer dígito por la izquierda a_i de la expresión de m en base b y se detiene el proceso.

El pseudocódigo que describe el algoritmo anterior se muestra en la tabla del Algoritmo 3 en la página siguiente.

Como ya vimos en el capítulo 1, a un algoritmo se le debe exigir que termine en un número finito de pasos[26] y que proporcione la respuesta al problema planteado para todas las entradas admisibles (números naturales en este caso).

---

[26]Realmente no tiene sentido terminar en un número 'infinito' de pasos, por lo que sería más correcto decir que termine a secas, pero es una expresión ampliamente usada, por lo que la protegeré del uso del sentido común.

Algoritmo 3 Algoritmo de expansión en base b

Entrada: Un número m y una base b

Salida: Una lista $a_i, a_{i-1}, \ldots, a_0$ con los dígitos en base b de la expansión de m

  1: $i \leftarrow -1$

  2: $k_{-1} \leftarrow m$

  3: **mientras** $k_i \neq 0$ **hacer lo siguiente**

  4:    $i \leftarrow i + 1$

  5:    $a_i \leftarrow$ resto de la división de k_{i-1} entre b y $k_i \leftarrow \frac{k_{i-1} - a_i}{b}$

  6: **fin de mientras**

  7: **devolver** $a_i, a_{i-1}, \ldots, a_0$

Con respecto a la terminación del algoritmo, esta se da porque $k_{-1} = m$ y en cada iteración del bucle k_i es no negativo pero es estrictamente menor que k_{i-1}, ya que en cada etapa se cumple que $a_i \geq 0$ y k_i se obtiene a partir de k_{i-1} restándole a_i y dividiendo luego por b, y $b > 1$ y, así, en algún momento se tiene que dar la condición de terminación del algoritmo de que $k_i = 0$, ya que un número natural no puede disminuir estrictamente infinitas veces.

Demostraremos ahora que los a_i obtenidos proporcionan la expansión de m en base b. Probaremos, por inducción sobre i, que:

$$m = k_i b^{i+1} + a_0 + a_1 b + \cdots + a_i b^i \quad \forall i^{27}. \tag{3.6}$$

Para $i = 0$ se cumple que:

$$k_0 = \frac{m - a_0}{b}$$

y, por lo tanto:

$$m = k_0 b + a_0.$$

---

[27]En realidad, la inducción se hace sobre un número finito de valores de i, ya que el proceso termina cuando $k_i = 0$, aunque esto no afecta a la validez de los argumentos que usaremos en la demostración. Si es usted un tradicionalista y quiere que las inducciones se hagan para infinitos valores de los índices, siempre puede omitir la condición de que el proceso se repita hasta que $k_i = 0$ y prolongarlo para que se termine *ad calendas graecas*; al hacer esto se tendrá que, a partir de ahí, todos los k_i son 0 y también todos los a_i son 0, con lo que la igualdad (3.6) no cambia y, como veremos enseguida, nos da la descomposición buscada.

Supongamos que se cumple para i. Entonces:

$$k_{i+1} = \frac{k_i - a_{i+1}}{b}$$

y esto es, por hipótesis de inducción:

$$\frac{\frac{m - a_0 - a_1 b - \cdots - a_i b^i}{b^{i+1}} - a_{i+1}}{b},$$

que es igual a:

$$\frac{m - a_0 - \cdots - a_i b^i - a_{i+1} b^{i+1}}{b^{i+2}}$$

y, despejando el valor de m, obtenemos:

$$m = k_{i+1} b^{i+2} + a_0 + \cdots + a_{i+1} b^{i+1},$$

tal y como queríamos probar.

En el momento en que se termina el algoritmo se tiene que $k_i = 0$ y entonces obtenemos de (3.6) que:

$$m = a_0 + a_1 b + \cdots + a_i b^i.$$

Al ser los a_j restos de una división entre b, se cumple que:

$$0 \leq a_j < b \ \forall j = 0, \ldots, i.$$

Además, $a_i \neq 0$, ya que si no en la última división el cociente y el resto serían 0 y entonces el dividendo, que es k_{i-1}, sería también 0, lo que contradice que i es el menor índice para el que se cumple que $k_i = 0$.

Quisiera hacer notar que, en realidad, no es necesario usar $i+2$ variables $k_{-1}, k_0, \ldots, k_i$ y sería suficiente, e incluso más conveniente, usar una sola variable k, inicializándola con $k \leftarrow m$ y actualizando su valor dentro del bucle mediante la asignación $k \leftarrow \frac{k - a_i}{b}$, ya que, de esta forma, si implementáramos el pseudocódigo en un programa informático ahorraríamos uso de memoria RAM. No obstante, he preferido indexar los valores como k_{-1}, k_0, etc., para facilitar la comprensión de los lectores y que se pueda entender mejor la explicación posterior de que el algoritmo termina y da la solución correcta. Se aplicarán consideraciones similares por las mismas razones, aunque no se diga explícitamente, en otros algoritmos que veremos posteriormente, en los que sacrificaremos espacio de almacenamiento por claridad en la exposición (sobre todo, porque este libro no consume memoria RAM y la única memoria que requiere es la clásica, tradicional y poco fiable de las neuronas).

Ejemplo 3.3.2. Vamos a descomponer el número 3129 en base tres.

$3129 = 3 \cdot 1043 + 0$, luego $a_0 = 0$,

$1043 = 3 \cdot 347 + 2$, luego $a_1 = 2$,

$347 = 3 \cdot 115 + 2$, luego $a_2 = 2$,

$115 = 3 \cdot 38 + 1$, luego $a_3 = 1$,

$38 = 3 \cdot 12 + 2$, luego $a_4 = 2$,

$12 = 3 \cdot 4 + 0$, luego $a_5 = 0$,

$4 = 3 \cdot 1 + 1$, luego $a_6 = 1$,

$1 = 3 \cdot 0 + 1$, luego $a_7 = 1$,

y así la expresión ternaria de 3129 es 11021220.

Aunque los coeficientes en (3.4) están en el conjunto $\{0, 1, \ldots, b-1\}$, podrían usarse b símbolos cualesquiera. Por ejemplo, una base que se usa a menudo en informática[28] es la base 16, en el llamado *sistema hexadecimal*. En esta base suelen usarse los símbolos:

$$0, 1, 2, 3, 4, 5, 6, 7, 8, 9, A, B, C, D, E, F^{29}.$$

También es habitual utilizar en informática el llamado *sistema octal*, en base 8, en el que se usan los símbolos del 0 al 7.

A pesar de que he tratado la expresión en base b de un número natural, esta puede extenderse a un número entero cualquiera: si tenemos un $m \in \mathbb{Z}$ con $m \leq -1$, simplemente descomponemos $-m$ en base b y luego ponemos un signo menos por delante; por ejemplo, -17 en base 2 se escribe como -10001, ya que 17 se expresa en base 2 como 10001.

---

[28] Aunque menos que las bases de datos.

[29] Se usan letras porque se nos acaban los dígitos disponibles y la notación se hace menos recargada poniendo, por ejemplo, A en lugar de 10, etc., por no mencionar que evita ambigüedades como la de saber si con 111 queremos decir $B1$ o $1B$.

Si tomamos el número entero 0, su descomposición en base b es . No, no hay ninguna errata, es que no tiene ningún dígito, y se conviene que una suma sin sumandos es 0. Puede que no se sientan ustedes cómodos con esto y digan que la representación en base b de 0 es... 0. Esta no satisface la condición pedida en (3.4) de que $a_n \neq 0$, pero, así y todo, y aun sabiendo que estamos relajando esa condición, es más popular entre la comunidad matemática que no poner nada.

3.4. Más vale que no sobre, pero que tampoco falte

En esta sección nos centraremos en los casos en los que el resto de la división euclídea vale 0, es decir, en que la división es exacta, lo cual nos lleva al concepto de *divisibilidad*:

Definición 3.4.1. *Se dice que un entero m divide a otro entero n si existe un entero k tal que $n = km$.*

En algunos libros de texto[30] restringen la definición anterior al caso en que n y m son no nulos, ya que, cuando alguno de ellos es 0, el concepto es trivial; concretamente, respecto a la divisibilidad entre 0, cuando $m = 0$, se cumple que $0 \cdot k = 0$ $\forall k \in \mathbb{Z}$, luego 0 divide a n solo cuando $n = 0$ y, respecto a la divisibilidad de 0 por otro número, si $n = 0$, entonces $0 = 0 \cdot m$ $\forall m \in \mathbb{Z}$, luego todo número divide a 0. Esto no es incompatible con lo que ustedes ya conocían de que no se puede dividir por 0, ya que si $n \neq 0$, entonces 0 no divide a n porque, como acabamos de mencionar, $k \cdot 0 = 0$ $\forall k \in \mathbb{Z}$ y, por lo tanto, dicho producto es distinto de n, mientras que si $n = 0$ sí se puede, pero el resultado de la división no es único, debido a que cualquier entero k satisface $k \cdot 0 = 0$. Se suele decir,

---

[30]No está muy claro que este lo sea.

en este caso, que $\frac{0}{0}$ es indeterminado[31]. En este texto consideraremos también esos casos triviales en que m o n puedan ser 0, y no los excluiremos de la definición.

Cuando a divida a b lo denotaremos por $a \mid b$, y cuando no lo divida, por $a \nmid b$. También denotaremos por $b = \dot{a}$ a que a divida a b, y en este caso diremos que b es un *múltiplo* de a.

Ejemplos 3.4.1.

1. $7 \mid (-35)$, ya que $-35 = (-5) \cdot 7$, y $432 = \dot{9}$, pues $432 = 9 \cdot 48$.

2. $2 \nmid 257$, debido a que 257 no termina en cifra par[32].

La definición dada de divisibilidad se puede caracterizar en términos de la división euclídea:

Proposición 3.4.1. *Si $n, m \in \mathbb{Z}$ y $m \neq 0$, entonces $m \mid n$ si y solo si el resto de la división de n entre m es 0.*

Demostración. Supongamos que el resto de la división de n entre m es 0, y sea k el cociente de dicha división. Entonces, $n = k \cdot m + 0 = k \cdot m$, luego $m \mid n$.

Recíprocamente, supongamos que $m \mid n$. Entonces, $\exists k \in \mathbb{Z}$ tal que $n = k \cdot m = k \cdot m + 0$ y, como el resto r de la división es único cuando convenimos en que $r \geq 0$ y también cuando lo hacemos en que $r \leq 0$[33], deducimos que este resto es 0. $\qquad\square$

Ejemplo 3.4.2. Se tiene que $48 = 5 \cdot 9 + 3$, luego $5 \nmid 48$.

Veamos algunas propiedades de la divisibilidad:

---

[31]Esto cobra especial importancia en el análisis matemático, en donde si tenemos un límite de un cociente en el que los límites del numerador y el del denominador son 0, se dice que tenemos una indeterminación del tipo $\frac{0}{0}$. No obstante, en estos casos el límite del cociente, cuando existe, es un número concreto y no un número cualquiera, pero para determinarlo se usa información adicional, como por ejemplo la regla de L'hopital, que permite eliminar la indeterminación. En cualquier caso, la situación es distinta, porque ahí el numerador y el denominador son números reales que no tienen por qué ser enteros.

[32]Aquí estamos adelantando acontecimientos de un criterio de divisibilidad que veremos en el capítulo próximo, pero que apuesto a que ustedes ya lo conocían. Otra explicación podría ser que $2 \cdot 128 = 256, 2 \cdot 129 = 258$, y la función $f(x) = 2x$ es creciente, por lo que 257 quedaría en tierra de nadie.

[33]Que lo mismo da en este caso.

Proposición 3.4.2.

1. $\forall a \in \mathbb{Z}, a \mid a$,

2. $\forall a, b, c \in \mathbb{Z}$, si $a \mid b$ y $b \mid c$, entonces $a \mid c$[34],

3. $\forall a, b, c, x, y \in \mathbb{Z}$, si $a \mid b$ y $a \mid c$, entonces $a \mid bx + cy$.

Demostración.

1. $a = 1 \cdot a$, luego $a \mid a$.

2. Supongamos que $a \mid b$ y $b \mid c$. Entonces, $\exists k_1 \in \mathbb{Z}$ tal que $b = k_1 a$ y $\exists k_2 \in \mathbb{Z}$ tal que $c = k_2 b$, luego $c = k_1 k_2 a$ y, como $k_1 k_2 \in \mathbb{Z}$, llegamos así a que $a \mid c$.

3. Supongamos que $a \mid b$ y $a \mid c$. Se tendrá entonces que existen enteros k_1, k_2 tales que $b = k_1 a, c = k_2 a$ y, por lo tanto, $bx + cy = k_1 ax + k_2 ay = (k_1 x + k_2 y)a$ y, dado que $k_1 x + k_2 y \in \mathbb{Z}$, obtenemos que $a \mid bx + cy$.

$\square$

Corolario 3.4.1. *Si a divide a un entero b, entonces a divide a cualquier múltiplo de b.*

Demostración. Utilizamos la tercera parte de la proposición con $c = 0$ y $y = 0$. $\square$

Por lo visto en los dos primeros apartados de la proposición 3.4.2, la propiedad 'dividir a' cumple la propiedad reflexiva y la transitiva. En cambio, no cumple la propiedad simétrica, ya que $2 \mid 4$ pero $4 \nmid 2$, y tampoco cumple la propiedad antisimétrica, ya que $5 \neq -5$ pero $5 \mid (-5)$ y $(-5) \mid 5$. Esta es la única situación posible en que se tengan dos números distintos en los que cada uno divida al otro, como veremos en la siguiente proposición:

Proposición 3.4.3. *Si $a, b \in \mathbb{Z}$, entonces $a \mid b$ y $b \mid a$ si y solo si $a = b$ o $a = -b$.*

---

[34]Esto no quiere decir que para cualesquiera tres enteros a, b, c se cumpla que a divide a b y b divide a c. El cuantificador inicial simplemente pone en contexto que a, b, c son números enteros (por eso lo he puesto al principio, aunque también lo podría haber puesto al final, como he hecho en otros sitios. No esperen consistencia, a estas alturas del libro), de forma que si tomamos tres enteros cualesquiera a, b, c, en el supuesto caso de que a divida a b y también b divida a c, se puede deducir que a divide a c. El mismo comentario es válido en otros lugares del texto.

Demostración. Si $a \in \mathbb{Z}$ entonces, por la parte (i) de la Proposición3.4.2, $a \mid a$, y por el Corolario 3.4.1, también $a \mid (-a)$ y $(-a) \mid a$ y, entonces, si $b = a$ o si $b = -a$, se cumple que $a \mid b$ y $b \mid a$.

Recíprocamente, supongamos que $a \mid b$ y $b \mid a$. Es fácil ver que en este caso $a = 0$ si y solo si $b = 0$, luego en esta situación se cumple lo que queremos probar. Por otra parte, si $a \neq 0^{35}$, entonces existen $k_1, k_2 \in \mathbb{Z}$ tales que $b = k_1 a$ y $a = k_2 b$ y, por tanto, $a = k_1 k_2 a$ y, así, $(1 - k_1 k_2)a = 0$. Ahora, como $a \neq 0$, deducimos de la Proposición 3.1.7 que $k_1 k_2 = 1$, lo cual implica que $k_1 = 1, k_2 = 1$ o $k_1 = -1, k_2 = -1$. En el primer caso, $b = a$, y en el segundo, $b = -a$. □

Dos números tales que cada uno de ellos divide al otro son intercambiables desde el punto de vista de la relación de divisibilidad en relación a un tercero[36]:

Proposición 3.4.4. *Sean $a, b \in \mathbb{Z}$. Las afirmaciones siguientes son equivalentes:*

1. $a \mid b$,

2. $(-a) \mid b$,

3. $a \mid (-b)$.

La demostración es sencilla y se remite a los problemas del capítulo.

Definición 3.4.2. *Se dice que un entero d es un máximo común divisor de los enteros n y m si se cumple:*

1. $d \mid n, d \mid m$,

2. *Si $d' \mid n, d' \mid m$, entonces $d' \mid d$.*

Ejemplo 3.4.3. Se cumple que 4 es un máximo común divisor de 8 y 12. Para demostrarlo, una inspección de los divisores comunes nos muestra que estos son:

$$1, -1, 2, -2, 4, -4.$$

En particular, uno de ellos es 4, luego $4 \mid 8, 4 \mid 12^{37}$, y por otra parte, si $d' \mid 8$ y $d' \mid 12$, entonces d' está en la lista anterior, pero es obvio que todos los elementos de la misma

---

[35]Y, por lo tanto, b también, aunque esto no importa en la argumentación que sigue.
[36]¡Aunque el cociente es, evidentemente, distinto!
[37]¡Esto también se podía haber concluido sin inspeccionar nada!

dividen a 4. Por cierto, un argumento similar al que acabamos de usar prueba que también -4 es un máximo común divisor de 8 y 12.

Ejemplo 3.4.4. El entero 2 es un máximo común divisor de 4 y 6, ya que $4 = 2 \cdot 2, 6 = 2 \cdot 3$ y, como los divisores de 4 son $1, -1, 2, -2, 4, -4$ y los divisores de 6 son $1, -1, 2, -2, 3, -3, 6, -6$, si d' es un divisor común de 4 y de 6, las posibilidades son $1, -1, 2, -2$, y los cuatro números dividen a 2. Obviamente, también -2 es un máximo común divisor de 4 y 6.

Igual que ocurría en los dos ejemplos anteriores, en general el opuesto de un máximo común divisor de dos números es también un máximo común divisor de los mismos, y esta es la única posible falta de unicidad:

Proposición 3.4.5. *Si d_1, d_2 son ambos un máximo comun divisor de n y m, entonces $d_1 = d_2$ o $d_1 = -d_2$. Recíprocamente, si d es un máximo común divisor de n y m, entonces $-d$ también lo es.*

Demostración. Por ser d_1 un máximo común divisor de n y m y ser d_2 un divisor común de n y m, se cumple que $d_2 \mid d_1$. De la misma forma, por ser d_2 un máximo común divisor de n y m y ser d_1 un divisor común de dichos números, también se cumple que $d_1 \mid d_2$. Por lo tanto, deducimos de la Proposición 3.4.3 que $d_1 = d_2$ o $d_1 = -d_2$.

Supongamos ahora que d es un máximo común divisor de n y m. Entonces, $d \mid n$ y $d \mid m$ y, por la Proposición 3.4.4, también $(-d) \mid n$ y $(-d) \mid m$, luego $-d$ es divisor común de n y m. Supongamos ahora que $d' \mid n, d' \mid m$. Como d es un máximo común divisor de n y m, se tiene que $d' \mid d$ y, usando otra vez la Proposición 3.4.4, concluimos que $d' \mid (-d)$ y con esto queda probado que también $-d$ es un máximo común divisor de n y m. $\square$

Es decir, el máximo común divisor de dos números, cuando exista (luego veremos que <u>siempre</u> existe), no es único, pero poco le falta: está definido salvo por su signo. Suele convenirse en dar el que es ≥ 0 (no negativo) por la natural fobia humana a la indecisión[38] y para concretar a qué valor nos referimos, salvo que se diga lo contrario, pero hay que tener en mente que realmente son dos valores.

Quizá se estén ustedes preguntando por qué se le llama máximo común divisor al máximo común divisor. La respuesta es obvia: porque es el mayor de los divisores comunes

---

[38]Que se hace especialmente patente después de levantarse al decidir qué ponerse.

cuando elegimos, como dije antes, el valor no negativo d de dicho máximo común divisor. Esto es así porque, por una parte, d es un divisor común de ambos números y, por otra parte, si d' es otro divisor común, como $d' \mid d$ por definición de máximo común divisor y $d \geq 0$ por elección, se deduce que $d' \leq d$.

Pero entonces, ¿por qué no hemos comenzado definiendo directamente el máximo común divisor como el mayor de los divisores comunes? ¿Es acaso por ganas de complicar las cosas? Aunque la razón es tentadora, la respuesta es no, simplemente es porque con la definición dada se demuestran de forma sencilla y natural algunas propiedades y resultados sobre el máximo común divisor.

Se suele denotar el máximo común divisor de n y m por $\mathrm{mcd}(n,m)$, o también por $\mathrm{mcd}\{n,m\}$ e incluso por (n,m), aunque hay que reconocer que esta última notación podría dar lugar a confusión con la de par ordenado con primera componente a y segunda componente b.

Ejemplos 3.4.5.

1. Se satisface que:

$$\mathrm{mcd}(10,14) = \{-2,2\}$$

o, con el convenio de tomar el valor no negativo:

$$\mathrm{mcd}(10,14) = 2.$$

2. Se cumple que:

$$\mathrm{mcd}\{12,16\} = 4.$$

3. Se tiene que:

$$(30,50) = 10.$$

Hay un caso, simple pero importante, de máximo común divisor de dos números:

Proposición 3.4.6. *Si $n, m \in \mathbb{Z}$, entonces $mcd(n,m) = m$ si y solo si $m \mid n$.*

Demostración. Si $\mathrm{mcd}(n,m) = m$, entonces m es divisor común de n y m y, en particular, $m \mid n$.

Recíprocamente, si $m \mid n$ entonces, como obviamente $m \mid m$, se cumple que m es divisor común de n y m; también, si d es un divisor común de n y m, entonces $d \mid m$. $\square$

Corolario 3.4.2. *Si $m \in \mathbb{Z}$, entonces:*

$$mcd(0, m) = m^{39}.$$

Demostración. Evidentemente, $m \mid 0^{40}$. $\square$

Como dije anteriormente, siempre existe el máximo común divisor de dos números n y m. Una forma de probarlo es dar un algoritmo que lo calcule demostrando que el resultado del mismo es efectivamente un máximo común divisor de n y m. Ustedes ya conocen un tal algoritmo y lo llevan utilizando desde la escuela elemental: se descomponen n y m en producto de factores primos y se toma el producto de los primos comunes elevados al menor exponente. No nos vamos a basar en ese algoritmo por dos razones: una, porque todavía no hemos estudiado la factorización de un número entero en producto de números primos, cosa que haremos al final de este capítulo utilizando técnicas que iremos exponiendo antes. Una objeción más seria[41] es que ese método no es muy práctico ya que, a día de hoy, no se conoce un método eficiente para factorizar en un tiempo razonable un número entero en producto de primos[42].

Afortunadamente, hay un método más eficiente, en el sentido de que tiene un coste computacional mucho menor[43] para calcular un máximo común divisor, que es el *algoritmo de Euclides*. Este se basa en una propiedad muy sencilla del máximo común divisor, a saber, que si se hace una división con resto de dos números enteros, entonces el máximo común divisor del dividendo y el divisor es el mismo que el del divisor y el resto, como demostraremos a continuación.

---

[39] Aquí estoy haciendo una excepción a lo de seleccionar el valor ≥ 0.

[40] Lo bueno, si breve, dos veces bueno.

[41] ¿Desde cuándo ha sido un obstáculo en este libro que aún no se haya dado algo para usarlo?

[42] Y un gran número de empresarios que confían la seguridad de sus comunicaciones confidenciales a métodos criptográficos basados en la ausencia de un tal método le rezan todos los días a San Pitágoras para que la situación siga así durante mucho tiempo.

[43] Que es polinomial en el número de dígitos de los números.

Proposición 3.4.7. *Si* $n, m \in \mathbb{Z}$, *con* $m \neq 0$, *y si* r *es el resto de la división de* n *entre* m[44], *entonces*

$$mcd(n, m) = mcd(m, r).$$

Demostración. Basta probar que los divisores comunes de n y m coinciden con los de m y r, ya que el concepto de máximo común divisor de dos números se define en términos de propiedades del conjunto de divisores comunes de dichos números.

Sea c el cociente de la mencionada división, y sea d un divisor común de m y r. Como:

$$n = cm + r, \tag{3.7}$$

se deduce de la parte 3 de la Proposición 3.4.2 que $d \mid n$, luego d es un divisor común de n y m.

Ahora, si d' es un divisor común de n y m, se deduce de (3.7) que $r = n - cm$ y obtenemos, de nuevo de la parte 3 de la Proposición 3.4.2, que $d' \mid r$ y, por lo tanto, d' es divisor común de m y r. $\qquad\qquad\square$

De esta forma, si queremos calcular el máximo común divisor de dos números n y m, podemos suponer sin perder generalidad que $|n| \geq |m|$, intercambiando los papeles de n y m si fuera necesario, y utilizar la proposición anterior, que nos garantiza que el máximo común divisor buscado es el mismo que el de m y r, donde r es el resto de la división de n entre m. Puede ocurrir que $r = 0$, en cuyo caso m divide a n y, entonces, la Proposición 3.4.6 nos garantiza que $mcd(n, m) = m$. Si, por elcontrario, $r \neq 0$, la propiedad del resto de una división euclídea nos permite concluir que $|r| < |m|$, por lo que ahora tenemos que calcular el máximo común divisor de m y r, que es más sencillo porque estamos tratando con números más pequeños, repitiendo el proceso descrito hasta que una de las divisiones sea exacta, momento en el cual tenemos que el máximo común divisor buscado es el divisor de esa división exacta. Esto es, en esencia, el algoritmo de Euclides.

Ejemplo 3.4.6. Vamos a calcular mcd(1845, 525). Para una mayor claridad en la exposición y una mejor comprensión por parte de los lectores, vamos a subrayar en cada paso

---

[44]Bien sea la división por defecto o por exceso.

los respectivos divisor y resto de cada división, para resaltar que el siguiente paso se aplicará a los números subrayados en la etapa anterior:

$1845 = 3 \cdot \underline{525} + \underline{270}$, por lo que $\text{mcd}(1845, 525) = \text{mcd}(525, 270)$.

$525 = 1 \cdot \underline{270} + \underline{255}$, por lo que $\text{mcd}(525, 270) = \text{mcd}(270, 255)$.

$270 = 1 \cdot \underline{255} + \underline{15}$, por lo que $\text{mcd}(270, 255) = \text{mcd}(255, 15)$.

$255 = 17 \cdot \underline{15} + \underline{0}$ y como esta última división ya es exacta, concluimos que:

$$\text{mcd}(1845, 525) = 15.$$

Indicaremos ahora, en la tabla del Algoritmo 4, el pseudocódigo correspondiente al algoritmo descrito.

Algoritmo 4 Algoritmo de Euclides para calcular el máximo común divisor de dos números enteros

---

Entrada: Dos números enteros n y m
Salida: El máximo común divisor de n y m

1: $r_{-1} \leftarrow n$
2: $r_0 \leftarrow m$
3: $i \leftarrow 0$
4: **mientras** $r_i \neq 0$ **hacer lo siguiente**
5: $\quad i \leftarrow i + 1$
6: $\quad r_i \leftarrow$ resto de la división de r_{i-2} entre r_{i-1}
7: **fin de mientras**
8: **devolver** r_{i-1}

Como es habitual, tenemos que probar que el algoritmo termina y que da la respuesta correcta. Respecto a la finalización del algoritmo, tiene que darse porque el valor absoluto del resto de una división es estrictamente menor que el del divisor, por lo que la sucesión de valores absolutos de los restos no puede ser estrictamente decreciente y en alguna de las etapas se tiene que cumplir que $r_i = 0$.

En cuanto a que el algoritmo proporciona el máximo común divisor buscado, utilizando la Proposición 3.4.7 deducimos que $mcd(r_{i-2}, r_{i-1}) = mcd(r_{i-1}, r_i)$ para cada $i \geq 1$ y, siguiendo la cadena hacia atrás, vemos que es igual a $mcd(n, m)$, y ahora concluimos de la Proposición 3.4.6 que el último resto no nulo es el máximo común divisor de n y m, ya que es el divisor de una división exacta.

El hecho de que el índice en el resto devuelto por el algoritmo sea $i - 1$ es debido a que, cuando r_{i-1} es el último resto no nulo, se entra por última vez en el bucle y la i se incrementa en 1 (el algoritmo todavía no 'sabe' que este es el último resto no nulo), por lo que para 'restaurar el orden cósmico' hay que volver a restar uno en el índice.

Por último, quisiera comentar que las dos primeras instrucciones: $r_{-1} = n$ y $r_0 = m$, tan solo unifican la notación de 'restos' r_i para que incluyan a los propios n y m, que no son restos de ninguna división[45] pero que se comportan, desde el punto de vista formal, como los siguientes restos $r_1, r_2, \ldots$.

Hay una variación del algoritmo de Euclides, que es el *algoritmo de Euclides extendido*, que no solo nos permite calcular el máximo común divisor de dos números enteros n y m, sino que nos proporciona, además, dos números enteros u y v para los que:

$$\operatorname{mcd}(n, m) = un + vm.$$

El desarrollo del algoritmo de Euclides extendido es muy parecido al algoritmo de Euclides 'descafeinado' que ya hemos visto antes, teniendo en cuenta que cada uno de los restos se puede expresar como un entero multiplicado por n mas otro multiplicado por m. Esto es obvio en los dos primeros pasos, pues:

$$n = 1 \cdot n + 0 \cdot m \text{ y } m = 0 \cdot n + 1 \cdot m$$

y también es cierto para cada r_i, ya que:

$$r_{i-2} = q_i r_{i-1} + r_i,$$

donde q_i y r_i son el cociente y el resto, respectivamente, de la división de r_{i-2} entre r_{i-1} y, por consiguiente:

$$r_i = r_{i-2} - q_i r_{i-1}$$

y tanto r_{i-2} como r_{i-1} pueden expresarse, por un razonamiento inductivo a dos pasos vista[46], en la forma indicada, de donde se deduce que lo mismo ocurre con r_i.

---

[45] Al menos, de ninguna hecha explícitamente.
[46] Como en el baile country.

En particular, esto ocurre también con el último resto no nulo, que es el máximo común divisor de n y m.

Ejemplo 3.4.7. Si $n = 567$ y $m = 150$, entonces:

$$\underline{567} = 1 \cdot \underline{567} + 0 \cdot \underline{150}$$

y:

$$\underline{150} = 0 \cdot \underline{567} + 1 \cdot \underline{150}.$$

Haciendo la primera división:

$$\underline{567} = 3 \cdot \underline{150} + \underline{117},$$

luego:

$$\underline{117} = 1 \cdot \underline{567} - 3 \cdot \underline{150}. \tag{3.8}$$

Haciendo ahora la segunda división:

$$\underline{150} = 1 \cdot \underline{117} + \underline{33}, \tag{3.9}$$

luego, por (3.9) y (3.8):

$$\underline{33} = 1 \cdot \underline{150} - 1 \cdot \underline{117} = 1 \cdot \underline{150} - 1 \cdot \left(1 \cdot \underline{567} - 3 \cdot \underline{150}\right) = -1 \cdot \underline{567} + 4 \cdot \underline{150}. \tag{3.10}$$

Haciendo la siguiente división:

$$\underline{117} = 3 \cdot \underline{33} + \underline{18}, \tag{3.11}$$

luego, por (3.11), (3.8) y (3.10),

$$\underline{18} = 1 \cdot \underline{117} - 3 \cdot \underline{33} = 1\left(1 \cdot \underline{567} - 3 \cdot \underline{150}\right) - 3 \cdot \left(-1 \cdot \underline{567} + 4 \cdot \underline{150}\right) = 4 \cdot \underline{567} - 15 \cdot \underline{150}. \tag{3.12}$$

Volviendo a dividir otra vez:

$$\underline{33} = 1 \cdot \underline{18} + \underline{15} \tag{3.13}$$

y así, por (3.13), (3.10) y (3.12):

$$\underline{15} = 1 \cdot \underline{33} - 1 \cdot \underline{18} = 1(-1 \cdot \underline{567} + 4 \cdot \underline{150}) - 1 \cdot (4 \cdot \underline{567} - 15 \cdot \underline{150}) = -5 \cdot \underline{567} + 19 \cdot \underline{150}. \quad (3.14)$$

Seguimos dividiendo[47]:

$$\underline{18} = 1 \cdot \underline{15} + \underline{3}, \quad (3.15)$$

luego, por (3.15), (3.12) y (3.14):

$$\underline{3} = 1 \cdot \underline{18} - 1 \cdot \underline{15} = 1(4 \cdot \underline{567} - 15 \cdot \underline{150}) - 1 \cdot (-5 \cdot \underline{567} + 19 \cdot \underline{150}) = 9 \cdot \underline{567} - 34 \cdot \underline{150}. \quad (3.16)$$

Finalmente:

$$\underline{15} = 5 \cdot \underline{3} + \underline{0}$$

y, por lo tanto, esta división ya es exacta y el último resto no nulo es 3, el cual hemos visto en (3.16) que es $9 \cdot 567 - 34 \cdot 150$. Así, $u = 9, v = -34$ y:

$$\mathrm{mcd}(567, 150) = 3 = 9 \cdot 567 - 34 \cdot 150.$$

Vamos a ver ahora en la tabla del Algoritmo 5 de la siguiente página el pseudocódigo que formaliza el algoritmo descrito:

El algoritmo es muy similar al algoritmo de Euclides ya estudiado, con la diferencia de que en cada etapa se calculan tres enteros adicionales q_i, u_i y v_i. Dado que ya probamos anteriormente que el algoritmo de Euclides termina después de un cierto número de pasos, porque la sucesión r_i de los restos no puede ser estrictamente decreciente, concluimos que también termina el algoritmo extendido, pues la sucesión de los restos r_i es la misma. Vamos a probar que:

$$u_i n + v_i m = r_i \text{ para cada índice } i \quad (3.17)$$

y, una vez demostrado esto, quedará probado que los valores $u = u_{i-1}, v = v_{i-1}$ devueltos por el algoritmo satisfacen la propiedad requerida, ya que (3.17) se cumple también para el índice correspondiente al último resto no nulo y este resto es el máximo común divisor de n y m.

---

[47]Y, como no somos ordenadores, ya nos comenzamos a aburrir.

Algoritmo 5 Algoritmo de Euclides extendido para calcular el máximo común divisor de dos números enteros y expresarlo como combinación de ambos con coeficientes enteros

---

Entrada: Dos números enteros n y m

Salida: El máximo común divisor de n y m y enteros u, v tales que $\mathrm{mcd}(n, m) = un + vm$

1: $r_{-1} \leftarrow n, u_{-1} \leftarrow 1, v_{-1} \leftarrow 0$
2: $r_0 \leftarrow m, u_0 \leftarrow 0, v_0 \leftarrow 1$
3: $i \leftarrow 0$
4: **mientras** $r_i \neq 0$ **hacer lo siguiente**
5:     $i \leftarrow i + 1$
6:     $q_i \leftarrow$ cociente de la división de r_{i-2} entre r_{i-1}
7:     $r_i \leftarrow$ resto de la división de r_{i-2} entre r_{i-1}
8:     $u_i \leftarrow u_{i-2} - q_i u_{i-1}$
9:     $v_i \leftarrow v_{i-2} - q_i v_{i-1}$
10: **fin de mientras**
11: **devolver** $r_{i-1}, u_{i-1}, v_{i-1}$

Vamos a demostrarlo por inducción completa sobre i[48].

Para $i = -1$:
$$u_{-1} \cdot n + v_{-1} \cdot m = 1 \cdot n + 0 \cdot m = n = r_{-1}.$$

Para $i = 0$:
$$u_0 \cdot n + v_0 \cdot m = 0 \cdot n + 1 \cdot m = m = r_0.$$

Supongamos que se cumple para $i - 1$ y para $i - 2$. Entonces, por las instrucciones 8 y 9 del algoritmo:

$$u_i n + v_i m = u_{i-2} n - q_i u_{i-1} n + v_{i-2} m - q_i v_{i-1} m =$$

$$u_{i-2} n + v_{i-2} m - q_i (u_{i-1} n + v_{i-1} m)$$

---

[48]En realidad, solo sobre los dos índices anteriores al considerado, pero esto ya hace que técnicamente no sea una inducción ordinaria sobre el índice anterior.

y esto, por hipótesis de inducción, es

$$r_{i-2} - q_i r_{i-1},$$

lo cual es igual a r_i ya que, por la instrucción 7:

$$r_{i-2} = q_i r_{i-1} + r_i.$$

Hay que destacar que en la parte del algoritmo en que se calculan los u_i no intervienen para nada los v_i, por lo que se podrían ahorrar muchas operaciones si omitimos la línea $v_i \leftarrow v_{i-2} - q_i v_{i-1}$ y, una vez que hemos salido del bucle y, por lo tanto, hemos obtenido $\mathrm{mcd}(a, b) = r_{i-1}$ y $u = u_{i-1}$, hacemos:

$$v = \frac{\mathrm{mcd}(a, b) - un}{m}.$$

Si reformulamos en forma de teorema lo que nos garantiza el algoritmo de Euclides extendido obtenemos la famosa *identidad de Bezout*:

Teorema 3.4.1. *Si $n, m \in \mathbb{Z}$, entonces $\exists u, v \in \mathbb{Z}$ tales que:*

$$mcd(n, m) = un + vm$$

Demostración. Usamos el algoritmo de Euclides extendido con los números n y m. □

Definición 3.4.3. *Se dice que dos enteros n y m son primos entre sí, o coprimos, si:*

$$mcd(n, m) = 1.$$

Ejemplos 3.4.8.

1. 4 y 21 son primos entre sí[49].

2. 7 y 21 no son primos entre sí[50], ya que su máximo común divisor es 7.

Más en general, se dice que k números enteros $n_1, \ldots, n_k$ son primos entre sí si:

$$\mathrm{mcd}(n_1, \ldots, n_k) = 1^{[51]}$$

y que son dos a dos primos entre sí si cada dos de ellos lo son, es decir, si $\forall i \neq j$ se cumple que $\mathrm{mcd}(n_i, n_j) = 1$. Evidentemente, si los números son dos a dos primos entre sí, entonces son primos entre sí, pero el recíproco no es cierto: por ejemplo, $12, 25$ y 14 son primos entre sí, pues no hay ningún número natural mayor que 1 que divida a los tres, pero no son dos a dos primos entre sí, ya que $\mathrm{mcd}\{12, 14\} = 2$.

Como consecuencia de la identidad de Bezout obtenemos:

Corolario 3.4.3. *Si n, m son dos enteros primos entre sí, entonces existen enteros u, v tales que:*

$$un + vm = 1.$$

Demostración. Se corresponde con el caso particular de la identidad de Bezout en que:

$$\mathrm{mcd}(n, m) = 1.$$

$\square$

En algunos libros se llama identidad de Bezout a este corolario, es decir, a que si dos enteros son coprimos, hay una combinación de ellos con coeficientes enteros que da 1.

En los problemas de este capítulo se estudiará el concepto dual del de máximo común divisor, que es el de mínimo común múltiplo, y algunas de sus propiedades básicas.

---

[49]Aunque no son números primos, no hay que confundir ambos conceptos, el que dos números sean coprimos quiere decir que no tienen divisores comunes (más que 1 y −1), no que no tengan divisores no triviales cada uno de ellos. No obstante lo anterior, también es cierto que dos números primos distintos son primos entre sí.

[50]A pesar de que 7 es número primo; de nuevo, no hay que confundir ambos conceptos (aunque, a decir verdad, si uno de ellos es primo, la única forma posible de que no sean coprimos es que dicho primo divida al otro).

[51]En los ejercicios se verá el concepto de máximo común divisor de más de dos números.

3.5. Haciendo el primo

Es útil descomponer un número natural a partir de otros más sencillos, repitiendo la misma operación con los números que componemos hasta que estos sean suficientemente simples, en el sentido de que no se puedan seguir descomponiendo. No sería una buena idea utilizar la suma para hacer esto, ya que el único número 'indescomponible' con esta operación sería el 1, y la descomposición de un número n sería como suma de unos, con n sumandos, por ejemplo, $5 = 1 + 1 + 1 + 1 + 1$ y, como ya mencioné antes en este mismo capítulo, estas descomposiciones no son muy prácticas y dejaron de estar de moda desde la introducción del sistema de numeración indo-arábigo. Tenemos mejor fortuna si utilizamos la multiplicación como ley de composición. En este caso disponemos de más elementos indescomponibles. Por ejemplo, 5 solo se puede factorizar en producto de dos números naturales como $5 = 5 \cdot 1$ y $5 = 1 \cdot 5$. Llamaremos 'números primos' a este tipo de números y, en lo que sigue, extenderemos este formalismo a todos los números enteros, no solo a los naturales, y en la siguiente sección demostraremos que estos números primos nos sirven como bloques básicos de construcción, al estilo de las piezas de Lego, para obtener todos los números enteros distintos de $0, 1, -1$ como producto de los mismos de manera esencialmente única.

Definición 3.5.1. *Un número entero p no nulo y distinto de 1 y de -1 es número primo si sus únicos divisores son $1, -1, p, -p$. En caso contrario, se dice compuesto.*

Ejemplos 3.5.1.

1. 7 es un número primo. En cambio, 15 no es número primo, ya que es divisible por 3 y 3 es distinto de $1, -1, 15$ y -15.

2. Por la propia definición, los números 1 y -1 no se consideran números primos, aunque sus únicos divisores son 1 y -1 y, por repetición como un bocata de ajo con cebolla, ellos mismos y sus opuestos. La explicación de por qué se verá más adelante.

Una forma de obtener los números primos de valor pequeño[52] es la llamada *criba de Eratóstenes*, que es un método clásico de la época antigua[53].

La criba de Eratóstenes se basa en el hecho obvio de que si un número positivo es compuesto, entonces es divisible por un número primo menor que él. El procedimiento de elaboración de la criba consiste, primero, en listar los números naturales entre 2 y un número N dado. El número 2 es, evidentemente, primo, por lo que se pueden tachar en dicha criba los múltiplos de 2 mayores que 2, que serán compuestos. El primer número no tachado, que es el 3, por lo comentado anteriormente, tiene que ser primo[54], por lo que se tachan ahora los múltiplos de 3 mayores que 3 que no hayan sido tachados anteriormente, y se repite sucesivamente el proceso indicado hasta encontrar un primo del que no haya un múltiplo no tachado menor o igual que N. Cuando esto ocurra, los números no tachados serán los números primos menores o iguales que N.

Hay una manera de mejorar el método de la criba de Eratóstenes, que se basa en el siguiente resultado:

Proposición 3.5.1. *Si n es un número compuesto, entonces es divisible por un primo $p \le \lfloor \sqrt{n} \rfloor$.*

Demostración. Supongamos que $n = n_1 n_2$ con $1 < n_1 \le n_2 < n$, con n_1 lo más pequeño posible entre los que cumplen dicha propiedad. Entonces, n_1 tiene que ser primo, ya que si fuera compuesto y, digamos, $n_1 = n_1' n_1''$, con $1 < n_1' < n_1$, entonces se tendría que $n = n_1' (n_1'' n_2)$ y $1 < n_1' \le n_1'' n_2 < n$, lo cual contradice la elección de n_1. $\square$

Como dije antes, la proposición anterior permite mejorar la criba de Eratóstenes; a saber, si se han encontrado todos los primos menores o iguales que $\lfloor \sqrt{N} \rfloor$, se detiene el proceso, y los números que queden sin tachar serán los primos entre 2 y N.

Ejemplo 3.5.2. Vamos a hallar los números primos menores o iguales que 100[55].

---

[52]Dentro de la ambigüedad de lo que cada uno considere números pequeños; simplemente, quiero decir que el método no es eficiente ni en tiempo de cómputo ni espacio de almacenamiento necesario para números con muchas cifras (dentro de la ambigüedad de lo que cada uno considere números con muchas cifras).

[53]Seguro que por el nombre ya se habían imaginado que el aludido no era un *millennial* en el sentido actual del término, sino en sentido literal.

[54]Pues, si no lo fuera, sería múltiplo de algún número primo menor que él (el único candidato, frustrado, sería el 2) y, por lo tanto, habría sido tachado en la etapa anterior.

[55]Obviamente 100 es compuesto, pero lo ponemos por la redondez del intervalo.

Consideramos la tabla:

2	3	4	5	6	7	8	9	10	11	12
13	14	15	16	17	18	19	20	21	22	23
24	25	26	27	28	29	30	31	32	33	34
35	36	37	38	39	40	41	42	43	44	45
46	47	48	49	50	51	52	53	54	55	56
57	58	59	60	61	62	63	64	65	66	67
68	69	70	71	72	73	74	75	76	77	78
79	80	81	82	83	84	85	86	87	88	89
90	91	92	93	94	95	96	97	98	99	100

Marcamos el 2 como primo y tachamos los múltiplos de 2:

②	3	4	5	6	7	8	9	10	11	12
13	14	15	16	17	18	19	20	21	22	23
24	25	26	27	28	29	30	31	32	33	34
35	36	37	38	39	40	41	42	43	44	45
46	47	48	49	50	51	52	53	54	55	56
57	58	59	60	61	62	63	64	65	66	67
68	69	70	71	72	73	74	75	76	77	78
79	80	81	82	83	84	85	86	87	88	89
90	91	92	93	94	95	96	97	98	99	100

Ahora marcamos el primer número no tachado (es decir, el 3) como número primo y tachamos los múltiplos de 3 que no hayan sido tachados en la etapa anterior:

②	③	4	5	~~6~~	7	~~8~~	9	~~10~~	11	~~12~~
13	~~14~~	~~15~~	~~16~~	17	~~18~~	19	~~20~~	~~21~~	~~22~~	23
~~24~~	25	~~26~~	~~27~~	~~28~~	29	~~30~~	31	~~32~~	~~33~~	~~34~~
35	~~36~~	37	~~38~~	~~39~~	~~40~~	41	~~42~~	43	~~44~~	~~45~~
~~46~~	47	~~48~~	49	~~50~~	~~51~~	~~52~~	53	~~54~~	55	~~56~~
~~57~~	~~58~~	59	~~60~~	61	~~62~~	~~63~~	~~64~~	65	~~66~~	67
~~68~~	~~69~~	~~70~~	71	~~72~~	73	~~74~~	~~75~~	~~76~~	77	~~78~~
79	~~80~~	~~81~~	~~82~~	83	~~84~~	85	~~86~~	~~87~~	~~88~~	89
~~90~~	91	~~92~~	~~93~~	~~94~~	95	~~96~~	97	~~98~~	~~99~~	~~100~~

Seguidamente marcamos el 5 como número primo y repetimos el proceso de tachado:

②	③	4	⑤	~~6~~	7	~~8~~	9	~~10~~	11	~~12~~
13	~~14~~	~~15~~	~~16~~	17	~~18~~	19	~~20~~	~~21~~	~~22~~	23
~~24~~	~~25~~	~~26~~	~~27~~	28	29	~~30~~	31	~~32~~	~~33~~	~~34~~
~~35~~	~~36~~	37	~~38~~	~~39~~	~~40~~	41	~~42~~	43	~~44~~	~~45~~
~~46~~	47	~~48~~	49	~~50~~	~~51~~	~~52~~	53	~~54~~	~~55~~	~~56~~
~~57~~	~~58~~	59	~~60~~	61	~~62~~	~~63~~	~~64~~	~~65~~	~~66~~	67
~~68~~	~~69~~	~~70~~	71	~~72~~	73	~~74~~	~~75~~	~~76~~	77	~~78~~
79	~~80~~	~~81~~	~~82~~	83	~~84~~	~~85~~	~~86~~	~~87~~	~~88~~	89
~~90~~	91	~~92~~	~~93~~	~~94~~	~~95~~	~~96~~	97	~~98~~	~~99~~	~~100~~

Y, después, hacemos lo mismo con el 7:

② ③ 4 ⑤ 6 ⑦ 8 9 10 11 12

13 14 15 16 17 18 19 20 21 22 23

24 25 26 27 28 29 30 31 32 33 34

35 36 37 38 39 40 41 42 43 44 45

46 47 48 49 50 51 52 53 54 55 56

57 58 59 60 61 62 63 64 65 66 67

68 69 70 71 72 73 74 75 76 77 78

79 80 81 82 83 84 85 86 87 88 89

90 91 92 93 94 95 96 97 98 99 100

Ahora la Proposición 3.5.1 nos garantiza que no tenemos que seguir probando con los múltiplos de ningún primo más ya que, como $11^2 > 100$, si lo hiciéramos veríamos que todos los múltiplos están ya tachados, por lo que, por último, marcamos como primos todos los restantes números no tachados[56]:

② ③ 4 ⑤ 6 ⑦ 8 9 10 ⑪ 12

⑬ 14 15 16 ⑰ 18 ⑲ 20 21 22 ㉓

24 25 26 27 28 ㉙ 30 ㉛ 32 33 34

35 36 ㊲ 38 39 40 ㊁ 42 ㊸ 44 45

46 ㊼ 48 49 50 51 52 ㊾ 54 55 56

57 58 ㊾ 60 ㊽ 62 63 64 65 66 ㊿

68 69 70 ⑺ 72 ㋂ 74 75 76 77 78

⑺ 80 81 82 ㊳ 84 85 86 87 88 ㊽

90 91 92 93 94 95 96 ⑼ 98 99 100

---

[56] Y colorín, colorado, esta criba se ha acabado.

y de esta forma vemos que los primos buscados son:

$$2, 3, 5, 7, 11, 13, 17, 19, 23, 29, 31, 37, 41, 43, 47, 53, 59, 61, 67, 71, 73, 79, 83, 89, 97.$$

3.6.   ¡Qué emoción con la factorización!

Como dije en la sección anterior, todo entero no nulo y distinto de 1 y −1 se puede descomponer, de manera esencialmente única, como producto de primos. Por ejemplo, $6 = 2 \cdot 3$. Lo que quiero decir con 'de manera esencialmente única' es que, estrictamente hablando, la factorización no es única, pero casi, en el sentido de que las demás factorizaciones se obtienen de una dada haciendo unas transformaciones absolutamente triviales y, por lo tanto, no hacen méritos para ser consideradas factorizaciones suficientemente diferentes.

Una de estas transformaciones es cambiar el orden de los números primos que aparecen en la descomposición, es decir, hacer una permutación de los factores. Por ejemplo, ya hemos visto que $6 = 2 \cdot 3$, pero también $6 = 3 \cdot 2$.

El otro tipo de transformaciones consiste en cambiar el signo en un número par de factores. En el ejemplo ya mencionado, teniendo en cuenta que también −2 y −3 son números primos, tenemos que $6 = (-2) \cdot (-3)$ y $6 = (-3) \cdot (-2)$, por lo que obtenemos un total de 4 posibles factorizaciones del número 6:

$$2 \cdot 3, 3 \cdot 2, (-2) \cdot (-3), (-3) \cdot (-2),$$

a las cuales no merece la pena considerarlas como estrictamente distintas.

Quizá se estén ustedes preguntando por qué se pide que el entero a factorizar sea no nulo. Esto es así porque el 0 no admite ninguna factorización, ya que los números primos son no nulos por definición, y un producto de enteros no nulos es no nulo por la Proposición 3.1.7.

Por la misma razón se excluyen el 1 y el −1, ya que los números primos tienen valor absoluto ≥ 2, y lo mismo ocurre con sus productos[57].

Podemos enunciar ya el teorema principal de esta sección, el llamado *teorema fundamental de la aritmética*[58].

Teorema 3.6.1. *Todo número entero distinto de* 0, 1, −1 *se descompone como producto de números primos, y esta descomposición es única salvo por el orden de los factores y por cambios de signo en un número par de factores.*

Necesitaremos un par de lemas para demostrarlo:

Lema 3.6.1. *Si* $n, s, t \in \mathbb{Z}$ *y si* $n \mid st$ *y* n *y* s *son coprimos, entonces* $n \mid t$.

Demostración. Por la identidad de Bezout[59], $\exists u, v \in \mathbb{Z}$ t.q. $1 = un + vs$ y, multiplicando por t en ambos miembros de la igualdad, obtenemos $t = unt + vst$ y, como $n \mid n$ y $n \mid st$, deducimos de la Proposición 3.4.2 que $n \mid t$. □

Lema 3.6.2. *Si* p *es un número primo,* $n \geq 2$ *es un número natural,* $s_1, \ldots, s_n$ *son enteros y* $p \mid s_1 \ldots s_n$, *entonces* $\exists i \in \{1, \ldots, n\}$ *tal que* $p \mid s_i$.

Demostración. Lo probaremos por inducción sobre n. Comencemos con el caso en que $n = 2$. Supongamos que $p \mid s_1 s_2$ y que $p \nmid s_1$. Como $\operatorname{mcd}(p, s_1) \mid p$ y p es primo (y, por lo tanto, no anda muy sobrado de divisores), tendrá que darse que $\operatorname{mcd}(p, s_1) = 1$ y, ahora, deducimos del lema anterior que $p \mid s_2$.

Supongamos ahora, por hipótesis de inducción, que $n \geq 3$ y que el resultado es cierto para $n - 1$. Como $p \mid (s_1 \cdots s_{n-1}) s_n$, por lo ya probado en la base de la inducción se tiene que $p \mid s_1 \cdots s_{n-1}$ o $p \mid s_n$. En el segundo caso ya hemos llegado a lo que queríamos probar, y en el primero, utilizando la hipótesis de inducción, $\exists i \in \{1, \ldots, n-1\}$ t.q. $p \mid s_i$. □

---

[57]Si bien es verdad que en el caso de 1 lo podríamos considerar como un caso degenerado en que no aparece ningún primo en la factorización, ya que se suele hacer el convenio de que un producto con cero factores es 1.

[58]Llevan ustedes usando implícitamente este teorema desde su infancia y nadie les dijo que era un teorema, pero lo es y, como tal, necesita ser demostrado.

[59]Más concretamente, por el caso especial considerado en el Corolario 3.4.3.

Demostraremos ahora el Teorema 3.6.1:

Demostración. Comenzamos probando la existencia de factorización y, para ello, demostraremos por inducción completa sobre $|n|$ que, si $|n| \geq 2$, entonces existe un número natural m y existen primos $p_1, \ldots, p_m$ tales que:

$$n = p_1 \cdots p_m.$$

Si $|n| = 2$ el resultado es trivialmente cierto, ya que $n = 2$ o $n = -2$ y en ambos casos n es primo y la factorización consta de un solo factor, ya que se asume el convenio de que un producto con un único factor es igual a dicho factor.

Consideramos ahora un $n \geq 3$ y supongamos por hipótesis de inducción que la existencia de factorización es cierta para enteros con valor absoluto entre 2 y $|n| - 1$. Pueden ocurrir dos cosas: que n sea primo o que no lo sea[60].

Si n es primo, la factorización degenera en un producto trivial con un solo factor, a saber, el mismo n.

Si, por el contrario, n es compuesto, entonces $\exists n', n'' \in \mathbb{Z}$ que cumplen:

$$n = n'n'' \quad \text{con } |n'| < |n| \text{ y } |n''| < |n|.$$

Aplicando la hipótesis de inducción a n', existen primos $p_1', \ldots, p_{m'}'$ tales que:

$$n' = p_1' \cdots p_{m'}'$$

y, haciendo lo mismo con n'', existen primos $p_1'', \ldots, p_{m''}''$ tales que:

$$n'' = p_1'' \cdots p_{m''}''$$

y, por lo tanto:

$$n = p_1' \cdots p_{m'}' p_1'' \cdots p_{m''}'',$$

tal y como queríamos demostrar.

---

[60]Esto no parece una reflexión muy profunda a primera vista, pero esta es la clave para poder usar la hipótesis de inducción.

Probaremos ahora la unicidad de la factorización y, más concretamente, que si:

$$p_1\cdots p_r = q_1\cdots q_s \tag{3.18}$$

son dos factorizaciones de un entero como producto de primos, entonces $r = s$ y existe una permutación σ de $\{1,\ldots r\}$ (es decir, una aplicación biyectiva del conjunto $\{1,\ldots r\}$ en sí mismo) tal que:

$$p_i = \pm q_{\sigma(i)} \ \forall i \in \{1,\ldots,r\}^{61}.$$

Lo demostraremos por inducción sobre r. Si $r = 1$, entonces:

$$p_1 = q_1\cdots q_s$$

y, por ser p_1 primo, se tiene que tener $s = 1$, y así $p_1 = q_1$, con lo que se cumple lo que queremos demostrar.

Supongamos que se satisface la propiedad enunciada para un producto de $r-1$ factores. Como p_r es primo y $p_r \mid q_1\cdots q_s$, obtenemos del Lema 3.6.2 que $\exists j \in \{1,\ldots,s\}$ t.q. $p_r \mid q_j$ y, como q_j es primo y p_r es distinto de 1 y -1, deducimos que $p_r = \pm q_j$.

Simplificando p_r en (3.18) llegamos a que:

$$p_1\cdots p_{r-1} = \pm q_1\cdots q_{j-1}q_{j+1}\cdots q_s.$$

Ahora obtenemos, por hipótesis de inducción, que $r-1 = s-1$ y, por lo tanto, que $r = s$, y también que existe una biyección σ' de $\{1,\ldots,r-1\}$ en $\{1,\ldots,j-1,j+1,\ldots,r\}$ tal que:

$$p_i = \pm q_{\sigma(i)} \ \forall i \in \{1,\ldots,r-1\}.$$

Si definimos ahora:

$$\sigma : \{1,\ldots,r\} \longrightarrow \{1,\ldots,r\}$$

---

[61] Con el $\pm$ quiero decir que p_i es igual o bien a $q_{\sigma(i)}$ o a $-q_{\sigma(i)}$.

por:

$$\sigma(i) = \begin{cases} \sigma'(i), & \text{si } i < r, \\ \\ j, & \text{si } i = r, \end{cases}$$

entonces la aplicación σ cumple la propiedad buscada. Finalmente, es evidente que la cantidad total de $-$ en los $\pm q_{\sigma(i)}$[62] tiene que ser par. $\qquad\qquad\square$

Hay que destacar que algunos (¡o todos!) de los factores primos que aparecen en la descomposición de un entero pueden repetirse. Por ejemplo, $12 = 2 \cdot 2 \cdot 3$, o $81 = 3 \cdot 3 \cdot 3 \cdot 3$.

Podemos normalizar la factorización de un entero de la forma siguiente:

Primero, podemos tomar positivos todos los primos que aparezcan, de forma que nos quede un signo $-$ al principio en caso de que el entero a descomponer sea negativo. Esto elimina la ambigüedad del signo de los factores primos en la descomposición, a costa de que carguemos con un posible signo negativo inicial, pero ¿qué importa?

Segundo, podemos dar los factores primos en orden no decreciente, de forma que:

$$p_1 \le p_2 \le \cdots \le p_r.$$

Al hacerlo así se elimina la ambigüedad del orden de los factores primos, y se consigue que la factorización sea única de verdad de la buena.

Por último, por economía en la notación, podemos agrupar los primos repetidos y expresar el producto como una potencia del primo correspondiente[63], de forma que obtengamos finalmente un producto de potencias de primos distintos. Así, cada entero distinto de $0, 1, -1$ se puede descomponer de manera única como:

$$\pm p_1^{m_1} \cdots p_n^{m_n}, \tag{3.19}$$

con p_i primo $\forall i \in \{1, \dots, n\}$ y $p_1 < p_2 < \cdots < p_n$.

---

[62]Que no es lo mismo que la cantidad de factores enteros negativos, simplemente es la cantidad de factores en una descomposición que se emparejan con el opuesto de un factor de la otra.

[63]Que es para lo que viene piripintado el concepto de potencia.

Podemos ir un paso más allá y convenir que, como un producto sin factores es 1, entonces 1 se expresa en la forma (3.19) con el signo + y $n = 0$, y que -1 se expresa en la forma mencionada con el signo $-$ y $n = 0$, y de esta manera admitiríamos también al 1 y al -1 como números factorizables[64], y el único entero que no admitiría factorización sería el 0.

Ejemplo 3.6.1. $100 = 2^2 \cdot 5^2$, y $-375 = -3 \cdot 5^3$.

En la expresión (3.19) los exponentes son números naturales y, por lo tanto, son mayores que 0, pero a veces es conveniente añadir factores primos elevados a 0, para conseguir así que, cuando se están considerando varios números enteros en un problema, aparezcan los mismos primos en todos ellos. Por ejemplo, si consideramos los números $10, 45$ y 33, tenemos que:

$$10 = 2 \cdot 3^0 \cdot 5 \cdot 11^0, 45 = 2^0 \cdot 3^2 \cdot 5 \cdot 11^0, 33 = 2^0 \cdot 3 \cdot 5^0 \cdot 11.$$

Esto simplifica reglas como la de cálculo del máximo común divisor[65], que es el producto de los primos comunes elevados al menor exponente, o la del mínimo común múltiplo[66], que es el producto de los primos comunes y no comunes elevados al mayor exponente, ya que de esta forma no tenemos que distinguir entre primos comunes y no comunes.

Para acabar con nuestra exposición de la factorización única de enteros, vamos a razonar por qué al 1 y al -1 no se les considera números primos, lo cual suena un poco extraño, ya que solo son divisibles por 1 y por ellos mismos (y por los respectivos opuestos). Si, por ejemplo, el 1 se hubiera considerado como número primo, esto invalidaría la unicidad de la factorización, ya que tendríamos, por una parte, $1 = 1 \cdot 1$, una descomposición en producto de dos primos y, por otra parte, $1 = 1 \cdot 1 \cdot 1$, una descomposición en producto de tres primos, y algo parecido ocurre con el -1, para el que tendríamos, por ejemplo, $-1 = (-1) \cdot (-1) \cdot (-1)$ y $-1 = (-1) \cdot (-1) \cdot (-1) \cdot (-1) \cdot (-1)$.

---

[64]¡Muy de aquella manera!
[65]Se verá en los ejercicios.
[66]También se verá en los ejercicios.

AMIGOS PARA SIEMPRE

Se dice que dos números naturales n y m son números amigos cuando cada uno de ellos es la suma de los divisores propios naturales del otro, es decir, cuando la suma de los $d \in \mathbb{N}$ tales que $d \mid n$ y $d \neq n$ es m, y la suma de los $d' \in \mathbb{N}$ con $d' \mid m$ y $d' \neq m$ es n.

Por ejemplo, los números 220 y 284 son números amigos; para demostrarlo observamos que, como $220 = 2^2 \cdot 5 \cdot 11$, sus divisores propios son de la forma $2^i \cdot 5^j \cdot 11^k$ con $0 \le i \le 2, 0 \le j, k \le 1$ y $i + j + k < 4$ (para excluir el propio 220) y, por lo tanto, son $2^0 \cdot 5^0 \cdot 11^0 = 1, 2^1 \cdot 5^0 \cdot 11^0 = 2, 2^2 \cdot 5^0 \cdot 11^0 = 4, 2^0 \cdot 5^1 \cdot 11^0 = 5, 2^1 \cdot 5^1 \cdot 11^0 = 10, 2^2 \cdot 5^1 \cdot 11^0 = 20, 2^0 \cdot 5^0 \cdot 11^1 = 11, 2^1 \cdot 5^0 \cdot 11^1 = 22, 2^2 \cdot 5^0 \cdot 11^1 = 44, 2^0 \cdot 5^1 \cdot 11^1 = 55, 2^1 \cdot 5^1 \cdot 11^1 = 110$ y, por ello, su suma es:

$$1 + 2 + 4 + 5 + 10 + 20 + 11 + 22 + 44 + 55 + 110 = 284.$$

Análogamente, $284 = 2^2 \cdot 71$, luego sus divisores naturales propios son $2^0 \cdot 71^0 = 1, 2^1 \cdot 71^0 = 2, 2^2 \cdot 71^0 = 4, 2^0 \cdot 71^1 = 71, 2^1 \cdot 71^1 = 142$, y su suma es:

$$1 + 2 + 4 + 71 + 142 = 220.$$

En particular, se llaman números perfectos a los números naturales que son iguales a la suma de sus divisores naturales propios; en otras palabras, son los que son amigos de sí mismos, con lo que tienen la autoestima como una moto. A día de hoy se conocen 51 números perfectos, de los que los ocho primeros son:

$$6, 28, 496, 8128, 33550336, 8589869056, 137438691328, 2305843008139952128.$$

Los 51, curiosamente, son números pares, y hay una conocida conjetura que dice que todo número perfecto es par. Aunque la conjetura todavía no ha sido demostrada (en ese caso habría sido promocionada con honores a teorema) ni refutada, hay algunos resultados que apuntan en la dirección de que sea cierta: por ejemplo, se sabe que si existiera un número perfecto impar, sería divisible por al menos 10 números primos distintos ([8]) y tendría, contando sus multiplicidades, por lo menos 101 factores primos ([9]), condiciones que disuaden de existir al más pintado.

Con respecto a los números perfectos pares, se sabe que son exactamente los de la forma $2^{p-1}(2^p - 1)$, donde $2^p - 1$ es un número primo de Mersenne (lo cual implica que también p es primo). No se sabe si hay infinitos primos de Mersenne, aunque se conjetura que sí que los hay. El mayor primo de Mersenne conocido hasta la fecha es:

$$2^{82589933} - 1,$$

descubierto el 21 de diciembre de 2018.

3.7. Ejercicios

1. Demostrar la Proposición 3.4.4.

2. Si $a, b, c, d \in \mathbb{Z}$ y $a \mid c, b \mid d$, demostrar que $ab \mid cd$.

3. Dados los siguientes números n, m, hallar su máximo común divisor d y encontrar enteros u, v tales que $un + vm = d$:

   a) $n = 27421, m = 31358$,

   b) $n = 1846, m = -834$,

   c) $n = 1491, m = 10437$,

   d) $n = -751, m = -9121$,

   e) $n = 15045, m = 21471$.

4. Probar que, si $p_1^{a_1} \dots p_r^{a_r}$ y $p_1^{b_1} \dots p_r^{b_r}$ son descomposiciones en producto de primos positivos de dos números naturales n y m, respectivamente (donde algunos de los a_i y de los b_i pueden ser 0 para que aparezcan los mismos primos en ambas), entonces $n \mid m$ si y solo si $a_i \leq b_i \ \forall i$.

5. Probar que, si $p_1^{a_1} \dots p_r^{a_r}$ y $p_1^{b_1} \dots p_r^{b_r}$ son descomposiciones en producto de primos positivos de dos números naturales n y m, respectivamente, con $a_i, b_i \geq 0 \ \forall i$,

entonces:

$$\mathrm{mcd}(n, m) = p_1^{c_1} \ldots p_r^{c_r},$$

donde:

$$c_i = \mathrm{mín}\{a_i, b_i\} \ \forall i.$$

6. Demostrar que si $r \in \mathbb{N}$ y $n, m_1, \ldots, m_r \in \mathbb{Z}$ y $\mathrm{mcd}(n, m_i) = 1 \ \forall i \in \{1, \ldots, r\}$, entonces:

$$\mathrm{mcd}(n, m_1 \ldots m_r) = 1.$$

7. Se dice que m es un *mínimo común múltiplo* de dos enteros a y b (y se denotará por $m = \mathrm{mcm}(a, b)$, o también por $m = \mathrm{mcm}\{a, b\}$ o por $m = [a, b]$) si se cumple:

   a) $a \mid m, b \mid m$.

   b) Si $a \mid m', b \mid m'$, entonces $m \mid m'$.

   Probar que si m_1, m_2 son ambos mínimo común múltiplo de a y b, entonces $m_1 = m_2$ o $m_1 = -m_2$ y que, recíprocamente, si m es un mínimo común múltiplo de a y b, entonces $-m$ también lo es.

8. Probar que, si $p_1^{a_1} \ldots p_r^{a_r}$ y $p_1^{b_1} \ldots p_r^{b_r}$ son descomposiciones en producto de primos positivos de dos números naturales n y m, respectivamente, con $a_i, b_i \geq 0 \ \forall i$, entonces:

$$\mathrm{mcm}(n, m) = p_1^{c_1} \ldots p_r^{c_r},$$

donde:

$$c_i = \mathrm{máx}\{a_i, b_i\} \ \forall i.$$

9. Demostrar que, si $n, m \in \mathbb{Z}$, entonces:

$$\mathrm{mcd}(n, m) \ \mathrm{mcm}(n, m) = nm.$$

10. Si $n, m, k \in \mathbb{Z}$ y $n \mid k, m \mid k$, ¿es cierto que $nm \mid k$? ¿Y si, además, n y m son primos entre sí?

11. Demostrar que, si n y m son coprimos, entonces:

$$\mathrm{mcm}(n, m) = nm.$$

12. Usar el ejercicio 9 y el algoritmo de Euclides para calcular, sin descomponer los números en producto de factores primos:

$$\text{mcm}(-1701, 1106).$$

13. Si $a_1, \ldots, a_n \in \mathbb{Z}$, se dice que $d \in \mathbb{Z}$ es un máximo común divisor de $a_1, \ldots, a_n$, y se denota por $d = \text{mcd}(a_1, \ldots, a_n)$, si se cumple:

a) $d \mid a_i \ \forall i.$

b) Si $d' \mid a_i \ \forall i$, entonces $d' \mid d$.

Probar que siempre existe el máximo común divisor de $a_1, \ldots, a_n$, y que existen enteros $u_1, \ldots, u_n$ tales que:

$$\text{mcd}(a_1, \ldots, a_n) = u_1 a_1 + \cdots + u_n a_n.$$

Esto generaliza la identidad de Bezout.

14. Hallar el máximo común divisor de $1224, -1848$ y 1628 y expresarlo en la forma:

$$1224u - 1848v + 1628w,$$

con $u, v, w \in \mathbb{Z}$.

15. Si $a_1, \ldots, a_n$ son números enteros, se dice que un entero m es un mínimo común múltiplo de $a_1, \ldots, a_n$, y se denota por $m = \text{mcm}(a_1, \ldots, a_n)$, si se cumple:

a) $a_i \mid m \ \forall i.$

b) Si $a_i \mid m' \ \forall i$, entonces $m \mid m'$.

Demostrar que existe el mínimo común múltiplo de $a_1, \ldots, a_n$ para cualesquiera $a_1, \ldots, a_n \in \mathbb{Z}$.

16. Probar que si $a, b, c \in \mathbb{Z}$, entonces:

$$\text{mcd}(\text{mcm}(a, b), c) = \text{mcm}(\text{mcd}(a, c), \text{mcd}(b, c))$$

y:

$$\mathrm{mcm}(\mathrm{mcd}(a,b),c) = \mathrm{mcd}(\mathrm{mcm}(a,c),\mathrm{mcm}(b,c)).$$

(Es decir, se cumple la propiedad distributiva del máximo común divisor respecto al mínimo común múltiplo, y viceversa).

17. Encontrar todos los divisores comunes de 876 y 372.

18. Demostrar, expresándolo como producto de dos factores mayores que 1 pero sin descomponerlo previamente en producto de factores primos, que $854^{10} - 1$ es compuesto.

19. Demostrar que hay infinitos números primos.

20. Encontrar, usando la criba de Eratóstenes, los números primos menores que 200.

21. Si $a, b \in \mathbb{Z}$ y $n \in \mathbb{N}$ y $a^n \mid b^n$, probar que $a \mid b$.

Capítulo 4

Reloj, no marques las horas

4.1. $12 = 0$ (a veces)

Todos sabemos realizar (con mayor o menor éxito y soltura) operaciones aritméticas con números enteros y con fracciones, pero hay otro tipo de objetos matemáticos con los que podemos hacer sumas, restas, multiplicaciones y, algunas veces, divisiones, y que tienen tan solo un número finito de elementos. Estos objetos se llaman anillos de clases residuales módulo un número natural dado, por ejemplo, anillo de clases residuales módulo 7, etc.

Al manejo de este tipo de operaciones se le suele llamar *aritmética del reloj* porque se puede modelar, en el caso concreto del módulo 12, con un tipo de objetos que todos tenemos a mano (o, mejor dicho, a muñeca): un reloj. Los elementos de este conjunto son los doce números que están distribuidos en la esfera del reloj[1] y que van recorriendo las agujas del mismo[2].

---

[1] ¿Por qué narices lo llaman esfera si es un círculo?

[2] Es bastante probable que el lector haya nacido ya en el siglo XXI y esté preguntándose qué es todo eso de las agujas, y que su reloj sea digital y le dé la hora en formato de 24 horas. En ese caso sustituya el avance de las manecillas por el cambio de los números (con lo que pierde dramatismo visual) y, sobre todo, el concepto de congruencia módulo 12 por el de congruencia módulo 24.

Un observador astuto percibirá que, cuando la manecilla de las horas empieza, digamos que a las doce, y da una vuelta entera y vuelve a las doce, una hora después de esto último está en la una[3]. Es decir, que en el mundo relojil, podemos pensar que $12 + 1 = 1$ y que, más en general, lo que queda de un número n desde este punto de vista es en qué número está la aguja cuando han transcurrido n horas. Por suerte, no hay que esperar pacientemente las horas, sino que un poco de reflexión nos lleva a la conclusión de que es el resto de la división de n entre 12 (con la única excepción a la regla cuando n es múltiplo de 12, en cuyo caso el resto de la división entre 12 es 0 pero en la esfera del reloj pone 12). Esta es la división euclídea con resto que vimos en el capítulo anterior: el dividendo es n, el divisor es 12, el cociente es el número de vueltas completas que da la manecilla y el resto es el número sobre el que se queda finalmente posada[4].

Para diferenciar los 12 números 'en el reloj' de los números enteros ordinarios vamos a ponerle una barrita encima. Por ejemplo, $\overline{2}$ denotará las dos de la tarde de hoy[5] y las dos de la madrugada de hoy, y las dos de la tarde de mañana, etc.

Con este convenio, para sumar, restar y multiplicar números lo hacemos de la forma habitual que ya conocemos y tomamos el resto de la división del número que nos dé entre 12, y esto indicará en dónde está la aguja horaria después de efectuar la operación. Por ejemplo, en cuanto a la suma, $\overline{2} + \overline{3} = \overline{5}$, ya que $2 + 3 = 5$ y $5 = 0 \cdot 12 + 5$; con respecto a la resta, $\overline{4} - \overline{7} = \overline{9}$, porque $4 - 7 = -3$ y $-3 = (-1) \cdot 12 + 9$; para la multiplicación, $\overline{7} \cdot \overline{9} = \overline{3}$, pues $7 \cdot 9 = 63$, y $63 = 5 \cdot 12 + 3$. Lo curioso es que, a veces, en contra de lo que uno podría esperar a primera vista, se puede dividir. Por ejemplo, a pesar de que en $\mathbb{Z}$ no se puede dividir 4 entre 5, en esta nueva aritmética sí se puede dividir $\overline{4}$ entre $\overline{5}$, y $\frac{\overline{4}}{\overline{5}} = \overline{8}$, pues $\overline{5} \cdot \overline{8} = \overline{4}$. Más adelante generalizaremos esto y veremos exactamente qué divisiones se pueden hacer en este tipo de anillos.

Vamos ahora a dar rigor matemático a la descripción anterior. Introduciremos primero la *relación de congruencia*.

---

[3]No hagan este experimento en la vida real, porque les van a llamar extravagantes por estar 13 horas seguidas mirando el reloj.

[4]Ya sé que, estrictamente hablando, la esfera del reloj es un continuo y la aguja no queda exactamente sobre un número. Digamos que nos referimos al número más cercano a la posición de la aguja (no fastidien con qué ocurre si está exactamente en las dos y media, en ese caso esperen un par de segundos y tomaríamos las tres).

[5]¡Suponiendo que su reloj no vaya adelantado ni retrasado!

Definición 4.1.1. *Sea $n \in \mathbb{Z}$. Diremos que dos números enteros a y b son congruentes módulo n si $n \mid (a - b)$.*

Cuando a y b son congruentes módulo n, esto se denota por $a \equiv b$ (mód n), y cuando no lo son, por $a \not\equiv b$ (mód n). Cuando no hay ambigüedad respecto al valor de n y este se sobreentiende por el contexto, se suele poner simplemente $a \equiv b$ o $a \not\equiv b$ según que sean congruentes o no.

Ejemplos 4.1.1.

1. $-3 \equiv 18$ (mód 7), ya que $-3 - 18 = -21 = (-3) \cdot 7$.

2. $2 \not\equiv 24$ (mód 3), ya que $2 - 24 = -22$ y $-22 = (-8) \cdot 3 + 2$, y el resto de la división es no nulo.

Proposición 4.1.1. *La relación de congruencia módulo n es una relación de equivalencia en $\mathbb{Z}$.*

Demostración. Sea $m \in \mathbb{Z}$. Se cumple que $m - m = 0$ y $0 = 0 \cdot n$, luego $m \equiv m$ (mód n).

Supongamos que $l \equiv m$ (mód n). Entonces, $\exists k \in \mathbb{Z}$ tal que $l - m = k \cdot n$ y, de ahí, $m - l = (-k) \cdot n$, luego $m \equiv l$ (mód n).

Finalmente, supongamos que $l \equiv m$ (mód n) y $m \equiv p$ (mód n). Entonces, $\exists k_1, k_2 \in \mathbb{Z}$ tales que $l - m = k_1 n$ y $m - p = k_2 n$ y, sumando ambas igualdades:

$$l - p = l - m + m - p = k_1 n + k_2 n = (k_1 + k_2)n$$

y, así, $l \equiv p$ (mód n). $\qquad\qquad\square$

Como la relación $\equiv$ es de equivalencia, se puede hablar del conjunto cociente $\mathbb{Z}/\equiv$ formado por las clases de equivalencia. Este se denota por $\mathbb{Z}/n\mathbb{Z}$.

Si $a \in \mathbb{Z}$, la clase de equivalencia representada por a se denota por $\overline{a}$, y es:

$$\overline{a} = \{x \in \mathbb{Z} \mid x - a \in n\mathbb{Z}\} = \{a + kn \mid k \in \mathbb{Z}\} = \{a, a + n, a - n, a + 2n, a - 2n, \dots\}.$$

A los elementos del conjunto cociente se les suele llamar también *coclases* módulo n, o *clases residuales* módulo n. Por razones obvias, a la coclase $\overline{a}$ se la suele representar también por $a + n\mathbb{Z}$.

Si $n = 0$, la relación de congruencia $\equiv$ es trivial, ya que $a \equiv b$ (mód 0) si y solo si $a = b$, pues el único múltiplo de 0 es 0. En este caso, la clase de equivalencia representada por a es el conjunto $a + 0\mathbb{Z} = \{a\}$ de cardinal 1, y el conjunto cociente $\mathbb{Z}/0\mathbb{Z}$ tiene cardinal infinito, y es

$$\mathbb{Z}/0\mathbb{Z} = \{\{a\} \mid a \in \mathbb{Z}\}.$$

Por el contrario, si $n \in \mathbb{N}$ es evidente que, si $a \in \mathbb{Z}$ y r es el resto de la división de a entre n, entonces $a \equiv r$ (mód n)[6], luego $\overline{a} = \overline{r}$ y así, cuando n es un número natural, el conjunto cociente es finito y es:

$$\mathbb{Z}/n\mathbb{Z} = \{\overline{0}, \overline{1}, \dots, \overline{n-1}\}[7].$$

Es obvio que estas n coclases son distintas, ya que, si $0 \le i < j < n$, entonces $0 < j - i < n$, luego n no divide a $(j - i)$ y $\overline{i} \ne \overline{j}$. Por lo tanto, el conjunto cociente tiene n elementos.

Ejemplo 4.1.2. Si $n = 10$, se tiene que $28 \equiv 8$ (mód 10), luego $\overline{28} = \overline{8}$. Los 10 elementos del conjunto cociente $\mathbb{Z}/10\mathbb{Z}$ son:

$$\overline{0}, \overline{1}, \overline{2}, \overline{3}, \overline{4}, \overline{5}, \overline{6}, \overline{7}, \overline{8}, \overline{9}.$$

Queremos introducir en el conjunto cociente las operaciones de suma y multiplicación. Las definimos haciendo las correspondientes operaciones entre los representantes y tomando después la clase de equivalencia correspondiente al resultado de la operación[8]. Es decir, definimos:

$$\overline{a} + \overline{b} = \overline{a + b} \text{ y } \overline{a} \cdot \overline{b} = \overline{a \cdot b}.$$

¡Cuidado!, estamos definiendo dichas operaciones en términos de representantes de las clases de equivalencia de los operandos y hay que asegurarse de que el resultado de la operación no depende de la elección de dichos representantes. Algo parecido ocurría cuando definimos en el capítulo anterior la suma y el producto de números enteros, ya que, si no, las definiciones serían inconsistentes y las operaciones descritas no tendrían

---

[6]Ya que, si $a = cn + r$, entonces $a - r = cn$ y, por tanto, $n \mid (a - r)$.

[7]Cuando n es negativo, en cambio, el conjunto cociente es $\{\overline{0}, \overline{1}, \dots, \overline{-n-1}\}$, pero esto no es algo esencialmente distinto, ya que $\mathbb{Z}/n\mathbb{Z} = \mathbb{Z}/(-n)\mathbb{Z}$.

[8]Como hicimos con la aritmética del reloj.

sentido. Es decir, tenemos que probar que si $\overline{a} = \overline{a'}$ y $\overline{b} = \overline{b'}$, entonces $\overline{a + b} = \overline{a' + b'}$ y $\overline{ab} = \overline{a'b'}$. Esto es lo que haremos a continuación:

Proposición 4.1.2. *Si $a \equiv a'$ (mód n) y $b \equiv b'$ (mód n), entonces:*

$$a + b \equiv a' + b' \quad (\text{mód } n) \ y \ ab \equiv a'b' \quad (\text{mód } n).$$

Demostración. Existen enteros k_1, k_2 que cumplen $a' = a + k_1 n, b' = b + k_2 n$. Ahora, $a' + b' = a + b + (k_1 + k_2)n$ y $a'b' = ab + (ak_2 + bk_1 + k_1 k_2 n)n$, con lo que obtenemos lo que queríamos demostrar. □

Con lo anterior, hemos probado que las congruencias se pueden sumar y multiplicar, y que las definiciones dadas de suma y producto de coclases tienen sentido[9].

Veamos cuál es la estructura algebraica de este conjunto cociente con las dos operaciones indicadas:

Proposición 4.1.3. $(\mathbb{Z}/n\mathbb{Z}, +, \cdot)$ *es un anillo conmutativo y unitario.*

La demostración es obvia y, por lo tanto, la omitiré. Tan solo indicaré que el elemento neutro para la suma es $\overline{0} = n\mathbb{Z}$, el elemento neutro para la multiplicación es $\overline{1} = 1 + n\mathbb{Z}$, y el opuesto para la suma de $\overline{a}$ es $\overline{-a} = (-a) + n\mathbb{Z}$[10].

A este anillo se le llama *anillo de clases residuales módulo n*.

El lector avispado se habrá percatado de que la construcción del anillo $\mathbb{Z}/n\mathbb{Z}$ encaja en la construcción de cociente de un anillo entre un ideal vista en el capítulo 3 de [7]. Concretamente, es el cociente del anillo $\mathbb{Z}$ de los enteros entre el ideal $n\mathbb{Z}$ formado por los múltiplos de n. Después de percatarse, se habrá quitado las avispas a manotazos.

Una pregunta que surge de manera natural es la de qué elementos de este anillo son inversibles.

Proposición 4.1.4. *Un elemento $\overline{m} \in \mathbb{Z}/n\mathbb{Z}$ es inversible[11] si y solo si:*

$$mcd(m, n) = 1.$$

---

[9] ¡Menos mal!

[10] Es decir, las congruencias también se pueden restar.

[11] Esto es, hay otra coclase que multiplicada por $\overline{m}$ da $\overline{1}$.

Demostración. Supongamos que $\overline{m}$ es inversible, y sea $d = \mathrm{mcd}(m,n)$. Se tiene que $\exists m' \in \mathbb{Z}$ tal que $\overline{m}\,\overline{m'} = \overline{1}$, y así $mm' \equiv 1 \pmod n$, y $\exists k \in \mathbb{Z}$ tal que $mm' - 1 = kn$, luego $1 = mm' - kn$, y como d divide a m y a n, también divide a 1, y de ahí concluimos que $d = 1^{12}$.

Recíprocamente, supongamos que $\mathrm{mcd}(m,n) = 1$. Por la identidad de Bezout, $\exists u, v \in \mathbb{Z}$ tales que $um + vn = 1$, luego:

$$um \equiv 1 \quad (\text{mód } n) \text{ y } \overline{u}\,\overline{m} = \overline{um} = \overline{1},$$

por lo que $\overline{m}$ es inversible y su inverso es $\overline{u}^{13}$. $\qquad\square$

Ejemplo 4.1.3. La coclase $\overline{2}$ es inversible en $\mathbb{Z}/5\mathbb{Z}$, ya que $\mathrm{mcd}(2,5) = 1$. En este ejemplo tan sencillo se podría hallar el inverso de $\overline{2}$ por simple inspección, ya que el número de elementos del anillo es pequeño, pero no obstante vamos a hacerlo usando el algoritmo de Euclides extendido.

$$\underline{5} = 2 \cdot \underline{2} + \underline{1},$$

luego

$$1 = 1 \cdot 5 - 2 \cdot 2^{14},$$

y así el inverso de $\overline{2}$ es $\overline{-2}$, que es igual a $\overline{3}$.

Corolario 4.1.1. *Si $n \in \mathbb{N}$, el anillo $\mathbb{Z}/n\mathbb{Z}$ es cuerpo si y solo si n es un número primo.*

Demostración. Que $\mathbb{Z}/n\mathbb{Z}$ sea cuerpo quiere decir que todo elemento $\overline{m}$ no nulo es inversible, y esto es equivalente a que todos los números $1, 2, \ldots, n-1$ sean coprimos con n. Si n es primo es evidente que ocurre esto, ya que el máximo común divisor entre un número y n, en este caso, solo puede ser 1 o n, ¡y no hay sitio para que sea n! Por otra parte, si n es compuesto y si ponemos $n = n_1 n_2$ con $n_1, n_2 \geq 2$, entonces $\mathrm{mcd}(n_1, n) = n_1$, luego $\overline{n_1}$ no es inversible en $\mathbb{Z}/n\mathbb{Z}$ y dicho cociente no es cuerpo.

---

[12] O $d = -1$, pero tanto monta, monta tanto.

[13] Observemos que el algoritmo de Euclides nos da un método constructivo (¡y eficiente!) para hallar el inverso de $\overline{m}$.

[14] En este caso el algoritmo no se ha extendido mucho.

El último caso que nos queda por analizar es cuando $n = 1$, que no es ni primo ni compuesto sino todo lo contrario, pero en este caso $\mathbb{Z}/1\mathbb{Z} = \{\overline{0}\}$ y tiene un solo elemento, por lo que no es cuerpo. □

El hecho de tomar un número natural n en el corolario anterior no nos hace perder demasiada generalidad, ya que si n es negativo, entonces $\mathbb{Z}/n\mathbb{Z} = \mathbb{Z}/(-n)\mathbb{Z}$. Esto cubre el caso que más nos interesa estudiar en este libro, que es cuando $\mathbb{Z}/n\mathbb{Z}$ es finito. El único entero que se nos escapa es $n = 0$. En este caso, como ya vimos, el anillo $\mathbb{Z}/0\mathbb{Z}$ tiene infinitos elementos y, si quieren saber si es cuerpo, pues no, sus únicos elementos inversibles son $\overline{1}$ y $\overline{-1}$.

4.2. Divide, no divide, divide, no divide... ¡divide!

El método más rústico para descomponer un número en producto de números primos consiste en simplemente ir probando posibles divisores primos, empezando por los más pequeños y, cada vez que el número es divisible por el primo, hacer la división y repetir el proceso con el cociente, hasta que el último cociente nos dé 1. Nada hay más frustrante que intentar una de las largas divisiones con resto y comprobar que la división no es exacta[15]. Afortunadamente, hay criterios de divisibilidad, algunos de los cuales veremos ahora y otros que podrán descubrir los lectores por sí mismos, siguiendo la idea de los criterios que veamos en este capítulo, que nos permiten saber si un número pequeño divide a otro sin necesidad de tener que desarrollar la división completa[16]. Estos criterios se demostrarán usando el concepto de congruencia entre enteros vista en la sección anterior.

Comenzaremos con el más sencillo de todos, para saber si un número es divisible por 2. En este caso, solo hay que ver qué pasa con la última cifra:

Proposición 4.2.1. *Un número natural es divisible por 2 si y solo si termina en cifra par*[17].

---

[15]Sobre todo si se hace sin calculadora.

[16]Aunque no se emocionen, algunas pocas cuentas seguirán teniendo que hacer con algunos de ellos.

[17]Cuando yo era pequeño (bueno, cuando era niño, ya que pequeño lo sigo siendo) se solía decir 'termina en cero o en cifra par', discriminando injustamente al cero, que al fin y al cabo también es una cifra par.

Demostración. Supongamos que $n = \sum_{i=0}^{m} a_i 10^i$ [18]. Se cumple que $10 \equiv 0 \pmod 2$, luego $10^i \equiv 0^i \equiv 0 \pmod 2$ $\forall i \geq 1$[19]. De ahí se deduce que $a_i 10^i \equiv a_i \cdot 0 \equiv 0 \pmod 2$ $\forall i \geq 1$ y, por tanto, $\sum_{i=1}^{m} a_i 10^i \equiv 0 \pmod 2$. Así, se tiene que $2 \mid n \iff \sum_{i=0}^{m} a_i 10^i \equiv 0 \pmod 2 \iff a_0 \equiv 0 \pmod 2 \iff a_0$ es par. $\square$

Ejemplos 4.2.1.

1. 39653 no es divisible por 2, ya que no acaba en $0, 2, 4, 6, 8$.

2. 11111112 es divisible por 2, ya que acaba en 2.

Veremos ahora el criterio para saber si un número es múltiplo de 3, para lo que tendremos que analizar la suma de sus cifras:

Proposición 4.2.2. *Un número natural es divisible por 3 si y solo si la suma de sus cifras es múltiplo de 3.*

Demostración. Supongamos que $n = \sum_{i=0}^{m} a_i 10^i$. Se tiene que $10 \equiv 1 \pmod 3$, luego $10^i \equiv 1^i \equiv 1 \pmod 3$ $\forall i \geq 0$. En consecuencia, $\sum_{i=0}^{m} a_i 10^i \equiv \sum_{i=0}^{m} a_i \pmod 3$. Así, $3 \mid n \iff \sum_{i=0}^{m} a_i 10^i \equiv 0 \pmod 3 \iff \sum_{i=0}^{m} a_i \equiv 0 \pmod 3 \iff \sum_{i=0}^{m} a_i$ es múltiplo de 3. $\square$

Llegados a este punto, podrán objetar ustedes que en el criterio anterior, para saber si un cierto número es múltiplo de 3, tenemos que decidir si otro número es múltiplo de 3, con lo que hemos salido de la sartén para caer al fuego. En realidad es al revés, hemos salido del fuego para caer en la sartén, ya que la suma de los dígitos de un número es mucho más pequeño que dicho número[20], por lo que se puede ver fácilmente 'de cabeza' si la suma de las cifras es múltiplo de 3. No obstante, si la suma de sus cifras fuera muy grande siempre se puede volver a usar el criterio, esta vez con dicha suma.

Ejemplos 4.2.2.

1. 16358 no es divisible por 3, pues $1 + 6 + 3 + 5 + 8 = 23$, y 23 no es múltiplo de 3.

2. 62940 sí es divisible por 3, ya que $6 + 2 + 9 + 4 + 0 = 21$, y $21 = 7 \cdot 3$.

---

[18]¡Sí!, estos a_i son los dígitos del número.

[19]No así para $i = 0$, ya que $10^0 = 1$ y $1 \equiv 1 \pmod 2$.

[20]Salvo si el número tiene un solo dígito, en cuyo caso espero que no necesiten ustedes usar un criterio de divisibilidad.

Estudiaremos ahora la divisibilidad por cinco, para lo cual basta de nuevo con ver en qué acaba[21]:

Proposición 4.2.3. *Un número natural es divisible por 5 si y solo si termina en 0 o en 5.*

Demostración. La demostración es muy similar a la de la proposición 4.2.1, teniendo en cuenta que $10^i \equiv 0 \pmod 5$ $\forall i \geq 1$. Así, si $n = \sum_{i=0}^{m} a_i 10^i$, entonces $n \equiv 0 \pmod 5 \iff a_0 \equiv 0 \pmod 5$, y esto ocurre si y solo si a_0 es 0 o 5. □

Ejemplos 4.2.3.

1. 89573 no es divisible por 5, ya que no acaba en 0 ni en 5.

2. 3520910 es divisible por 5, ya que acaba en 0.

4.3. ¡No seamos incongruentes!

En esta sección, dados dos enteros a, b y un número natural n, estudiaremos las condiciones necesarias y suficientes para que la congruencia:

$$ax \equiv b \pmod n \tag{4.1}$$

tenga una solución entera[22] y, en caso de que la tenga, determinar todas las soluciones.

Esto es equivalente, en el lenguaje de las clases residuales en el anillo cociente, a estudiar si la ecuación:

$$\overline{a}x = \overline{b} \tag{4.2}$$

admite alguna solución en $\mathbb{Z}/n\mathbb{Z}$ y, en ese caso, hallarlas todas. Con el primer enfoque, si la congruencia (4.1) tiene una solución entera $x = k$, entonces tiene infinitas soluciones enteras, ya que cualquier otro entero congruente con k módulo n también es solución de la congruencia. En cambio, cuando planteamos el problema en términos de clases residuales,

---

[21]Como en el reintegro de la lotería.

[22]No se pierde nada con tomar n natural. Si n fuese negativo, bastaría considerar la congruencia $ax \equiv b \pmod{-n}$ y, si n fuese 0, bueno, en ese caso, $ax \equiv b \pmod 0$ sería una forma innecesariamente complicada de decir $ax = b$.

el número de soluciones de la ecuación (4.2) es, ciertamente, finito, ya que $\mathbb{Z}/n\mathbb{Z}$ tiene n elementos. De esta forma, al replantear la congruencia (4.1) como una ecuación lineal en $\mathbb{Z}/n\mathbb{Z}$, algebrizamos el problema y obtenemos una forma elegante de 'empaquetar' las infinitas soluciones enteras reduciéndolas a un número finito de clases residuales.

Si no entienden del todo bien en una primera lectura las demostraciones de las dos proposiciones siguientes, no se preocupen, los ejemplos que vienen después aclararán la situación.

Proposición 4.3.1. *La congruencia* $ax \equiv b$ *(mód* n) *admite solución si y solo si*

$$mcd(a, n) \mid b.$$

Demostración. Supongamos que k es una solución de la congruencia[23]. Entonces, existe $m \in \mathbb{Z}$ tal que $ak = b + mn$. Si $d = mcd(a, n)$, entonces d es divisor común de a y n, luego existen $a', n' \in \mathbb{Z}$ tales que $a = a'd, n = n'd$. Por lo tanto, $b = a'kd - n'md = (a'k - n'm)d$ y, así, $mcd(a, n) \mid b$.

Recíprocamente, sea $d = mcd(a, n)$, y supongamos que $d \mid b$. Como $d = mcd(a, n)$, razonando igual que antes, existen $a', n' \in \mathbb{Z}$ tales que $a = a'd, n = n'd$ y, además, $mcd(a', n') = 1$, ya que, si z fuera un divisor común mayor que 1 de a' y n', se tendría que dz sería divisor común de a y n, lo cual contradice que d es el máximo común divisor de a y n. Como $d \mid b$, existe $b' \in \mathbb{Z}$ tal que $b = b'd$. Se quiere probar que existen $k, m \in \mathbb{Z}$ tales que $a'kd = b'd + n'md$. Esto es equivalente, dividiendo entre d, a que

$$a'k - b' = n'm. \tag{4.3}$$

Como $mcd(a', n') = 1$, por la identidad de Bezout existen $u, v \in \mathbb{Z}$ tales que $1 = a'u + n'v$ y de ahí $b' = a'b'u + n'b'v$, luego la relación buscada (4.3) se satisface con $k = b'u$ y $m = -b'v$ y, por lo tanto, k es una solución de la congruencia. □

---

[23]Lo llamo k para incidir en que x es una incógnita, mientras que k es un número entero solución de la congruencia.

Proposición 4.3.2. *Si k_1 es solución de $ax \equiv b$ (mód n), entonces k_2 es solución de la misma congruencia si y solo si:*

$$k_1 \equiv k_2 \quad \left(\text{mód } \frac{n}{mcd(a,n)} \right).$$

Demostración. Si a', n', b' son como en la demostración de la proposición anterior, entonces k_1, k_2 son soluciones de la congruencia si y solo si existen $m_1, m_2 \in \mathbb{Z}$ tales que $a'k_1 - b' = n'm_1$ y $a'k_2 - b' = n'm_2$, lo cual, bajo el supuesto de que k_1 es solución, es equivalente a que $a'k_1 - n'm_1 = a'k_2 - n'm_2$, es decir, a que $a'(k_1 - k_2) = n'(m_1 - m_2)$. Como $mcd(a', n') = 1$, lo anterior es equivalente a que n' divida a $k_1 - k_2$, que es la relación buscada. $\qquad\qquad\square$

Así, aunque, como ya comenté antes, el número de soluciones vistas como números enteros es infinito, las soluciones forman un único elemento en el anillo cociente $\frac{\mathbb{Z}}{n/mcd(a,n)\mathbb{Z}}$ y forman $mcd(a,n)$ elementos en el anillo cociente $\frac{\mathbb{Z}}{n\mathbb{Z}}$, que son los de la forma $\left(k + \frac{in}{mcd(a,n)}\right) + n\mathbb{Z}$ con $i \in \{0, 1, \dots, mcd(a,n) - 1\}$, donde k es una solución de la congruencia.

Ejemplos 4.3.1.

1. La congruencia:

$$4x \equiv 5 \quad (\text{mód } 6)$$

no admite solución, ya que $mcd(4,6) = 2$ y 2 no divide a 5.

2. La congruencia:

$$2x \equiv 3 \quad (\text{mód } 7)$$

tiene solución, debido a que $mcd(2,7) = 1$ y $1 \mid 3$. Usando el algoritmo de Euclides extendido obtenemos, en una sola etapa, que:

$$\underline{7} = 3 \cdot \underline{2} + \underline{1},$$

luego $1 = 1 \cdot 7 - 3 \cdot 2$ y, multiplicando por 3 en ambos miembros, obtenemos $3 = 3 \cdot 7 - 9 \cdot 2$ y, por lo tanto:

$$2 \cdot (-9) \equiv 3 \quad (\text{mód } 7)$$

y -9 es una solución de la congruencia[24]. Por otra parte:

$$\frac{7}{\text{mcd}(2,7)} = 7,$$

luego la solución está definida módulo 7 y es $x \equiv -9$ (mód 7), es decir, $x \equiv 5$ (mód 7) y, por lo tanto, las soluciones de la congruencia son los enteros de la forma $5 + 7m$ con $m \in \mathbb{Z}$. Estas soluciones conforman la clase residual $\bar{5}$ del anillo cociente $\mathbb{Z}/7\mathbb{Z}$.

3. La congruencia:

$$6x \equiv 9 \quad (\text{mód } 15)$$

tiene solución, ya que $\text{mcd}(6,15) = 3$ y $3 \mid 9$. Un entero k satisface $6k = 9 + 15m$ si y solo si (dividiendo entre dicho máximo común divisor) $2k = 3 + 5m$. Como $\text{mcd}(2,5) = 1$, si utilizamos el algoritmo de Euclides extendido obtenemos en un solo paso:

$$\underline{5} = 2 \cdot \underline{2} + \underline{1},$$

luego $1 = 1 \cdot 5 - 2 \cdot 2$ y, multiplicando por 3 en ambos miembros[25]:

$$3 = 3 \cdot 5 - 6 \cdot 2$$

y, por lo tanto, -6 es solución de la congruencia. La solución de la congruencia módulo 5 es $x \equiv -6$ (mód 5), es decir, $x \equiv 4$ (mód 5), pero como lo que nos interesa es la solución módulo 15, esto nos da 3 soluciones módulo 15: $x \equiv 4$ (mód 15), $x \equiv 4 + 5 \equiv 9$ (mód 15) y $x \equiv 4 + 2 \cdot 5 \equiv 14$ (mód 15)[26], por lo que la solución de la congruencia es:

$$\{4 + 15m \mid m \in \mathbb{Z}\} \cup \{9 + 15m \mid m \in \mathbb{Z}\} \cup \{14 + 15m \mid m \in \mathbb{Z}\}.$$

---

[24]Para entendernos: como $1 = 7 - 3 \cdot 2$, -3 es solución de $2x \equiv 1$ (mód 7), que no es la congruencia que queremos solucionar, peeero... multiplicando por 3, tenemos que $2 \cdot (-3) \cdot 3 \equiv 1 \cdot 3 \equiv 3$ (mód 7) ($k = -3$ dispara y $(-3) \cdot 3$ corrige la trayectoria).

[25]Recuerden: disparar y corregir la trayectoria.

[26]Observen que, bajo la lupa 'módulo 5', 4, 9 y 14 son congruentes, pero bajo la lupa 'módulo 15' no lo son. Si siguiéramos e hiciésemos $4 + 3 \cdot 5 = 19$ sería redundante, ya que $19 \equiv 4$ (mód 15).

Estas soluciones se corresponden con tres clases residuales de $\mathbb{Z}/15\mathbb{Z}$, a saber, $\overline{4}, \overline{9}$ y $\overline{14}$, por lo que hemos probado también que las soluciones de la ecuación lineal $\overline{6}x = \overline{9}$ en $\mathbb{Z}/15\mathbb{Z}$ son $\overline{4}, \overline{9}, \overline{14}$.

4.4. Un teorema añejo

Se descubrió en la antigua China hace 18 siglos que, dados k números naturales $n_1, \ldots, n_k$ en los que no haya dos de ellos que tengan un divisor común mayor que 1 y, dados k números enteros $a_1, \ldots, a_k$ con $0 \leq a_i < n_i \ \forall i$, existe un número entero a que cumple que el resto de la división de a entre n_i es a_i para cada i.

Este resultado, aunque trata sobre clases residuales, es una contribución en absoluto residual a las matemáticas que fue obtenido en el siglo III por el matemático Sun Tzu y se conoce hoy en día como *teorema chino del resto*, o también como *teorema chino de los restos*.

El enunciado del teorema es el siguiente:

Teorema 4.4.1. *Si k es un número natural, con $k \geq 2$, y si $a_1, \ldots, a_k$ y $n_1, \ldots, n_k$ son números enteros y $n_1, \ldots, n_k$ son dos a dos primos entre sí, entonces existe un entero a que satisface $a \equiv a_i$ (mód n_i) para $i = 1, \ldots, k$. Además, si a es como se ha descrito anteriormente, entonces un entero a' satisface $a' \equiv a_i$ (mód n_i) para $i = 1, \ldots, k$ si y solo si $a' \equiv a$ (mód $n_1 \cdots n_k$).*

Demostración. Probaremos primero la existencia de una tal solución a por inducción sobre k.

Supongamos que $k = 2$. Buscaremos una solución de la forma:

$$a = a_1 + mn_1,$$

para que, de esta forma, se satisfaga automáticamente la primera congruencia. Si conseguimos encontrar un m apropiado de forma que también se cumpla la segunda ya habremos terminado la base de la inducción. Queremos que:

$$a_1 + mn_1 \equiv a_2 \quad (\text{mód } n_2),$$

153

es decir, que:

$$mn_1 \equiv a_2 - a_1 \quad (\text{mód } n_2)$$

y la Proposición 4.3.1 nos garantiza que existe un entero m que es solución de la congruencia, ya que $\text{mcd}(n_1, n_2) = 1$ y $1 \mid (a_2 - a_1)$.

Supongamos ahora, por hipótesis de inducción, que $k \geq 3$ y que el resultado es cierto para $k - 1$. Por lo tanto, $\exists a^* \in \mathbb{Z}$ tal que $a^* \equiv a_i$ (mód n_i) para $i = 1, \ldots, k - 1$. Ahora, teniendo en cuenta que, por lo visto en el problema 6 del capítulo 3, los números $n_1 \cdots n_{k-1}$ y n_k son coprimos, deducimos de lo ya probado para $k = 2$ que $\exists a \in \mathbb{Z}$ tal que:

$$a \equiv a^* \quad (\text{mód } n_1 \cdots n_{k-1}) \text{ y } a \equiv a_k \quad (\text{mód } n_k).$$

Este a satisface las k congruencias planteadas inicialmente ya que, como $n_i \mid n_1 \cdots n_{k-1} \forall i \leq k - 1$, también se cumple que $a \equiv a_i$ (mód n_i) para $i = 1, \ldots, k - 1$.

Ahora que hemos probado la existencia de solución del sistema de congruencias vamos a analizar la unicidad de la solución. Esta no es única pero veremos que, tal y como se establece en el enunciado, sí lo es módulo $n_1 \cdots n_k$. Supongamos que a es una solución y que $a' \equiv a$ (mód $n_1 \cdots n_k$). Entonces, dado que $n_i \mid n_1 \cdots n_k \ \forall i \in \{1, \ldots, k\}$, se cumple que $a' \equiv a$ (mód n_i) $\forall i$ y, por tanto:

$$a' \equiv a_i \quad (\text{mód } n_i) \ \forall i$$

y así, se tiene que también a' es solución del mismo sistema de congruencias.

Recíprocamente, supongamos que a, a' son soluciones del sistema. Entonces, $a \equiv a'$ (mód n_i) $\forall i \in \{1, \ldots, k\}$, luego $a - a'$ es un múltiplo común de $n_1, \ldots, n_k$ y, por consiguiente, es múltiplo de $\text{mcm}(n_1, \ldots, n_k)$. Por otra parte, al ser los $n_1, \ldots, n_k$ coprimos dos a dos, se deduce del problema 11 del capítulo 3[27] que:

$$\text{mcm}(n_1, \ldots, n_k) = n_1 \cdots n_k$$

---

[27]Bueno, de una generalización obvia del problema 11 fácilmente demostrable por inducción.

y, por lo tanto:

$$a \equiv a' \quad (\text{mód } n_1 \cdots n_k),$$

tal y como queríamos probar. $\qquad\qquad\qquad\qquad\qquad\qquad\qquad\qquad\qquad$ $\square$

Ejemplo 4.4.1. Vamos a hallar los enteros x que satisfacen el sistema de congruencias:

$$\begin{cases} x \equiv 2 \quad (\text{mód } 10), \\[2mm] x \equiv 4 \quad (\text{mód } 7), \\[2mm] x \equiv 9 \quad (\text{mód } 11). \end{cases} \qquad (4.4)$$

Antes de nada, observamos que se cumplen las hipótesis del teorema chino de los restos, ya que:

$$\text{mcd}(10,7) = \text{mcd}(10,11) = \text{mcd}(7,11) = 1.$$

Vamos primeramente a resolver el sistema:

$$\begin{cases} x \equiv 2 \quad (\text{mód } 10), \\[2mm] x \equiv 4 \quad (\text{mód } 7). \end{cases} \qquad (4.5)$$

formado por las dos primeras congruencias.

Buscamos una solución de la forma:

$$x = 2 + 10k,$$

de manera que se cumpla la primera congruencia independientemente del valor de k. Sustituyendo ahora ese valor de x en la segunda, obtenemos:

$$2 + 10k \equiv 4 \quad (\text{mód } 7)$$

y, por lo tanto:

$$10k \equiv 2 \quad (\text{mód } 7).$$

Como 10 y 7 son coprimos obtenemos, utilizando el algoritmo de Euclides extendido:

$$1 = -2 \cdot 10 + 3 \cdot 7$$

y, por lo tanto:

$$10 \cdot (-2) \equiv 1 \quad (\text{mód } 7).$$

Multiplicando por 2 esta congruencia, llegamos a:

$$10 \cdot (-4) \equiv 2 \quad (\text{mód } 7),$$

de forma que podemos tomar $k = -4$. Como nos interesa el valor de k módulo 7 y $-4 \equiv 3$ (mód 7), también podemos tomar $k = 3$ y obtenemos $x = 2 + 10 \cdot 3 = 32$.

Dado que $10 \cdot 7 = 70$, llegamos a que la solución del sistema (4.5) es:

$$x \equiv 32 \quad (\text{mód } 70). \tag{4.6}$$

Sustituyendo ahora las dos primeras congruencias de (4.4) por (4.6) llegamos a:

$$\begin{cases} x \equiv 32 \quad (\text{mód } 70), \\ x \equiv 9 \quad (\text{mód } 11). \end{cases}$$

Con esto hemos reducido el sistema original (4.4) a un sistema de solo dos congruencias, que se resuelve de una forma similar a como acabamos de hacer hace un momento y cuyos detalles omitiré, dando por supuesto que los lectores tienen mejores actividades en qué dedicar su tiempo[28], de forma que llegamos a la solución:

$$x \equiv 592 \quad (\text{mód } 770).$$

Hay una segunda forma, que describiré ahora, de resolver un sistema de congruencias cuando se satisfacen las hipótesis del teorema chino de los testos: supongamos que k es un número natural con $k \geq 2$ y que $a_1, \ldots, a_k$ y $n_1, \ldots, n_k$ son números enteros y $n_1, \ldots, n_k$

---

[28]Si no es así, verdaderamente tienen un problema o es que les gustan mucho las matemáticas.

son dos a dos primos entre sí, y vamos a analizar el sistema de congruencias:

$$
\begin{cases}
x \equiv a_1 \quad (\text{mód } n_1), \\
\vdots \\
x \equiv a_k \quad (\text{mód } n_k).
\end{cases}
$$

Para cada $i, j \in \{1, \ldots k\}$ con $i \neq j$, dado que n_i y n_j son primos entre sí, deducimos del teorema de Bezout que existen enteros $u_{i,j}, v_{i,j}$ tales que:

$$
u_{i,j} n_i + v_{i,j} n_j = 1.
$$

Por lo tanto:

$$
v_{i,j} n_j \equiv 1 \quad (\text{mód } n_i). \tag{4.7}
$$

Dado $i \in \{1, \ldots, k\}$, definimos:

$$
x_i = \prod_{j \neq i} v_{i,j} n_j.
$$

Evidentemente:

$$
x_i \equiv 1 \quad (\text{mód } n_i), \tag{4.8}
$$

ya que es un producto de $k - 1$ factores $v_{i,j} n_j$, y todos ellos, por (4.7), son congruentes con 1 módulo n_i, luego el producto también lo es. Por otra parte, si $j \neq i$, se tiene que:

$$
x_i \equiv 0 \quad (\text{mód } n_j), \tag{4.9}
$$

pues uno de los factores que aparecen en x_i es $v_{i,j} n_j$, que es múltiplo de n_j y así x_i también es múltiplo de n_j.

Vamos a probar ahora que:

$$
x = \sum_{i=1}^{k} x_i a_i
$$

es una solución del sistema de congruencias. Sea $s \in \{1, \ldots, k\}$. Si $i = s$, entonces, por (4.8):

$$
x_i a_i \equiv 1 \cdot a_i \quad (\text{mód } n_i) \equiv a_i \quad (\text{mód } n_i) \equiv a_s \quad (\text{mód } n_s)
$$

y, si $i \neq s$, entonces, por (4.9):

$$x_i a_i \equiv 0 \cdot a_i \quad (\text{mód } n_s) \equiv 0 \quad (\text{mód } n_s).$$

Por lo tanto, uno de los sumandos en la definición de x es congruente con a_s módulo n_s, y todos los demás son congruentes con 0 módulo n_s, de donde se deduce que $x \equiv a_s$ (mód n_s) y, como s es arbitrario, que x es una solución del sistema de congruencias.

Ejemplo 4.4.2. Vamos a resolver el mismo sistema de congruencias que en el ejemplo anterior:

$$\begin{cases} x \equiv 2 \quad (\text{mód } 10), \\[2mm] x \equiv 4 \quad (\text{mód } 7), \\[2mm] x \equiv 9 \quad (\text{mód } 11). \end{cases}$$

Ahora, vamos a usar el método que acabamos de describir. Aplicando el algoritmo de Euclides extendido a los pares $(10, 7), (10, 11)$ y $(7, 11)$, respectivamente, obtenemos:

$$1 = -2 \cdot 10 + 3 \cdot 7, \tag{4.10}$$

$$1 = -1 \cdot 10 + 1 \cdot 11 \tag{4.11}$$

y:

$$1 = -3 \cdot 7 + 2 \cdot 11.$$

Los correspondientes x_1, x_2, x_3 son:

$$x_1 = (3 \cdot 7) \cdot (1 \cdot 11) = 231^{29},$$

$$x_2 = (-2 \cdot 10) \cdot (2 \cdot 11) = -440,$$

---

[29]No memoricen las fórmulas, mejor entiendan de dónde salen. Por ejemplo, en x_1 queremos que sea congruente con 1 módulo 10 y con 0 módulo 7 y módulo 11, luego, en (4.10) y en (4.11), pasamos los números $-2 \cdot 10$ y $-1 \cdot 10$, que son múltiplos de 10, al primer miembro y los multiplicamos, con lo que nos queda un producto de números congruentes con 1 módulo 10, que también será congruente con 1 módulo 10 y al ser, por otra parte, el primer factor múltiplo de 7 y el segundo múltiplo de 11, también su producto será múltiplo de 7 y de 11.

$$x_3 = ((-1) \cdot 10) \cdot ((-3) \cdot 7) = 210,$$

por lo que tenemos:

$$x = 231 \cdot 2 - 440 \cdot 4 + 210 \cdot 9 = 592.$$

Como $10 \cdot 7 \cdot 11 = 770$, vemos que la solución del sistema de congruencias es:

$$x \equiv 592 \quad (\text{mód } 770),$$

con lo que nos sale el mismo resultado que cuando lo hicimos de la otra forma y, afortunadamente, no nos pasa como en el chiste[30].

En los ejercicios del capítulo se verá qué ocurre cuando eliminamos la restricción de que los módulos de las congruencias sean dos a dos primos entre sí y cuando, más en general, consideramos sistemas de congruencias lineales arbitrarias de la forma $a_i x + b_i \equiv 0$ (mód n_i).

4.5. Vamos a contar coprimos, tralará

Las funciones más famosas en matemáticas no son las de teatro, sino las numéricas. En particular, hay una bien conocida en teoría de números, la llamada *función fi de Euler*, que se aplica a números naturales, por lo que, si bien es cierto que estrictamente hablando es una función[31], quizá habría sido mejor llamarla la sucesión fi de Euler, aunque a estas alturas, como diría Homer Simpson, el término función fi de Euler está sólidamente cimentado en la rutina.

La función se denota, como no podía ser de otro modo, por la letra fi (φ) del alfabeto griego. El valor $\varphi(n)$ que toma al aplicarlo a un número natural n es la cantidad de enteros no negativos menores que n y que son coprimos con n, es decir:

$$\varphi(n) = |\{m \mid 0 \leq m \leq n - 1, \operatorname{mcd}(m, n) = 1\}|.$$

---

[30]Era una ejecutiva de una multinacional que llama a su asistente y le dice: "mira, Lucas, tienes que hacerme una multiplicación, pero es muy importante que no haya ningún error, así que repítela diez veces para asegurarte de que el resultado es correcto". El asistente vuelve media hora después y le dice muy ufano: "Aquí tiene los diez resultados que me han dado".

[31]Y, si no, nos llevamos el *Scattergories*.

Ejemplos 4.5.1.

1. Si $n = 1$, el único m con $0 \leq m \leq n - 1$ es $m = 0$ y, efectivamente, este verifica que $\mathrm{mcd}(0, 1) = 1$, luego $\varphi(1) = 1$. Este es el único caso en el que $m = 0$ entra con éxito en la cuenta, ya que, si $n \geq 2$, entonces $\mathrm{mcd}(0, n) = n > 1$ y, en este caso, se puede decir, de manera más simple, que $\varphi(n)$ es la cantidad de números naturales menores que n y coprimos con n.

2. Para $n = 12$, los números naturales menores que n son:

$$1, 2, 3, 4, 5, 6, 7, 8, 9, 10, 11.$$

De entre ellos, los números $2, 10$ tienen máximo común divisor con 12 igual a 2; los números $3, 9$ tienen un máximo común divisor con 12 igual a 3; los números $4, 8$ tienen a 4 como máximo común divisor con 12 y $\mathrm{mcd}(6, 12) = 6$. Los restantes, a saber, $1, 5, 7, 11$, son coprimos con 12 y, por lo tanto:

$$\varphi(12) = 4.$$

Este modo de calcular $\varphi(n)$ es muy laborioso, así que vamos a ver otra forma más elegante de hacerlo a partir de la factorización de n en producto de primos. El caso más simple es cuando n es primo:

Proposición 4.5.1. *Si p es primo, entonces $\varphi(p) = p - 1$.*

Demostración. Todos los números $1, \ldots, p - 1$ son coprimos con p ya que, como p es primo, si algún $m \in \mathbb{N}$ con $m < n$ no lo fuera, se tendría que $\mathrm{mcd}(m, p) = p$ y, por lo tanto, m sería múltiplo de p, lo cual no puede ocurrir, ya que $1 \leq m \leq p - 1$ [32]. $\qquad\square$

Más en general, si n es potencia de un primo, tenemos:

Proposición 4.5.2. *Si $p \in \mathbb{N}$ es un número primo y $n \in \mathbb{N}$, entonces $\varphi(p^n) = p^n - p^{n-1}$* [33].

---

[32] Y, como cantaba El Gran Combo, "no hay cama pa tanta gente".

[33] La demostración es independiente de la proposición anterior y podía haber omitido dicha proposición, ya que es un caso particular de esta (el caso en el que el exponente es 1), pero la he mantenido para que se aprecie la simplicidad y belleza del argumento usado, y porque el caso en que n es primo, como veremos después, es la base del llamado

Demostración. Un número natural es coprimo con p^n si y solo si es coprimo con p. Esto último, a su vez, es equivalente a que no sea múltiplo de p. Los múltiplos de p entre 1 y $p^n - 1$ son $p \cdot 1, p \cdot 2, \ldots, p \cdot (p^{n-1} - 1)$ y, por lo tanto, hay $p^{n-1} - 1$ en total. Así, el número de no-múltiplos de p es $p^n - 1 - (p^{n-1} - 1) = p^n - p^{n-1}$. $\qquad\square$

Ejemplo 4.5.2.

$$\varphi(11^5) = 11^5 - 11^4 = 161051 - 14641 = 146410.$$

La siguiente proposición es el 'pegamento' que nos va a permitir hallar $\varphi(n)$ para un n cualquiera a partir de lo probado en la Proposición 4.5.2 para potencias de un primo.

Proposición 4.5.3. *Si $n_1, n_2 \in \mathbb{N}$ y $mcd(n_1, n_2) = 1$, entonces $\varphi(n_1 n_2) = \varphi(n_1)\varphi(n_2)$.*

Demostración. Consideramos la aplicación:

$$f : \mathbb{Z}/n_1 n_2 \mathbb{Z} \longrightarrow \mathbb{Z}/n_1 \mathbb{Z} \times \mathbb{Z}/n_2 \mathbb{Z}$$

definida como:

$$f(m + n_1 n_2 \mathbb{Z}) = (m + n_1 \mathbb{Z}, m + n_2 \mathbb{Z}).$$

Dicha aplicación está bien definida, ya que, si $m + n_1 n_2 \mathbb{Z} = m' + n_1 n_2 \mathbb{Z}$, entonces:

$$n_1 n_2 \mid (m - m')$$

y, por lo tanto, también:

$$n_1 \mid (m - m'),$$

de donde llegamos a que $m + n_1 \mathbb{Z} = m' + n_1 \mathbb{Z}$. Análogamente:

$$n_2 \mid (m - m'),$$

luego $m + n_2 \mathbb{Z} = m' + n_2 \mathbb{Z}$.

Se cumple que f es inyectiva, ya que, si $f(m) = f(m')$, entonces:

$$(m + n_1 \mathbb{Z}, m + n_2 \mathbb{Z}) = (m' + n_1 \mathbb{Z}, m' + n_2 \mathbb{Z})$$

'pequeño teorema de Fermat' y, por último, pero no menos importante, porque me da la gana.

e, igualando las primeras componentes, $m + n_1\mathbb{Z} = m' + n_1\mathbb{Z}$, luego:

$$n_1 \mid (m - m').\tag{4.12}$$

Igualando ahora las segundas componentes, $m + n_2\mathbb{Z} = m' + n_2\mathbb{Z}$ y, de ahí:

$$n_2 \mid (m - m').\tag{4.13}$$

Como n_1 y n_2 son primos entre sí, deducimos de (4.12) y (4.13), utilizando el problema 11 del capítulo 3, que $n_1n_2 \mid (m - m')$, ya que $m - m'$ es múltiplo común de n_1 y n_2 y, por tanto, es múltiplo de su mínimo común múltiplo; concluimos así que $m + n_1n_2\mathbb{Z} = m' + n_1n_2\mathbb{Z}$.

Por el teorema chino de los restos, tenemos que f es suprayectiva.

Al ser inyectiva y suprayectiva, la aplicación f es biyectiva[34].

Probaremos ahora que, si:

$$S = \{m + n_1n_2\mathbb{Z} \in \mathbb{Z}/n_1n_2\mathbb{Z} \mid \mathrm{mcd}(m, n_1n_2) = 1\}$$

y:

$$T = \{(m_1 + n_1\mathbb{Z}, m_2 + n_2\mathbb{Z}) \in \mathbb{Z}/n_1\mathbb{Z} \times \mathbb{Z}/n_2\mathbb{Z} \mid \mathrm{mcd}(m_1, n_1) = 1, \mathrm{mcd}(m_2, n_2) = 1\},$$

entonces:

$$f(S) = T.$$

Si $m + n_1n_2\mathbb{Z} \in S$, entonces $\mathrm{mcd}(m, n_1n_2) = 1$, luego $\mathrm{mcd}(m, n_1) = 1$ y $\mathrm{mcd}(m, n_2) = 1$, ya que un divisor común mayor que 1 de m y n_1 lo sería también de m y n_1n_2, y lo mismo ocurriría con un divisor común mayor que 1 de m y n_2; por lo tanto, $f(m + n_1n_2\mathbb{Z}) \in T$.

---

[34]Con un poco de esfuerzo extra se puede ver que la aplicación f definida en esta demostración preserva la suma, la multiplicación y lleva el uno al uno, con lo que, al ser biyectiva, es un isomorfismo de anillos, por lo que hemos demostrado, de propina y con bonus extra, que si n_1 y n_2 son primos entre sí, entonces los anillos $\mathbb{Z}/n_1n_2\mathbb{Z}$ y $\mathbb{Z}/n_1\mathbb{Z} \times \mathbb{Z}/n_2\mathbb{Z}$ son isomorfos (¡cuidado!, esto es falso si n_1 y n_2 no son coprimos). A esto también se le suele llamar teorema chino de los restos en algunos libros.

Si $(m_1 + n_1\mathbb{Z}, m_2 + n_2\mathbb{Z}) \in T$ entonces, por el teorema chino de los restos, $\exists m \in \mathbb{Z}$ tal que:

$$(m_1 + n_1\mathbb{Z}, m_2 + n_2\mathbb{Z}) = (m + n_1\mathbb{Z}, m + n_2\mathbb{Z}) = f(m + n_1 n_2\mathbb{Z}),$$

y obviamente $\mathrm{mcd}(m, n_1) = \mathrm{mcd}(m_1, n_1) = 1$[35] y $\mathrm{mcd}(m, n_2) = \mathrm{mcd}(m_2, n_2) = 1$[36], de donde deducimos que $\mathrm{mcd}(m, n_1 n_2) = 1$ y así $m + n_1 n_2\mathbb{Z} \in S$ y:

$$(m_1 + n_1\mathbb{Z}, m_2 + n_2\mathbb{Z}) \in f(S).$$

Ahora está claro, como f es biyectiva y $f(S) = T$, que:

$$\varphi(n_1 n_2) = |S| = |T| = \varphi(n_1)\varphi(n_2).$$

$\square$

Corolario 4.5.1. *Si $n_1, \ldots, n_k$ son coprimos dos a dos, entonces:*

$$\varphi(n_1 \cdots n_k) = \varphi(n_1) \cdots \varphi(n_k).$$

Demostración. Lo demostraremos por inducción sobre k. Si $k = 2$, se reduce a lo ya probado en la proposición anterior. Supongamos que $k > 2$ y que es cierto para $k - 1$. Entonces, los números $n_1, \ldots, n_{k-1}$ también son coprimos dos a dos, luego tenemos por hipótesis de inducción que:

$$\varphi(n_1 \cdots n_{k-1}) = \varphi(n_1) \cdots \varphi(n_{k-1}).$$

Ahora, como $\mathrm{mcd}(n_1 \cdots n_{k-1}, n_k) = 1$, obtenemos por lo visto en la base de la inducción que:

$$\varphi(n_1 \cdots n_k) = \varphi(n_1 \cdots n_{k-1})\varphi(n_k) = \varphi(n_1) \cdots \varphi(n_{k-1})\varphi(n_k).$$

$\square$

---

[35] Ya que $\exists k \in \mathbb{Z}$ tal que $m = m_1 + n_1 k$ y, por lo tanto, los divisores comunes de m y n_1 son los mismos que los de m_1 y n_1.

[36] Se ve igual que en la anterior nota a pie de página, así que no aspiren aquí a más que un comentario jocoso.

Corolario 4.5.2. *Si:*

$$n = p_1^{m_1} \cdots p_k^{m_k}$$

es la descomposición en producto de factores primos de un número natural n, entonces:

$$\varphi(n) = (p_1^{m_1} - p_1^{m_1-1}) \cdots (p_k^{m_k} - p_k^{m_k-1}).$$

Demostración. Es una consecuencia del corolario anterior con los números $p_1^{m_1}, \ldots, p_k^{m_k}$, que son coprimos dos a dos, ya que $p_1, \ldots, p_k$ son primos distintos, usando la Proposición 4.5.2 para hallar el valor de cada uno de los factores $\varphi(p_i^{m_i})$. $\square$

Ejemplo 4.5.3. Se cumple que:

$$\varphi(1400) = \varphi(2^3 \cdot 5^2 \cdot 7) = (8 - 4) \cdot (25 - 5) \cdot (7 - 1) = 480.$$

Del último corolario deducimos lo siguiente:

Corolario 4.5.3. *Si:*

$$n = p_1^{m_1} \ldots p_k^{m_k}$$

es la descomposición en producto de factores primos de un número natural n, entonces:

$$\varphi(n) = n\left(1 - \frac{1}{p_1}\right) \ldots \left(1 - \frac{1}{p_k}\right).$$

Demostración. Por el Corolario 4.5.2:

$$\varphi(n) = (p_1^{m_1} - p_1^{m_1-1}) \cdots (p_k^{m_k} - p_k^{m_k-1}).$$

Sacando factor común a $p_i^{m_i}$ en el factor i-ésimo para $i = 1, \ldots, k$, vemos que esta expresión es igual a:

$$p_1^{m_1}\left(1 - \frac{1}{p_1}\right) \cdots p_k^{m_k}\left(1 - \frac{1}{p_k}\right)$$

que, reagrupando los factores, nos da:

$$p_1^{m_1} \cdots p_k^{m_k}\left(1 - \frac{1}{p_1}\right) \cdots \left(1 - \frac{1}{p_k}\right),$$

es decir:

$$n(1 - \frac{1}{p_1})\cdots(1 - \frac{1}{p_k}).$$

$\square$

SE REPARTEN POR IGUAL EN CADA CLASE RESIDUAL

El teorema del número primo nos dice cómo se distribuyen los números primos entre los naturales y establece que si $\pi(n)$ es el número de primos menores o iguales que n, entonces:

$$\lim_{n \to \infty} \frac{\pi(n)}{n/\ln n} = 1,$$

por lo que podemos esperar que haya 'más o menos' $n/\ln n$ números primos entre 1 y n (lo de más o menos en cuanto al error relativo, claro está, es decir, que cuando n es grande el cociente entre dicho número de primos y $n/\ln n$ se aproxima a 1 tanto como queramos. No obstante, el error absoluto puede ser muy grande; por ejemplo, $\pi(10^{12}) = 37607912018$, y $\frac{10^{12}}{\ln(10^{12})}$ es, aproximadamente, 36191206825.27, por lo que la diferencia es de más o menos 1416705192, y habría que ser del mismo Bilbao para calificarla de 'pequeña', pero esto es aproximadamente el 3.767 por ciento de 37607912018, por lo que es una porción pequeña de la tarta y el error relativo es pequeño).

Cambiando de tema (por poco tiempo), ya sabemos que, si $k \in \mathbb{N}$, hay k clases residuales módulo k, que son $0+k\mathbb{Z}, 1+k\mathbb{Z}, \ldots, (k-1)+k\mathbb{Z}$, y están formadas por los enteros cuyo resto al dividir entre k da $0, 1, \ldots, k-1$, respectivamente. Podemos preguntarnos si los números primos tienen alguna 'preferencia' por alguna o algunas de estas clases residuales (perdón por la 'humanización' de conceptos matemáticos, pero, si Esopo hizo hablar a liebres, tortugas, cigarras y hormigas, ¿por qué no voy a poder atribuir gustos y querencias a los números primos?), o si se reparten equitativamente entre ellas. Desde luego, los primos van a sentir un profundo rechazo por las coclases $i+k\mathbb{Z}$ con $\mathrm{mcd}\{i, k\} > 1$, es decir, aquellas en las que i no sea coprimo con el módulo, ya que, si $\mathrm{mcd}\{i, k\} = d > 1$, entonces todos los elementos de $i + k\mathbb{Z}$ serán divisibles por d y, por lo tanto, ¡difícilmente van a tener números primos, excepto exactamente uno si d es un primo que divida a k! Por lo demás, Dirichlet dio un paso en la dirección de probar que no le hacen ascos a las coclases restantes y demostró que todas ellas contienen infinitos números primos. Utilizó, para ello, los ahora llamados en su honor *caracteres de Dirichlet*, que son homomorfismos del grupo aditivo de los enteros en el grupo multiplicativo de las raíces n-ésimas de la unidad, para distintos valores de n.

Con el paso del tiempo se consiguió probar que la distribución en $\mathbb{Z}$ de los números primos que indica el teorema del número primo es esencialmente la misma que la distribución de los primos en una de las clases residuales, es decir, que los 'más o menos' $n/\ln n$ primos entre 1 y n se reparten 'más o menos por igual' entre las $\varphi(k)$ clases residuales $i+\mathbb{Z}$ con representante i coprimo con k; más concretamente, si para cada $i \in \{0,\ldots,k-1\}$ con $\mathrm{mcd}\{i,k\} = 1$ denotamos por $\pi_i(n)$ el número de primos entre 1 y n que están en la coclase $i + k\mathbb{Z}$, entonces:

$$\lim_{n \to \infty} \frac{\pi_i(n)}{n/(\varphi(k)\ \ln\ n)} = 1. \tag{4.14}$$

Esto es un resultado más fuerte que el teorema del número primo, ya que dicho teorema se deduce sumando las expresiones (4.14) y teniendo en cuenta que:

$$\sum_{0 \le i < k,\,\mathrm{mcd}\{i,k\}=1} \pi_i(n) + z = \pi(n),$$

donde z es el número de primos distintos que dividen a k (o, también, simplemente considerando el caso $k = 1$).

No obstante lo anterior, todavía hay muchos problemas abiertos sobre la relación entre las congruencias y los números primos. Por ejemplo, no se sabe si hay infinitos números primos de la forma $n^2 + 1$, es decir, números primos p en los que la congruencia cuadrática:

$$x^2 \equiv -1 \quad (\text{mód } p)$$

tenga solución.

4.6. Un pequeño teorema que sí cabe en el margen de una hoja

Hay un teorema destacable sobre los números primos, que es el llamado *pequeño teorema de Fermat*:

Teorema 4.6.1 (pequeño teorema de Fermat). *Si p es un número primo, a es un número entero, y $p \nmid a$, entonces:*

$$a^{p-1} \equiv 1 \pmod{p}.$$

Demostración. Tomamos el anillo de clases residuales $\mathbb{Z}/p\mathbb{Z}$. Como p es primo, por el Corolario 4.1.1, dicho anillo es un cuerpo y, por lo tanto, su grupo multiplicativo, formado por los elementos inversibles, es $\mathbb{Z}/p\mathbb{Z} - \{\overline{0}\}$, el cual tiene $p - 1$ elementos. Al cumplirse, por hipótesis, que $p \nmid a$, se tiene que $\overline{a} \neq \overline{0}$ y, por consiguiente, $\overline{a}$ está en dicho grupo[37]. Es un hecho bien conocido (se puede ver la demostración en la Proposición 3.2.10 de [7]) que en un grupo multiplicativo cualquier elemento del grupo elevado al número de elementos del grupo da como resultado el elemento neutro, que en este caso quiere decir que:

$$(\overline{a})^{p-1} = \overline{1}.$$

Finalmente, concluimos de ahí que:

$$a^{p-1} \equiv 1 \pmod{p}.$$

$\square$

Ejemplo 4.6.1. El número 7 es primo, y $7 \nmid 3$, luego $3^6 \equiv 1 \pmod 7$, como podemos comprobar[38] viendo que $3^6 = 729$, y $729 - 1 = 728 = 104 \cdot 7$.

Veamos una consecuencia importante del Teorema 4.6.1:

Corolario 4.6.1. *Si p es un número primo y $a \in \mathbb{Z}$, entonces:*

$$a^p \equiv a \pmod{p}.$$

---

[37]Con lo grande que es el grupo, lo difícil sería que no lo estuviera.
[38]Si no se acaban de fiar de lo que he demostrado.

Demostración. Si p no divide a a, entonces, por el pequeño teorema de Fermat, $a^{p-1} \equiv 1$ (mód p) y, multiplicando por a en ambos miembros, obtenemos:

$$a^p \equiv a \quad (\text{mód } p),$$

tal y como queríamos probar. Si, por el contrario, p divide a a, entonces $a \equiv 0$ (mód p) y, elevando ambos miembros a la p, llegamos a $a^p \equiv 0^p \equiv 0 \equiv a$ (mód p), por lo que el resultado se cumple de forma trivial. $\square$

La comunidad matemática puso el nombre pequeño teorema de Fermat al susodicho teorema para diferenciarlo del llamado *gran teorema de Fermat*, también llamado *último teorema de Fermat*. Este último (y nunca mejor dicho) fue enunciado por Pierre de Fermat en 1637 y viene a decir que, dado un exponente $n \geq 3$, la ecuación:

$$x^n + y^n = z^n$$

no tiene ninguna solución en números enteros con $x \neq 0, y \neq 0, z \neq 0$. Fermat se vino arriba y dijo que tenía una maravillosa demostración, pero que no tenía espacio para desarrollarla en el margen de la hoja del libro de la Arithmetica de Diofanto en la que había hecho la anotación[39]. Casi todo el mundo sospechó, tras devanarse los sesos intentando demostrar el teorema, que la 'demostración' de Fermat tendría probablemente algún error, y no fue hasta tres siglos después, en 1995, que Andrew Wiles lo demostró, usando técnicas de geometría algebraica, en un artículo de 98 páginas que ningún virtuoso de la miniaturización conseguiría encajar en el margen de una hoja.

Regresando de esta digresión fermatística, que no viene mucho al caso pero me moría de ganas de contársela, quisiera comentar que, aunque es pequeño, el pequeño teorema de Fermat no es cosa menor, es más, es cosa mayor, ya que es la base teórica de un conocido test de primalidad: el *test de primalidad de los pseudoprimos*.

---

[39]Hay que entender que Fermat tenía la costumbre de hacer anotaciones matemáticas en los márgenes de los libros, costumbre que ha ido siendo erradicada en siglos venideros a base de reglazos en las puntas de los dedos por los antecesores de la pedagogía moderna.

Simplemente, consiste en observar que, si n es primo y tomamos un número natural a cualquiera con $2 \leq a < n$, entonces, por el pequeño teorema de Fermat:

$$a^{n-1} \equiv 1 \pmod{n}.$$

Por lo tanto, si elegimos un a al azar en dicho rango y $a^{n-1} \not\equiv 1 \pmod{n}$, entonces...$n$ no puede ser primo[40].

Ejemplo 4.6.2. Si tomamos $n = 15$, entonces $2 \leq 5 < 15$, pero:

$$5^{14} = 6103515625$$

y:

$$6103515625 \equiv 10 \pmod{15}.$$

Dado que $5^{14} \not\equiv 1 \pmod{15}$, concluimos, como haría cualquier escolar de diez años sin usar el test de los pseudoprimos, que 15 es compuesto[41]. Verán que el número 6103515625 que hemos obtenido es gigantesco, aunque luego lo hemos reducido módulo 15, con lo que hemos obtenido un número mucho más pequeño, el 10. Una forma de que no nos queden números tan grandes es ir reduciendo módulo 15 en cada múltiplicación por 5. Así, $5^2 = 25$ y $25 \equiv 10 \pmod{15}$, $5^3 \equiv 10 \cdot 5 \equiv 5 \pmod{15}$, etc. Esto sigue siendo un problema para exponentes grandes, ya que tendríamos que hacer muuuuuuuuuchaaaaas multiplicaciones[42]. Afortunadamente hay un algoritrmo eficiente que nos evita morirnos del asco y el aburrimiento: el *algoritmo de exponenciación modular rápida*. No lo expondré al detalle con pseudocódigo y todas esas zarandajas, sino que expondré la idea y lo ilustraré con el ejemplo que estamos considerando: todo exponente se puede descomponer en base 2 y, como elevar a una suma de dos números es hacer el producto de

---

[40]Con esta argumentación se prueba que n es compuesto, pero esto no nos da una factorización en la forma $n = n_1 n_2$ con $2 \leq n_1, n_2 < n$, lo cual, a día de hoy, y si los ordenadores cuánticos no lo remedian, es notoriamente difícil cuando n tiene varios centenares de dígitos. De hecho, esta dificultad sustenta algunos sistemas de cifrado.

[41]Si el orden de magnitud del número fuera mucho mayor, al escolar se le empezaría a poner cuesta arriba la tarea dando una factorización explícita. Según los expertos, esa es la razón por la que en las escuelas no se factorizan números con 500 dígitos.

[42]No en este caso, ya que se ve un patrón de periodicidad sencillo en las potencias, pero para bases, exponentes y módulos grandes, sería poco factible hacer un número de multiplicaciones igual al exponente menos 1.

las correspondientes potencias, nos basta con tener un procedimiento ágil para elevar a un exponente que sea potencia de 2, o sea, a la 2, a la 4, a la 8, a la 16, etc. Esto se puede conseguir elevando varias veces al cuadrado. Por ejemplo, si $\overline{k}$ es un elemento de un anillo de clases residuales, entonces $\overline{k}^4 = (\overline{k}^2)^2$, $\overline{k}^8 = (\overline{k}^4)^2$ (se supone que el $\overline{k}^4$ lo tenemos calculado de la etapa anterior), $\overline{k}^{16} = (\overline{k}^8)^2$, y así sucesivamente. En nuestro ejemplo, la escritura en base 2 del exponente 14 es 1110, es decir, $14 = 8 + 4 + 2$, por lo que, si operamos en el anillo $\mathbb{Z}/15\mathbb{Z}$, tenemos que $\overline{5}^2 = \overline{10}, \overline{5}^4 = \overline{10}^2 = \overline{10}, \overline{5}^8 = \overline{10}^2 = \overline{10}$, y finalmente, $\overline{5}^{14} = \overline{5}^8 \cdot \overline{5}^4 \cdot \overline{5}^2 = \overline{10} \cdot \overline{10} \cdot \overline{10} = \overline{10}$, con lo que hemos llegado al mismo resultado con menos esfuerzo (en este caso, con un poco menos de esfuerzo, pero, si tienen que elevar a un exponente con varios centenares de cifras, verán la diferencia[43]).

Puede que se estén ustedes preguntando por qué se pone el prefijo 'pseudo' en el test de primalidad de los pseudoprimos. La razón de ello es que, aunque si no nos sale que $a^{n-1} \equiv 1$ (mód n), tal y como ocurría en el ejemplo, eso nos garantiza a ciencia cierta que n es compuesto, el recíproco no es cierto, es decir, puede ocurrir que $a^{n-1} \equiv 1$ (mód n) pero que n sea compuesto, haciéndose pasar por primo el muy ladino. Por ejemplo, si queremos saber si 341 es primo o es compuesto, si tomamos $a = 2$, observamos que $2^{340} \equiv 1$ (mód 341)[44], por lo que podríamos sospechar que 341 es primo. No es así realmente, ya que $341 = 11 \cdot 31$. Se dice en este caso que 341 es un pseudoprimo respecto de la base 2. Es decir, que el test de primalidad de los pseudoprimos es un test probabilístico: si la potencia no es congruente con 1 módulo n, es seguro que el número es compuesto, mientras que en caso de que sí lo sea, se puede probar que la probabilidad de que sea primo es de por lo menos 0.5 ('una de entre dos', para entendernos), salvo si n es uno de los llamados *números de Carmichael*, que son pseudoprimos respecto a todas las bases coprimas con n. En ese caso, no hay manera, siempre saldrá pseudoprimo salvo si aciertan por casualidad con una base a que divida a n. Si 0.5 les sabe a poco, lo que se suele hacer es probar con varias bases a para aumentar dicha probabilidad.

---

[43]Mejor dicho, no lo verán, porque haciéndolo de la forma larga no les daría la vida; de hecho, no les daría tiempo ni aunque hubieran comenzado a hacer las operaciones en el propio *Big Bang*.

[44]Les sugiero encarecidamente, si quieren cenar hoy, que lo hagan con el algoritmo de exponenciación modular rápida.

El llamado *teorema de Euler*[45] generaliza al pequeño teorema de Fermat, que es un caso particular para números primos:

Teorema 4.6.2 (teorema de Euler). *Si $n \in \mathbb{N}$ y $a \in \mathbb{Z}$, y si $mcd(a, n) = 1$, entonces:*

$$a^{\varphi(n)} \equiv 1 \pmod{n}.$$

Demostración. La idea central de la demostración es la misma que la del pequeño teorema de Fermat[46]. Como $\mathrm{mcd}(n, a) = 1$, por la Proposición 4.1.4 tenemos que la coclase $\overline{a}$ es inversible en el anillo $\mathbb{Z}/n\mathbb{Z}$[47], es decir, está en el grupo de unidades de dicho anillo. Por la Proposición 4.1.4 y la definición de la función fi de Euler, el número de elementos de ese grupo es $\varphi(n)$ y ahora deducimos de ahí que:

$$(\overline{a})^{\varphi(n)} = \overline{1}$$

y, por lo tanto:

$$a^{\varphi(n)} \equiv 1 \pmod{n}.$$

$\square$

Ejemplo 4.6.3. Se cumple que $400 = 2^2 \cdot 5^2$, luego $\varphi(400) = (4 - 2) \cdot (25 - 5) = 40$. Si tomamos $a = 21$, se cumple que $\mathrm{mcd}(400, 21) = 1$ y, por el teorema de Euler:

$$21^{40} \equiv 1 \pmod{400}^{[48]}.$$

Al igual que el pequeño teorema de Fermat tenía aplicaciones prácticas para obtener un test de primalidad, también el teorema de Euler en el caso en que n es compuesto

---

[45] Mejor dicho, uno de los teoremas de Euler, ya que este fue un matemático muy prolífico (en todos los sentidos de la palabra, ya que tuvo trece hijos, uno de los cuales, Johan Euler, siguió los pasos del padre y fue matemático y astrónomo) y hay varios teoremas que llevan su nombre. Por ejemplo, otro famoso teorema de Euler es el que dice que, si tenemos un poliedro convexo con v vértices, a aristas y c caras, entonces $v - a + c = 2$.

[46] ¡Por algo el teorema de Euler generaliza al pequeño teorema de Fermat!

[47] A diferencia del caso en que n es primo, cuando n es compuesto, este anillo no es un cuerpo.

[48] ¡Compruébenlo!

tiene interesantes aplicaciones a la criptografía, que es la ciencia que permite encriptar mensajes, de forma que si alguna persona que no es el legítimo destinatario del mensaje[49] lo intercepta, le parezca igual de inteligible que la factura de la luz y no pueda recuperar el contenido del mensaje enviado. Para tal fin, se elaboran unos protocolos llamados criptosistemas. Uno de los más conocidos, que utiliza el teorema de Euler, es el *criptosistema RSA*, llamado así en honor de sus creadores Rivest, Shamir y Adleman, que fueron obsequiados con partes alícuotas de sus iniciales en el nombre del mismo.

Dicho sistema se basa en el hecho de que, si n es un número compuesto que es producto de números primos muy grandes, del orden de varios centenares de dígitos cada uno[50], entonces es extremadamente difícil factorizar n en producto de primos, y también lo es hallar $\varphi(n)$[51].

Para explicar el funcionamiento de este sistema lo expondré en el caso más sencillo, en el que n es el producto de dos números primos distintos[52] p y q[53]. Para centrarnos en el tema, imagine que usted quiere registrarse en el sistema de forma que otros usuarios puedan enviarle mensajes de forma encriptada. Primeramente, elige dos primos distintos p y q con varios centenares de dígitos[54].

---

[49] *Hacker*, agente de los servicios secretos, portero del edificio, etc.

[50] Si bien es verdad que el número de dígitos 'no *hackeable*' que es necesario tomar depende del estado de la tecnología en cada momento, y un número de dígitos que hoy es seguro, mañana puede dejar de serlo ('mañana', evidentemente, se usa en sentido metafórico).

[51] La dificultad de esto último no se deriva meramente de la de factorizar, como podría pensarse a partir del Corolario 4.5.2, en el que se observa que es fácil calcular $\varphi(n)$ si conocemos la factorización de n en producto de primos. El tema es más sutil, ya que nos podríamos plantear si puede encontrarse un método eficiente para hallar $\varphi(n)$ sin conocer la descomposición de n (un poco como pasaba con el algoritmo de Euclides). En realidad, no es así, y no se conoce ninguna receta milagrosa para calcular $\varphi(n)$.

[52] Si fueran iguales, y este comentario es mitad en broma pero también mitad en serio, se podría conocer fácilmente la factorización: se tendría que $n = p^2$ donde p es... ¡la raíz cuadrada de n!

[53] La descripción es completamente análoga cuando aparecen más de dos primos en la factorización y además no se gana más seguridad con que haya más de dos primos, es decir, es esencialmente igual de difícil romper el criptosistema cuando $n = pq$ que cuando aparecen más de dos primos.

[54] No se asuste, no tiene por qué hacerlo usted mismo, hay empresas de servicios criptográficos que lo hacen por usted por un módico precio.

Después, escoge un número natural e con $1 < e < \phi(n)$, llamado *exponente*[55] *de encriptación*, menor que $\varphi(n)$ y que también sea coprimo con $\varphi(n)$[56]. El par:

$$(n, e)$$

es su *clave pública* y, como su propio nombre indica, no es ningún dato secreto, es más, conviene que la conozca mucha gente para que haya muchos usuarios que puedan comunicarse con usted, así que ya sabe, publíquela en el periódico, en Internet, etc[57]. Seguidamente, calcula usted un número natural d, llamado *exponente de desencriptación*, que satisface $1 < d < \varphi(n)$ y $ed \equiv 1 \pmod{\varphi(n)}$. Esto lo puede conseguir, gracias a su habilidad de cálculo, utilizando la Proposición $4.1.4$[58], la cual no solo nos dice cuándo una coclase es inversible, sino que nos da un método para hallar su inversa. El exponente d es su *clave privada* y este, a diferencia del exponente e, debe conocerlo solo usted y para nada debe hacerlo público en ningún sitio ni decírselo a nadie; guárdelo a buen recaudo en un escondrijo seguro en el que no tenga tentaciones de mirar nadie[59] porque le va a servir para desencriptar los mensajes que le envíen los demás usuarios del criptosistema.

Si ahora alguien quiere enviarle un mensaje cifrado, primero lo divide en grupos más o menos grandes de letras según sea el número de cifras de p y q y convierte cada grupo en un número natural menor que n, llamémosle c a tal número. Al número c se le suele llamar mensaje en claro[60].

---

[55]Aunque nos exponemos a no comprender todavía el por qué de esta terminología.

[56]Se lo puede hacer por un pequeño extra la misma empresa que le ha escogido los primos p y q. En este caso, e no tiene por qué ser grande y basta con que sea ≥ 3, por si se quiere ahorrar un dinerillo.

[57]También lo puede hacer la misma empresa, pero ya sabe que le tocará apoquinar.

[58]O pagando un dinero extra a la empresa de criptoseguridad, a la que, a estas alturas, está financiando los estudios, las clases de piano y las vacaciones de los hijos del director general.

[59]Como por ejemplo en el bote del brócoli.

[60]Que no deja de ser un mensaje no muy claro, dado que es un número, pero como este proceso de conversión de grupos de letras a números, y viceversa, es matemáticamente sencillo, se entiende que es igual de comprensible y cristalino que el mensaje con letras, y la dificultad de entender el mensaje encriptado no proviene de esto. Por otra parte, no está claro que un mensaje verbal sea claro, como puede testificar quien haya visto un monólogo de Groucho Marx en una película, no sé si está claro (¡claro que lo está!).

Ahora, si una persona quiere enviarle el mensaje en claro c, con $0 \leq c < n$, lo que hace es calcular c^e módulo n, es decir, el resto de dividir c^e entre n. Como lo que se ha hecho es elevar (modularmente) al exponente e, podemos pensar, desempolvando nuestros viejos libros de matemática elemental, que un *hacker* tan solo tiene que sacar la raíz e-ésima para recuperar el mensaje original, lo cual pondría en entredicho la reputación científica de Rivest, Shamir y Adleman. La genialidad del criptosistema está en que esto es extremadamente difícil cuando n no es potencia de un primo, lo cual se cumple en nuestro caso, ya que $n = pq$, donde p y q son dos primos distintos. Pero usted no es un *hacker* cualquiera[61] y dispone de una pieza de información adicional: su exponente d de desencriptación. Seguidamente hace usted el mejor uso que se le puede dar a un exponente, a saber, elevar algo a dicho número, de forma que calcula $(c^e)^d$ módulo n. Obviamente, esto es lo mismo que c^{ed} y, como $ed \equiv 1 \pmod{\varphi(n)}$, existe un entero m tal que:

$$ed = 1 + m\varphi(n).$$

Vamos a probar que el proceso de desencriptación anteriormente descrito efectivamente cumple su función, que es desencriptar[62], es decir, vamos a demostrar que $c^{ed} \equiv c$ $\pmod{n}$. Supongamos primero que $\mathrm{mcd}(c,n) = 1$, o sea, que c y n son primos entre sí. Si usted, que recibe el mensaje encriptado c^e, lo eleva a su exponente privado d, obtiene:

$$(c^e)^d \equiv c^{ed} \equiv c^{1+m\varphi(n)} \equiv c \cdot (c^{\varphi(n)})^m \pmod{n}. \qquad (4.15)$$

Pero, por el teorema de Euler:

$$c^{\varphi(n)} \equiv 1 \pmod{n},$$

luego la expresión (4.15) nos da $c \cdot 1^m \equiv c \pmod{n}$, es decir, que recupera el mensaje en claro c que le habían enviado.

Supongamos ahora que c y n no son primos entre sí, es decir, que $\mathrm{mcd}(c,n) > 1$. Esto querría decir que c es múltiplo o bien de p o bien de q. Dado que p y q tienen centenares

---

[61]No es un *hacker* en ningún sentido, se entiende.

[62]El mensaje está encriptado, ¿quién lo desencriptará?, el desencriptador que lo desencripte buen desencriptador será.

de dígitos, esto es tan poco probable como ir a leer un libro a un pajar y pincharse con la aguja, pero es una posibilidad teórica que tenemos que considerar. Afortunadamente, el proceso de desencriptación descrito cuando c y n eran coprimos funciona también en este caso, y únicamente hay que justificar por qué. Lo haremos solo cuando p divide a c, ya que la demostración es esencialmente la misma y solo hay que intercambiar la p y la q (¡les *qrometo pe* es así!). Si $c = 0$, entonces se cumple de forma trivial lo que estamos buscando, ya que $c^{ed} = 0$, y $0 \equiv c$ (mód n). Supongamos, entonces, que $c > 0$.

Veamos primero lo que pasa 'módulo p'. Como $p \mid c$, se deduce que $c^{ed} \equiv 0 \equiv c$ (mód p).

Y ahora veamos lo que pasa 'módulo q'. Al ser $c < n$, se tiene que c es coprimo con q pues, como $c > 0$, si c no fuese coprimo con q, sería divisible por p y q y, al ser p y q primos distintos y, por consiguiente, primos entre sí, c sería divisible también por pq, que es igual a n, y esto contradice que $c < n$. Por lo tanto, por el pequeño teorema de Fermat, $c^{q-1} \equiv 1$ (mód q), de donde deducimos que:

$$c^{ed} \equiv c^{1+m\varphi(n)} \equiv c^{1+m(p-1)(q-1)} \equiv c \cdot \left(c^{q-1}\right)^{(p-1)m} \equiv c \cdot 1^{(p-1)m} \equiv c \quad (\text{mód } q).$$

Hemos probado que $p \mid (c^{ed} - c)$ y que $q \mid (c^{ed} - c)$. Como p y q son primos distintos, son coprimos y por lo tanto n, que es igual a pq, también divide a $c^{ed} - c$, con lo que:

$$c^{ed} \equiv c \quad (\text{mód } n).$$

Realmente, la demostración podría evitar pasar por el teorema de Euler y podríamos razonar mirando localmente $c^{ed} - c$ módulo p y módulo q usando el pequeño teorema de Fermat (y en algunos textos se suele hacer así), pero he preferido separar el caso 'gordo' en que c no es divisible ni por p ni por q, porque ahí el teorema de Euler sintetiza perfectamente por qué el método funciona.

Ejemplo 4.6.4. Bob quiere poder recibir mensajes con el criptosistema RSA, y para ello contrata los servicios de la prestigiosa empresa ACME de ciberseguridad, que elige los primos 43 y 71^{63}. El módulo con el que se va a trabajar es

$$n = 43 \cdot 71 = 3053.$$

Se cumple que $\varphi(n) = 42 \cdot 70 = 2940$. La empresa elige el exponente de encriptación 11, el cual es válido, ya que satisface la condición de que $\mathrm{mcd}(11, 2940) = 1^{64}$. Seguidamente, halla un número natural d que cumpla que $ed \equiv 1 \pmod{2940}^{65}$. Solo hay uno entre 1 y 2939, y es $d = 1871$. A continuación, la empresa le entrega a Bob tres cosas: la factura, su clave pública $(n, e) = (3053, 11)$ y su clave privada $d = 1871$. Bob hace pública, valga la redundancia, su clave pública. Ahora, Alice quiere enviarle un mensaje a Bob[66], que codifica como 1534 [67] y encripta su mensaje hallando 1534^{11} módulo 3053, lo que da 2355, que es el mensaje encriptado que recibe Bob. Para desencriptarlo, halla el valor módulo 3053 de 2355^{1871}, que es, como no podía ser de otra manera[68], 1534.

Pueden aprender más cosas sobre divisibilidad y aritmética modular en [1] y sobre las aplicaciones de la aritmética modular a la criptografía en [2].

4.7. Ejercicios

1. Decir razonadamente si son ciertas o falsas las siguientes afirmaciones:

   a) Si n es un número natural, entonces $\mathbb{Z}/n\mathbb{Z}$ es cuerpo.

   b) Si a, b, n son números naturales y la congruencia $ax \equiv b \pmod{n}$ tiene una solución entera, entonces tiene infinitas soluciones enteras.

---

[63]Ni los primos se han elegido con centenares de dígitos, para facilitar la comprensión por parte de los lectores del proceso a seguir, ni la empresa ACME es prestigiosa, como puede atestiguar el coyote.

[64]Lo puede comprobar fácilmente utilizando el algoritmo de Euclides.

[65]Esto último lo puede hacer casi por el mismo precio que la comprobación de que 11 y 2940 son primos entre sí si en vez del algoritmo de Euclides ordinario usa el extendido.

[66]Es un chiste muy usado (y ya viejuno) en criptografía llamar Alice y Bob al emisor y al receptor, respectivamente, de un mensaje, ya que matemáticamente los símbolos que tenemos más a mano son las letras A y B, de forma que diríamos 'un emisor A quiere enviarle un mensaje a un receptor B'.

[67]La ley de protección de datos nos impide decir el mensaje con letras que se corresponde con dicho número.

[68]A no ser que nos hubiéramos equivocado en las cuentas.

c) Si la congruencia $ax \equiv b \pmod{n}$ tiene solución y si $x = k_1$ y $x = k_2$ son soluciones de dicha congruencia, entonces $k_1 \equiv k_2 \pmod{n}$.

d) Si $a, b, n, m \in \mathbb{Z}$, el sistema de congruencias

$$\begin{cases} x \equiv a \pmod{n} \\ x \equiv b \pmod{m} \end{cases}$$

admite solución.

2. Decidir si las siguientes clases residuales son inversibles en los correspondientes anillos y, en caso de que lo sean, hallar los respectivos inversos:

   a) $\overline{1400}$ en $\mathbb{Z}/2239\mathbb{Z}$,

   b) $\overline{370}$ en $\mathbb{Z}/1404\mathbb{Z}$,

   c) $\overline{-890}$ en $\mathbb{Z}/4137\mathbb{Z}$,

   d) $\overline{964}$ en $\mathbb{Z}/467\mathbb{Z}$.

3. Dar un criterio de divisibilidad por los primos 7 y 11, respectivamente.

4. Aunque los criterios de divisibilidad por k son especialmente útiles cuando k es primo en el caso de que queramos aplicarlos para factorizar un número, también es fácil hallarlos cuando no lo es. Dar un criterio de divisibilidad entre $4, 8$ y 9, respectivamente.

5. Probar que, si m_1 y m_2 son primos entre sí, entonces un número es divisible por $m_1 m_2$ si y solo si es divisible por m_1 y por m_2.

6. Utilizar el ejercicio anterior para hallar criterios de divisibilidad entre $6, 10$ y 12, respectivamente.

7. Decidir si las siguientes congruencias tienen solución y, en el caso de que la tengan, determinar las soluciones:

   a)
   $$209x \equiv 132 \pmod{209},$$

b)

$$545x \equiv 475 \quad (\text{mód } 1105),$$

c)

$$49x \equiv 7 \quad (\text{mód } 196),$$

d)

$$10x \equiv -14 \quad (\text{mód } 227).$$

8. Encontrar, cuando existan, las soluciones de las siguientes ecuaciones en $\mathbb{Z}/49\mathbb{Z}$:

a)

$$\overline{8}x = \overline{11},$$

b)

$$\overline{7}x = \overline{14},$$

c)

$$\overline{21}x = \overline{5}.$$

9. Demostrar por inducción sobre n, utilizando la fórmula del binomio de Newton, que si p es primo, entonces $n^p \equiv n \ (\text{mód } p) \forall n \in \mathbb{N}$ y obtener a partir de ahí una demostración, alternativa a la ya vista, del pequeño teorema de Fermat.

10.   a) Hallar, utilizando el pequeño teorema de Fermat, $\overline{17}^{21840}$ en $\mathbb{Z}/23\mathbb{Z}$.

     b) Hallar, utilizando el teorema de Euler, $\overline{5}^{18411}$ en $\mathbb{Z}/36\mathbb{Z}$.

11. Resolver, siguiendo la línea de demostración del teorema chino de los restos, los siguientes sistemas de congruencias:

a)

$$\begin{cases} x \equiv 965 \quad (\text{mód } -1517), \\ x \equiv 1214 \quad (\text{mód } 1357). \end{cases}$$

$b)$

$$\begin{cases} x \equiv 24 \quad (\text{mód } 149), \\ x \equiv -20 \quad (\text{mód } 551), \\ x \equiv 39 \quad (\text{mód } 623). \end{cases}$$

12. $a)$ Resolver, siguiendo la línea de demostración del teorema chino de los restos, el sistema de congruencias:

$$\begin{cases} x \equiv 14 \quad (\text{mód } 129), \\ x \equiv 23 \quad (\text{mód } 31). \end{cases}$$

 $b)$ ¿Cuál es el menor número natural que satisface las congruencias del apartado anterior?

 $c)$ ¿Cuál es el menor número natural que las satisface y es mayor que 5000?

 $d)$ ¿Cuántos números enteros entre -1950 y 7491 las satisfacen?

13. $a)$ Probar que el sistema de congruencias:

$$\begin{cases} x \equiv a_1 \quad (\text{mód } n_1) \\ x \equiv a_2 \quad (\text{mód } n_2) \end{cases}$$

tiene solución si y solo si:

$$\text{mcd}(n_1, n_2) \mid (a_1 - a_2),$$

y que esta es única módulo $\text{mcm}(n_1, n_2)$ (esto generaliza el caso de dos congruencias del teorema chino de los restos).

b) Generalizar el apartado anterior dando condiciones necesarias y suficientes para que el sistema:

$$\begin{cases} x \equiv a_1 \pmod{n_1} \\ \vdots \\ x \equiv a_k \pmod{n_k} \end{cases}$$

admita solución y estudiando la unicidad de la misma módulo un entero apropiado.

14. Utilizar el problema anterior y la teoría vista sobre la resolución de congruencias lineales para ver si los siguientes sistemas de congruencias tienen solución y, en caso de que la tengan, hallarla:

a)

$$\begin{cases} 2x \equiv 3 \pmod{4}, \\ 3x \equiv 2 \pmod{5}. \end{cases}$$

b)

$$\begin{cases} x \equiv 2 \pmod{6}, \\ -7x \equiv 9 \pmod{10}. \end{cases}$$

c)

$$\begin{cases} 15x \equiv 6 \pmod{27}, \\ x \equiv 7 \pmod{15}, \\ 2x \equiv 1 \pmod{7}. \end{cases}$$

Capítulo 5

Cifras y letras

5.1. Números de quita y pon

Es fácil hacer operaciones con números concretos, pero ¿qué pasa si son números de los que no sabemos cuánto valen[1] y queremos averiguarlo, como cuando resolvemos una ecuación?, ¿o si son números que no son fijos y van a ir cambiando, como cuando estudiamos las funciones? Por poner un ejemplo concreto, para saber por cuánto nos va a salir la factura de la electricidad en un mes determinado, este coste podría venir dado por una expresión del tipo $20 + 1.5X$, donde 20 es el coste fijo por tener la instalación eléctrica y X es el número de kilovatios consumidos. O, para señalar un último ejemplo, ¿qué hacemos si los números no son cantidades deterministas, sino que siguen una distribución de probabilidad concreta[2]?

Es conveniente, por lo tanto, disponer de formas de representar cantidades no determinadas. A estos objetos matemáticos se les suele llamar, no sorprendentemente, 'indeterminadas' y, a los que obtenemos combinando indeterminadas y números[3], polinomios.

---

[1]Matemáticamente hablando, claro está, no es que estén a la venta.

[2]Esto ocurre también en el estudio del consumo eléctrico, donde tenemos unas pautas de consumo probabilísticas, pero aquí quiero hacer hincapié en que el cálculo se hace sobre variables aleatorias. Incluso hay una complejísima (al menos para mí) teoría de cálculo diferencial e integral estocástico y de integrales estocásticas.

[3]O, más en general, elementos de un anillo conmutativo y unitario en vez de números.

La etimología del término viene del griego *polys* (muchos) y *nómos* (regla o prescripción).

Como ven, el nombre no viene de esos simpáticos seres que tenemos en nuestros jardines[4].

Si $(A, +, \cdot)$ es un anillo conmutativo y unitario[5], un *polinomio* en la *indeterminada* X con coeficientes en A es una expresión algebraica de la forma:

$$\sum_{i=0}^{n} a_i X^i, \text{ donde } n \in \mathbb{Z}_{\geq 0} \text{ y } a_i \in A \ \forall i.$$

Cuando $n = 0$, se conviene que dicho sumatorio es a_0. Los elementos $a_0, a_1, \ldots, a_n$ se llaman *coeficientes* del polinomio.

Pueden ustedes alegar que la definición es imprecisa, ya que la planteamos en términos de una indeterminada que no hemos definido con rigor matemático y, por lo tanto, esas expresiones $\sum_{i=0}^{n} a_i X^i$ tampoco están rigurosamente definidas. En el apéndice del libro haremos la construcción rigurosa de dichos polinomios a partir de objetos conocidos[6].

Ejemplo 5.1.1. Si tomamos como A el anillo (¡de hecho, cuerpo!) de los números reales, entonces:

$$X^4 + \frac{19}{\pi}X^2 - \sqrt{7}X + 2$$

es un polinomio (no importa que no aparezca un término en X^3, simplemente este aparece con coeficiente 0, como $0 \cdot X^3$).

El conjunto de todos los polinomios en la indeterminada X con coeficientes en A se suele denotar por $A[X]$. Los elementos de A se pueden ver como polinomios de $A[X]$ de la forma $a + 0 \cdot X + 0 \cdot X^2 + \ldots$. A este tipo de polinomios se les suele llamar *polinomios constantes*[7].

Los polinomios de la forma aX^n, con $a \in A$ y $n \in \mathbb{Z}_{\geq 0}$, se denominan *monomios*. Obviamente, todo polinomio es una suma de monomios (la operación formal de suma de polinomios se verá enseguida, pero, a buen entendedor, pocos monomios le bastan).

---

[4]Me refiero a los de piedra, evidentemente, ya hace por lo menos un par de años que dejé de creer en gnomos.

[5]La mayoría de las veces serán números enteros, racionales, reales o complejos.

[6]¿Que por qué no lo hago ahora? Para no asustar con una definición poco intuitiva y evitar que dejen de seguir leyendo el libro; si han llegado hasta aquí sería una pena que abandonaran (el humor no quita el rigor, pero el rigor sí quita el humor).

[7]La razón de esta terminología es que, en este caso, la función asociada es una función constante.

Si $P^8 = \sum_{i=0}^{n} a_i X^i$ es un polinomio y $a_n \neq 0$, se dice que el polinomio P es de *grado n*,

y que a_n es su *coeficiente director*. Un polinomio se dice *mónico* cuando su coeficiente

director es 1. Denotaremos por grad(P) al grado del polinomio P. Al polinomio nulo no se

le asigna grado[9]. No obstante lo anterior, algunos autores definen el grado del polinomio

0 como $-\infty$[10].

Si $\sum_{i=0}^{n} a_i X^i$ es un polinomio, a a_0 se le llama *término independiente* del polinomio.

Ejemplos 5.1.2.

1. El polinomio $-17X^5 - 2X^2 + 4X$ de $\mathbb{Q}[X]$ es de grado 5 y su coeficiente director

   es -17 y, por lo tanto, no es mónico. Su término independiente es 0.

2. El polinomio $X^7 + X^3 + 2$ de $\mathbb{R}[X]$[11] es de grado 7 y es mónico. Su término

   independiente es 2.

Los polinomios se pueden sumar y multiplicar. La suma, que veremos ahora, es muy

sencilla; simplemente se suman los coeficientes de cada polinomio:

---

[8]He puesto simplemente P en la notación del polinomio, no es necesario poner $P(X)$ indicando explícitamente la indeterminada, e incluso es más conveniente hacerlo así, ya que denotar una indeterminada por X es simplemente un convencionalismo (se podría haber usado Y, o Z, etc.) y, de hecho, como veremos en la definición rigurosa del apéndice, la indeterminada es un objeto intrínseco al conjunto de polinomios (concretamente, la sucesión $0, 1, 0, 0, \ldots$) que no lleva asociada un símbolo concreto. No obstante, cuando elijan el nombre de una indeterminada, sean consistentes con dicha elección y no la cambien, sería muy confuso para el lector ver que el polinomio $2X + 1$ se convierte de repente en $2Y + 1$, sobre todo si estamos en un anillo de$A[X, Y]$ de polinomios en dos indeterminadas, en cuyo caso, además de confuso, sería erroneo; otra cosa distinta es que, en un momento dado, hagan un cambio (advirtiendo previamente a la peña) del tipo $X^2 = T$. Esto es válido y se hace, por ejemplo, para resolver ecuaciones bicuadradas. No hay incorrección en ello y, simplemente, quiere decir que un mismo objeto matemático puede verse, al mismo tiempo y según convenga, como un polinomio en X o como un polinomio en T. Por cierto: la comisión del Guinness ha decidido por unanimidad que esta es la nota a pie de página más larga del texto.

[9]Es un error habitual, pero no por ello deja de ser error, creer que el polinomio nulo tiene grado 0. Si fuera así, se tendría que el mayor índice j tal que $a_j \neq 0$ sería $j = 0$, es decir, se tendría $a_0 \neq 0$ y $a_i = 0 \forall i > 0$ y así $\sum_{i=0}^{n} a_i X^i \neq 0$, lo cual contradice que el polinomio sea nulo. Los polinomios de grado 0 son las constantes no nulas, es decir, los elementos de $A - \{0\}$.

[10]La recta real ampliada con $-\infty$ y $+\infty$ se verá en el próximo capítulo.

[11]¿Por qué este en $\mathbb{R}[X]$ y el anterior en $\mathbb{Q}[X]$? Porque me da la gana y porque es correcto, ya que 1 y 2 también son números reales.

Definición 5.1.1. *Si* $P = \sum_{i=0}^{n} a_i X^i$ *y* $Q = \sum_{i=0}^{n} b_i X^i$, *entonces:*

$$P + Q = \sum_{i=0}^{n} c_i X^i,$$

donde $c_i = a_i + b_i$.

Es decir,

$$\sum_{i=0}^{n} a_i X^i + \sum_{i=0}^{n} b_i X^i = \sum_{i=0}^{n} (a_i + b_i) X^i.$$

Se observa que el sumatorio en ambos polinomios va desde 0 hasta n. ¿Qué pasa si son de grados distintos? No pasa nada, simplemente añadimos al de grado menor monomios con coeficiente 0.

Ejemplo 5.1.3. Si tomamos $A = \mathbb{Q}$, $(X^2 - 1 + X) + (-\frac{X}{3} + \frac{X^3}{2} + X^4) = (-1 + 1 \cdot X + 1 \cdot X^2 + 0 \cdot X^3 + 0 \cdot X^4) + (0 - \frac{1}{3} X + 0 \cdot X^2 + \frac{1}{2} X^3 + 1 \cdot X^4) = (-1 + 0) + (1 - \frac{1}{3})X + (1 + 0)X^2 + (0 + \frac{1}{2})X^3 + (0 + 1)X^4 = -1 + \frac{2}{3} X + X^2 + \frac{1}{2} X^3 + X^4$.

En el ejemplo anterior han observado tres cosas: una, que cuando un coeficiente es 1 no se pone dicho coeficiente y solo se pone la potencia de X; así, en vez de $1 \cdot X^2$ escribimos X^2. Otra, que cuando un coeficiente es 0 no se pone el monomio; por ejemplo, en $3 + 0 \cdot X^{159841792203}$ ponemos solo 3 (¡qué alivio!). La tercera, que los términos de un polinomio no tienen por qué darse ordenados, como ocurre en el primer sumando, en el que los grados de los monomios van dando saltos[12]. Lo habitual es ordenar los monomios de grado mayor a grado menor y así lo haremos normalmente, pero tampoco es infrecuente hacerlo al revés, de menor a mayor, como he hecho en este caso (salvo el primer sumando díscolo), para que concuerde con el orden dado en los índices del sumatorio en la definición dada de suma de polinomios.

Con respecto a la multiplicación, esta se define con vistas a que se cumpla la propiedad distributiva de forma que, por ejemplo, el producto de los polinomios $2 + 3X - \frac{X^2}{2}$ y $-1 - \frac{2X}{3} + X^2$ sea $2(-1) + 2 \cdot \frac{-2}{3} X + 2 \cdot 1 \cdot X^2 + 3 \cdot (-1)X + 3 \cdot \frac{-2}{3} X^2 + 3 \cdot 1 \cdot X^3 + \frac{-1}{2}(-1)X^2 + \frac{-1}{2} \cdot \frac{-2}{3} X^3 + \frac{-1}{2} \cdot 1 \cdot X^4$ y esto, agrupando monomios con el mismo exponente de X, nos da $2 \cdot (-1) + ((2 \cdot \frac{-2}{3}) + 3 \cdot (-1))X + (2 \cdot 1 + 3 \cdot (\frac{-2}{3}) + (\frac{-1}{2}) \cdot (-1))X^2 + (3 \cdot 1 + (\frac{-1}{2}) \cdot (\frac{-2}{3}))X^3 + (\frac{-1}{2}) \cdot 1 \cdot X^4$, que es igual a $-2 - \frac{13}{3} X + \frac{1}{2} X^2 + \frac{10}{3} X^3 - \frac{1}{2} X^4$. Aquí, de nuevo, he ordenado los monomios

---

[12]Esto, mayormente, se suele hacer para 'cazar' al alumno en los exámenes.

de grado menor a grado mayor para que concuerde con el orden de los índices en el sumatorio de la siguiente definición general de producto:

Definición 5.1.2. *Si* $P = \sum_{i=0}^{n} a_i X^i$ *y* $Q = \sum_{i=0}^{m} b_i X^i$, *entonces:*

$$P \cdot Q = \sum_{i=0}^{n+m} c_i X^i,$$

donde $c_i = \sum_{\substack{j,k \geq 0 \\ j+k=i}} a_j b_k$ [13] [14].

Las dos operaciones ya definidas nos vienen como anillo al dedo:

Proposición 5.1.1. *Si* $(A, +, \cdot)$ *es un anillo conmutativo y unitario, entonces* $(A[X], +, \cdot)$ *también es un anillo conmutativo y unitario.*

Demostración. La demostración no tiene ninguna dificultad y se propone en los ejercicios del final del capítulo; tan solo señalaré que el elemento neutro de la suma es el polinomio $0 = 0 \cdot X^0$, el elemento neutro de la multiplicación es el polinomio $1 = 1 \cdot X^0$ y el opuesto del polinomio:

$$P = \sum_{i=0}^{n} a_i X^i$$

es el polinomio:

$$-P = \sum_{i=0}^{n} (-a_i) X^i,$$

en el que se toman los respectivos opuestos de los coeficientes. $\qquad\square$

Al anillo de la proposición anterior se le llama *anillo de polinomios* con coeficientes en A en la indeterminada X.

Ejemplo 5.1.4. El opuesto del polinomio $X^3 - 3X + 1$ en $\mathbb{Q}[X]$ es $-X^3 + 3X - 1$, ya que:

$$(X^3 - 3X + 1) + (-X^3 + 3X - 1) = (1-1)X^3 + (-3+3)X + (1-1) = 0 \cdot X^3 + 0 \cdot X + 0 = 0.$$

---

[13]En realidad, los índices j y k no son independientes, ya que están ligados por la condición de que su suma sea i. Por ejemplo, $k = i - j$. Es decir, que en la definición podríamos haber puesto un sumatorio en j de productos $a_j b_{i-j}$.

[14]Estrictamente hablando, los índices j y k dependen de i, por lo que hubiera sido más riguroso poner $\sum_{\substack{j_i, k_i \geq 0 \\ j_i + k_i = i}} a_{j_i} b_{k_i}$, pero me perdonarán ustedes la licencia para evitar un infierno de notación.

Aunque la definición de $A[X]$ es válida para anillos conmutativos y unitarios cualesquiera, el caso más interesante se da cuando el anillo es un cuerpo, es decir, cuando tiene más de un elemento y todo elemento no nulo es inversible.

Veamos cómo se comporta el grado respecto de las operaciones de suma y multiplicación:

Proposición 5.1.2. *Sean* $P = \sum_i a_i X^i, Q = \sum_i b_i X^i \in K[X] - \{0\}$*, donde* K *es un cuerpo.*

1. Si $P + Q \neq 0$*, entonces:*

$$grad(P + Q) \leq \max\{grad(P), grad(Q)\}.$$

2. El producto PQ *es no nulo y:*

$$grad(PQ) = grad(P) + grad(Q).$$

Demostración. Sean n y m los grados de P y Q. Si $i > \max\{n, m\}$, entonces $a_i = 0$ y $b_i = 0$, luego también $a_i + b_i = 0$, por lo cual el mayor coeficiente no nulo de $P + Q$ se corresponde con un índice menor o igual que $\max\{n, m\}$[15] y esto demuestra la parte 1. Para demostrar la parte 2, si $i > n + m$ y $j + k = i$ con $j, k \geq 0$, entonces, o bien $j > n$, en cuyo caso $a_j = 0$ y $a_j b_k = 0$, o $k > m$[16] y, en este caso, $b_k = 0$ y $a_j b_k = 0$[17]. Así:

$$\sum_{\substack{j,k \geq 0 \\ j+k=i}} a_j b_k = 0,$$

y el coeficiente de X^i en el producto PQ es 0. Por otro lado, el coeficiente de X^{n+m} es $a_n b_m$[18] y este producto es no nulo, ya que es el producto de dos elementos distintos de 0 en un cuerpo. $\square$

---

[15]Puede ser menor que $\max\{n, m\}$ como ocurre, por ejemplo, con los polinomios $X^2 - X + 1$ y $-X^2 + 3X + 2$ de $\mathbb{R}[X]$, que son de grado 2, pero su suma es $2X + 3$, que es de grado 1.

[16]Ya que si fuera $j \leq n$ y $k \leq m$ se tendría que $j + k \leq n + m$, lo cual contradice que $i = j + k$ y $i > n + m$.

[17]En ambos casos se llega a la misma conclusión.

[18]En este caso, las formas de elegir $j, k \geq 0$ tales que $j + k = n + m$ entran más justas que un zapato con calzador.

Proposición 5.1.3. *Si $P, Q \in K[X]$, donde K es un cuerpo, entonces $PQ = 0$ si y solo si $P = 0$ o $Q = 0$.*

Demostración. Es evidente que, si $P = 0$ o $Q = 0$, entonces $PQ = 0$. La afirmación recíproca es equivalente a probar que, si $P, Q \neq 0$, entonces $PQ \neq 0$, lo cual es consecuencia de la parte 2 de la proposición anterior, ya que entonces $\mathrm{grad}(P) \geq 0, \mathrm{grad}(Q) \geq 0$ y $\mathrm{grad}(PQ) = \mathrm{grad}(P) + \mathrm{grad}(Q) \geq 0$, y los polinomios 'con grado' son no nulos. □

5.2. ¿Y qué pasa con la división?

Eso, ¿qué pasa con la división? ¿Se puede dividir siempre un polinomio P entre otro polinomio no nulo Q? No en el sentido de que haya un polinomio C que satisfaga $CQ = P$. Por ejemplo, no se puede dividir en $\mathbb{R}[X]$ el polinomio 1 entre $X^2 + 1$, ya que, al multiplicar $X^2 + 1$ por otro polinomio C, si $C = 0$, entonces $C \cdot (X^2 + 1) = 0$ y, por lo tanto, no da 1 y, si $C \neq 0$, entonces $C \cdot (X^2 + 1)$ es de grado mayor o igual que 2 y no puede ser igual al polinomio 1, que es de grado 0. Mis alumnos dirían "Luis, nos estás poniendo un ejemplo capcioso"[19], es obvio que al ser el grado del numerador P menor que el del denominador Q no puede haber ningún polinomio C que cumpla $CQ = P$. Para salvaguardar mis dotes pedagógicas, veremos un ejemplo en el que no ocurre esto: en $\mathbb{Q}[X]$, el polinomio $X^2 + X + 1$ no se puede dividir por el polinomio $X - 1$. Supongamos, por reducción al absurdo, que sí se pudiera, y que hubiera un polinomio C que cumpla que $X^2 + X + 1 = C \cdot (X - 1)$. Sustituyendo la X por 1, llegaríamos a que $1^2 + 1 + 1 = C(1) \cdot (1 - 1) = 0$ y, por lo tanto, llegaríamos a que $3 = 0$, lo cual es ciertamente falso[20].

No obstante, sí que se puede dividir si relajamos la condición de que no sobre nada, es decir, que el *dividendo* sea igual al *divisor* por el *cociente* y permitimos que 'sobre algo', pero que lo que sobre sea 'poco', en un sentido que especificaremos enseguida, de tal forma que el dividendo sea igual al divisor por el cociente más el *resto*, donde el resto es lo que sobra. A esto se le llama *división con resto* y también *división euclídea*, y se parece mucho a la división con resto de números enteros que vimos en otro capítulo.

---

[19]En serio, lo dicen.

[20]Valga lo poco afortunado de la combinación de adverbios.

En dicha división con resto el resto era 'más pequeño' que el divisor en el sentido de que tenía menor valor absoluto. En el caso de los polinomios no podemos hablar de su valor absoluto, pero no partimos de la nada, ya que la experiencia es un grado, y podemos usar el grado de los polinomios a la hora de compararlos.

Siendo más formales[21], podemos expresar lo comentado anteriormente de esta forma:

Proposición 5.2.1. *Si K es un cuerpo y $P, Q \in K[X]$ y $Q \neq 0$, entonces existen $C, R \in K[X]$ tales que $P = CQ + R$, con $R = 0$ o $R \neq 0$ y $grad(R) < grad(Q)$.*

Demostración. Si $P = 0$, entonces podemos tomar $C = R = 0$. En otro caso, podemos suponer que $\deg(P) \geq \deg(Q)$, ya que, si no, se puede tomar $C = 0, R = P$. Demostraremos la proposición por inducción completa sobre $grad(P)$. Si $grad(P) = 0$, entonces también $grad(Q) = 0$, pongamos $P = c_1, Q = c_2$. Ahora, basta tomar $C = c_1 c_2^{-1}$ y $R = 0$. Supongamos que es cierto para polinomios de grado $< n$ y sea $P = a_n X^n + \cdots + a_0$ un polinomio de grado n. Si $\deg(Q) = m$, supongamos que $Q = b_m X^m + \cdots + b_0$. Si $P - a_n b_m^{-1} X^{n-m} Q = 0$, el resultado es cierto con $C = a_n b_m^{-1} X^{n-m}$ y $R = 0$. En otro caso, $grad(P - a_n b_m^{-1} X^{n-m} Q) < n$, ya que se cancelan el $a_n X^n$ de P con el $-a_n b_m^{-1} b_m X^{n-m} X^m$ de $-a_n b_m^{-1} X^{n-m} Q$. Ahora, se tiene por hipótesis de inducción que existen $C', R \in K[X]$ tales que:

$$P - a_n b_m^{-1} X^{n-m} Q = C'Q + R,$$

de donde se deduce el resultado con $C = C' + a_n b_m^{-1} X^{n-m}$. □

Pueden observar que la demostración anterior nos da un método eficiente para calcular el cociente C y el resto R de la división y que este método es el algoritmo que ya utilizaban en la escuela para dividir polinomios.

Si $R = 0$, se dice que la división es exacta.

Ejemplos 5.2.1.

1. La división de $X^2 - 1$ entre $X + 1$ en $\mathbb{Q}[X]$ es exacta, ya que:

$$X^2 - 1 = (X - 1)(X + 1) + 0.$$

---

[21]Lo cual al autor siempre le ha costado Dios y ayuda.

2. Por el contrario, la división de $X^3 - X + 1$ entre $X^2 + 1$ en $\mathbb{R}[X]$ no es exacta, pues:

$$X^3 - X + 1 = X(X^2 + 1) - 2X + 1.$$

A diferencia de la división con resto en $\mathbb{Z}$, los polinomios C y R sí son únicos, ya que si:

$$C_1 Q + R_1 = C_2 Q + R_2,$$

entonces $(C_1 - C_2)Q = R_2 - R_1$ y, por lo tanto, $R_2 - R_1$ tiene que ser 0, ya que, en caso contrario, por la parte 2 de la Proposición 5.1.2, su grado sería mayor o igual que el grado de Q, lo cual contradice la propiedad del resto, pues por la parte 1 de la Proposición 5.1.2 el grado de $R_2 - R_1$ también es menor que el de Q. De esta forma, $R_1 = R_2$ y $(C_1 - C_2)Q = 0$ y, como $Q \neq 0$, concluimos de la Proposición 5.1.3 que $C_1 - C_2 = 0$ y, por lo tanto, que $C_1 = C_2$.

Dijimos al comienzo de esta sección que no siempre se pueden 'dividir' dos polinomios P y Q, entendiendo por ello que exista un polinomio C que cumpla $CQ = P$. Que no siempre se pueda no quiere decir que nunca se pueda, y esto lleva al concepto de divisibilidad de polinomios:

Definición 5.2.1. *Si $P, Q \in K[X]$[22], se dice que Q divide a P si existe un tercero en discordia C tal que $P = CQ$.*

Cuando Q divide a P se dice también que P es divisible por Q, y que P es *múltiplo* de Q.

Si Q divide a P lo denotaremos por $Q \mid P$ y, en caso contrario, por $Q \nmid P$. También lo denotaremos por $P = \dot{Q}$.

La división por 0 solo tiene sentido cuando $P = 0$[23], ya que si existe C tal que $P = C \cdot 0$, entonces $P = C \cdot 0 = 0$, así que recuerden: si quieren operar con esmero, nunca dividan por cero.

La definición anterior de divisibilidad se puede expresar utilizando la división euclídea:

---

[22]Habrán observado que, por brevedad, he omitido comenzar por "Si K es un cuerpo". De aquí en adelante seguiré haciendo esa omisión.

[23]Y, aun en este caso, no demasiado, ya que cualquier polinomio C sería un cociente válido, pues $0 \cdot C = 0$.

Proposición 5.2.2. *Si $P, Q \in K[X]$ y $Q \neq 0$, entonces $Q \mid P$ si y solo si el resto de la división de P entre Q es 0.*

Demostración. Supongamos primero que dicho resto es 0, y sea C el cociente de la división. Entonces, $P = C \cdot Q + 0 = C \cdot Q$ y, por lo tanto, $Q \mid P$.

Recíprocamente, si $Q \mid P$, entonces, $\exists C \in \mathbb{K}[X]$ que cumple $P = CQ = CQ + 0$ y, como el resto de la división es único, concluimos que dicho resto es 0. $\qquad\square$

Vayamos ahora con algunas propiedades básicas de la divisibilidad:

Proposición 5.2.3.

1. $\forall P \in K[X], P \mid P$.

2. $\forall P, Q, R \in K[X]$, *si* $P \mid Q$ *y* $Q \mid R$, *entonces* $P \mid R$.

3. $\forall P, Q, R, U, V \in \mathbb{K}[X]$, *si* $P \mid Q$ *y* $P \mid R$, *entonces* $P \mid (UQ + VR)$.

La demostración es sencilla y se propone en los ejercicios del final del capítulo.

El siguiente corolario de la proposición anterior es evidente:

Corolario 5.2.1. *Si Q divide a P, entonces Q divide a cualquier múltiplo de P.*

Usando los dos primeros apartados de la proposición 5.2.3, se puede ver que la divisibilidad cumple la propiedad reflexiva y la transitiva. No obstante, no cumple la propiedad simétrica, pues por ejemplo $X \mid X^2$ pero $X^2 \nmid X$, y tampoco satisface la propiedad antisimétrica, ya que, por ejemplo, $X + 1 \mid 3X + 3$ y $3X + 3 \mid X + 1$ en $\mathbb{Q}[X]$, ya que $3X + 3 = 3(X + 1)$ y $X + 1 = \frac{1}{3}(3X + 3)$, pero $3X + 3 \neq X + 1$. Esta es esencialmente la única situación posible en que se da esta circunstancia, como veremos ahora.

Proposición 5.2.4. *Si $P, Q \in K[X]$, entonces $P \mid Q$ y $Q \mid P$ si y solo si existe un elemento $\lambda \in K - \{0\}$ tal que $Q = \lambda P$.*

Demostración. Como $P \mid P$, deducimos del corolario 5.2.1 que $P \mid \lambda P$. Por el mismo corolario, λP divide a $\lambda^{-1}(\lambda P)$[24], que es igual a P, y así, si $Q = \lambda P$, entonces $P \mid Q$ y $Q \mid P$.

---

[24]Aquí estamos usando que $\lambda \neq 0$, ya que, si no, no tendría sentido hablar de λ^{-1}.

Recíprocamente, supongamos que $P \mid Q$ y $Q \mid P$. Es obvio que en estas circunstancias $P = 0$ si y solo si $Q = 0$, luego en este caso se cumple la afirmación con cualquier λ no nulo[25]. Si $P \neq 0$, entonces existen $\lambda_1, \lambda_2 \in K[X]$[26] que cumplen $Q = \lambda_1 P$ y $P = \lambda_2 Q$, luego $P = \lambda_1 \lambda_2 P$ y, por lo tanto, $(1 - \lambda_1 \lambda_2)P = 0$ y, como $P \neq 0$, deducimos de la Proposición 5.1.3 que:

$$\lambda_1 \lambda_2 = 1 \tag{5.1}$$

Obviamente, (5.1) implica que $\lambda_1 \neq 0$ y $\lambda_2 \neq 0$ y, ahora, (5.1) y la parte 2 de la Proposición 5.1.2 implican que $\lambda_1 \in K - \{0\}$[27]. $\qquad\square$

Al igual que ocurría en el caso de los enteros, dos polinomios que cumplan que cada uno divide al otro son intercambiables respecto a la relación de divisibilidad. Esto se ilustra en la siguiente proposición, cuya demostración es muy simple y se propone como uno de los problemas del capítulo.

Proposición 5.2.5. *Sean $P, Q \in K[X]$, y sea $\lambda \in K - \{0\}$. Las siguientes afirmaciones son equivalentes:*

1. *$P \mid Q$,*

2. *$\lambda P \mid Q$,*

3. *$P \mid \lambda Q$.*

Definición 5.2.2. *Dos polinomios $P, Q \in K[X]$ se dicen asociados si $\exists \lambda \in K - \{0\}$ tal que $Q = \lambda P$.*

Equivalentemente, P y Q son asociados si y solo si $P \mid Q$ y $Q \mid P$.

El que dos polinomios sean asociados se denota por:

$$P \sim Q.$$

Definición 5.2.3. *Sean $P, Q \in K[X]$. Un polinomio $D \in K[X]$ se dice máximo común divisor de P y Q si se cumple:*

---

[25] Por ejemplo, con $\lambda = 1$, a falta de otro mejor.

[26] Los cuales veremos dentro de un momento que van a tener que ser polinomios constantes.

[27] También λ_2, pero λ_1 es la estrella principal del resultado.

1. $D \mid P, D \mid Q$.

2. Si $D' \mid P, D' \mid Q$, entonces $D' \mid D$.

Ejemplo 5.2.2. X es un máximo común divisor de $X^2 + X$ y $X^2 - X$ en $\mathbb{Q}[X]$, ya que $X^2 + X = X(X+1), X^2 - X = X(X-1)$ y, si $D' \mid X^2 + X, D' \mid X^2 - X$ entonces, por la Proposición 5.2.3, $D' \mid ((X^2 + X) - (X^2 - X))$, es decir, $D' \mid 2X$, y por el Corolario 5.2.1[28], $D' \mid X$, ya que $X = \frac{1}{2}(2X)$.

Proposición 5.2.6. *Si D_1, D_2 son ambos un máximo comun divisor de P y Q, entonces $D_1 \sim D_2$. Recíprocamente, si D_1 es un máximo común divisor de P y Q y $D_1 \sim D_2$, entonces D_2 también lo es.*

Demostración. Al ser D_1 un máximo común divisor de P y Q y ser D_2 un divisor común, se cumple que $D_2 \mid D_1$. Razonando de forma similar, como D_2 es un máximo común divisor de P y Q y D_1 es un divisor común, también se cumple que $D_1 \mid D_2$. Por lo tanto, $D_1 \sim D_2$.

Para probar la afirmación recíproca, supongamos que D_1 es un máximo común divisor de P y Q y que D_2 es otro polinomio asociado a D_1. Como $D_1 \mid P$ y $D_1 \mid Q$ se deduce de la Proposición 5.2.5 que también $D_2 \mid P$ y $D_2 \mid Q$, es decir, que D_2 es divisor común de P y Q. Supongamos ahora que $D' \mid P, D' \mid Q$. Al ser D_1 un máximo común divisor de P y Q, se cumple que $D' \mid D_1$ y, usando de nuevo la Proposición 5.2.5, se obtiene que $D' \mid D_2$. $\qquad\square$

Es decir, el máximo común divisor de dos polinomios, el cual veremos después que siempre existe, no es único, pero está definido salvo por una constante de proporcionalidad no nula. Esta suele elegirse de tal modo que el máximo común divisor tenga coeficiente director 1, es decir, sea mónico.

Se denota por $\mathrm{mcd}(P, Q)$ al máximo común divisor de P y Q[29], y también se suele denotar por $\mathrm{mcd}\{P, Q\}$ o por (P, Q)[30].

---

[28]O, si lo prefieren, por la Proposición 5.2.5.

[29]Mejor dicho, al conjunto de sus máximos comunes divisores y, por abuso del lenguaje, a alguno de ellos en particular.

[30]Con la misma desafortunada ambigüedad que en el caso del máximo común divisor de números enteros, que puede llevar a confundirlo con un par ordenado.

Proposición 5.2.7. *Si* $P, Q \in K[X]$, *entonces* $mcd(P, Q) = Q$ *si y solo si* $Q \mid P$.

Demostración. Supongamos que $mcd(P, Q) = Q$. Entonces Q es divisor común de P y Q y, por lo tanto, $Q \mid P$.

Recíprocamente, supongamos que $Q \mid P$. Como, evidentemente, $Q \mid Q$, se tiene entonces que Q es divisor común de P y Q. Si D es un divisor común de P y Q, entonces $D \mid Q$, con lo que hemos demostrado que $mcd(P, Q) = Q$. $\square$

Corolario 5.2.2. *Si* $P \in K[X]$, *entonces:*

$$mcd(0, P) = P.$$

Demostración. Obviamente $P \mid 0$, ya que $0 \cdot P = 0$. $\square$

Se puede probar que siempre existe el máximo común divisor de dos polinomios dando un algoritmo que lo calcule[31]. Dicho algoritmo es un viejo conocido nuestro[32]: el algoritmo de Euclides. Formalmente, los pasos son los mismos que los del algoritmo de Euclides para calcular el máximo común divisor de dos enteros, pero tomando polinomios en vez de números enteros y haciendo la división con resto de polinomios en vez de la de números enteros. Por lo demás, ¡todo igual!

Proposición 5.2.8. *Si* $P, Q \in K[X]$, *con* $Q \neq 0$, *y si* C, R *son el cociente y el resto de la división de P entre Q, entonces:*

$$mcd(P, Q) = mcd(Q, R).$$

Demostración. Se prueba, con un razonamiento formalmente similar al que hicimos en el caso de los enteros, que los divisores comunes de P y Q son los mismos que los de Q y R, y esto demuestra la proposición, pues el concepto de máximo común divisor se define utilizando tan solo propiedades del conjunto de divisores comunes. $\square$

A la hora de calcular el máximo común divisor de dos polinomios se puede suponer, sin perder generalidad, que P y Q son no nulos[33] y que el grado de P es mayor o igual

---

[31]Demostrando que el resultado cumple las condiciones requeridas, por supuesto.

[32]Sobre todo, viejo, ya que tiene unos cuantos milenios a sus espaldas.

[33]Ya que, si uno de ellos es nulo, el máximo común divisor es el otro.

que el de Q^{34}. Como el grado del resto de una división es menor que el del divisor, si repetimos la operación de dividir, el grado de los restos va decreciendo estrictamente, por lo que el cálculo de los máximos comunes divisores se va haciendo más sencillo hasta que, eventualmente, obtengamos una división exacta y, por lo tanto, con resto 0, y en ese momento el Corolario 5.2.2 nos permite concluir que el máximo común divisor buscado es el resto anterior.

Veamos un ejemplo en el que calcularemos $\text{mcd}(X^4 + X^2, X^3 - X^2)$:

$X^4 + X^2 = (X + 1)(X^3 - X^2) + 2X^2$, por lo cual:

$$\text{mcd}(X^4 + X^2, X^3 - X^2) = \text{mcd}(X^3 - X^2, 2X^2).$$

Por otra parte:

$X^3 - X^2 = (\frac{X}{2} - \frac{1}{2})2X^2 + 0$, por lo que esta división es exacta y el máximo común divisor buscado es $2X^2$. Como el máximo común divisor está definido salvo productos por constantes no nulas, es lícito también decir que el máximo común divisor es X^2, el cual es un polinomio mónico[35].

Describiremos formalmente el *algoritmo de Euclides para polinomios* usando pseudocódigo tal y como podemos ver en la tabla del Algoritmo 6:

Algoritmo 6 Algoritmo de Euclides para calcular el máximo común divisor de dos polinomios

---

Entrada: Dos polinomios P y Q
Salida: El máximo común divisor de P y Q
1: $R_{-1} \leftarrow P$
2: $R_0 \leftarrow Q$
3: $i \leftarrow 0$
4: **mientras** $R_i \neq 0$ **hacer lo siguiente**
5:   $i \leftarrow i + 1$
6:   $R_i \leftarrow$ resto de la división de R_{i-2} entre R_{i-1}
7: **fin de mientras**
8: **devolver** R_{i-1}

---

[34]Intercambiando P y Q si fuera necesario.
[35]Y *monico*.

El algoritmo termina en un número finito de pasos, debido a que la sucesión de los grados de los restos no nulos es estrictamente decreciente y a que los grados de los restos no nulos son no negativos, por lo que, en algún momento, el resto se tiene que hacer cero.

Por otra parte, el algoritmo proporciona el polinomio buscado, ya que por la Proposición 5.2.8 se tiene que $mcd(R_{i-2}, R_{i-1}) = mcd(R_{i-1}, R_i)$ para cada $i \geq 1$ y, finalmente, se deduce de la Proposición 5.2.7 que el último resto no nulo es el máximo común divisor de P y Q.

Al igual que ocurría en el caso de los enteros, se puede hacer un pequeño añadido al algoritmo de Euclides, obteniendo el *algoritmo de Euclides extendido*, que nos permita encontrar dos polinomios U y V tales que:

$$mcd(P, Q) = UP + VQ,$$

sin más que expresar cada resto como un polinomio por P mas otro polinomio por Q, lo cual puede hacerse poniendo R_i como R_{i-2} menos el cociente de la división de R_{i-2} entre R_{i-1} multiplicado por R_{i-1} y expresando R_{i-1} y R_{i-2} en la forma mencionada, lo cual nos lleva al algoritmo de Euclides extendido. Lo expondré primero con un ejemplo, para que lo entiendan las personas, y luego en forma de pseudocódigo, para que lo entiendan los ordenadores.

Ejemplo 5.2.3. Pongamos:

$$P = 2X^3 + X^2 + X + 2 \text{ y } Q = X^3 - X^2 - X + 1$$

y subrayemos en lo que sigue, como hicimos en el caso de los enteros, los R_i para seguirles mejor la pista.

Al hacer la primera división,

$$\underline{2X^3 + X^2 + X + 2} = 2 \cdot \underline{(X^3 - X^2 - X + 1)} + \underline{(3X^2 + 3X)},$$

luego, despejando el resto:

$$\underline{3X^2 + 3X} = 1 \cdot \underline{(2X^3 + X^2 + X + 2)} - 2 \cdot \underline{(X^3 - X^2 - X + 1)}. \tag{5.2}$$

Al hacer la segunda división:

$$X^3 - X^2 - X + 1 = (\frac{X}{3} - \frac{2}{3})(3X^2 + 3X) + X + 1,$$

luego, despejando de nuevo el resto y usando (5.2):

$$X + 1 = 1 \cdot (X^3 - X^2 - X + 1) - (\frac{X}{3} - \frac{2}{3})(3X^2 + 3X) =$$

$$1 \cdot (X^3 - X^2 - X + 1) - (\frac{X}{3} - \frac{2}{3})(1 \cdot (2X^3 + X^2 + X + 2) - 2 \cdot (X^3 - X^2 - X + 1)) =$$

$$(-\frac{X}{3} + \frac{2}{3})(2X^3 + X^2 + X + 2) + (\frac{2}{3}X - \frac{1}{3})(X^3 - X^2 - X + 1). \qquad (5.3)$$

Al hacer la tercera división:

$$3X^2 + 3X = 3 \cdot (X + 1) + \underline{0},$$

luego esta división es exacta y podemos concluir que el máximo común divisor buscado es $X + 1$ y, por (5.3):

$$U = -\frac{X}{3} + \frac{2}{3} \text{ y } V = (\frac{2}{3}X - \frac{1}{3}).$$

Como lo prometido es deuda, podemos ver, en la tabla del Algoritmo 7 el pseudocódigo que formaliza lo anterior:

Como el algoritmo de Euclides termina en un número finito de pasos, también lo hace el extendido, ya que la sucesión R_i de restos es la misma. Probaremos que:

$$U_i P + V_i Q = R_i \ \forall i \qquad (5.4)$$

y esto implica que los polinomios U, V obtenidos al final del algoritmo satisfacen la propiedad requerida.

Lo probaremos por inducción completa sobre i[36].

---

[36] Al igual que en el caso de los enteros, solo sobre los dos índices anteriores.

Algoritmo 7 Algoritmo de Euclides extendido para calcular el máximo común divisor de dos polinomios y expresarlo como combinación de ambos con coeficientes polinómicos

---

Entrada: Dos polinomios P y Q
Salida: El máximo común divisor de P y Q y polinomios U, V tales que
$\qquad \mathrm{mcd}(P, Q) = UP + VQ$
  1: $R_{-1} \leftarrow P, U_{-1} \leftarrow 1, V_{-1} \leftarrow 0$
  2: $R_0 \leftarrow Q, U_0 \leftarrow 0, V_0 \leftarrow 1$
  3: $i \leftarrow 0$
  4: **mientras** $R_i \neq 0$ **hacer lo siguiente**
  5: $\quad i \leftarrow i + 1$
  6: $\quad Q_i \leftarrow$ cociente de la división de R_{i-2} entre R_{i-1}
  7: $\quad R_i \leftarrow$ resto de la división de R_{i-2} entre R_{i-1}
  8: $\quad U_i \leftarrow U_{i-2} - Q_i U_{i-1}$
  9: $\quad V_i \leftarrow V_{i-2} - Q_i V_{i-1}$
 10: **fin de mientras**
 11: **devolver** $R_{i-1}, U_{i-1}, V_{i-1}$

Para $i = -1$,

$$U_{-1} \cdot P + V_{-1} \cdot Q = P = R_{-1}.$$

Para $i = 0$,

$$U_0 \cdot P + V_0 \cdot Q = Q = R_0.$$

Supongamos ahora que se cumple para $i - 1$ y para $i - 2$. Entonces se tiene que:

$$U_i P + V_i Q = U_{i-2} P - Q_i U_{i-1} P + V_{i-2} Q - Q_i V_{i-1} Q =$$

$$U_{i-2} P + V_{i-2} Q - Q_i (U_{i-1} P + V_{i-1} Q)$$

lo cual, por hipótesis de inducción, es igual a:

$$R_{i-2} - Q_i R_{i-1}$$

y esto último es R_i, ya que:

$$R_{i-2} = Q_i R_{i-1} + R_i.$$

Una consecuencia obvia del algoritmo de Euclides extendido es la famosa *identidad de Bezout para polinomios*:

Teorema 5.2.1. *Si $P, Q \in K[X]$, entonces $\exists\ U, V \in K[X]$ tales que:*

$$mcd(P, Q) = UP + VQ.$$

Demostración. Simplemente[37] usamos el algoritmo de Euclides extendido con los polinomios P y Q. □

Definición 5.2.4. *Diremos que dos polinomios P y Q son primos entre sí, o coprimos, si:*

$$mcd(P, Q) = 1.$$

Ejemplos 5.2.4.

1. $7X^3 - X^2 + 2X + 1$ y $-X^2 + 4X + 3$ son coprimos en $\mathbb{Q}[X]$, como podemos comprobar utilizando el algoritmo de Euclides.

2. En cambio, $2X^3 - X^2 + 2X - 3$ y $-X^3 + 3X^2 + 3X - 5$ no son primos entre sí en $\mathbb{Q}[X]$, ya que, si aplicamos el algoritmo de Euclides, veremos que su máximo común divisor es $X - 1$.

Más en general, k polinomios $P_1, \dots, P_k$ se dicen primos entre sí si:

$$mcd(P_1, \dots, P_k) = 1,$$

donde el máximo común divisor de k polinomios se define como un divisor común de todos ellos que es divisible por cualquier otro divisor común[38], y se dicen dos a dos primos entre sí si $mcd(P_i, P_j) = 1 \forall i \neq j$. Obviamente, si son dos a dos primos entre sí, entonces son primos entre sí, pero el recíproco no es cierto, como podemos comprobar tomando los polinomios $X^3 + X, 2X^2, X + 3$, cuyo máximo común divisor es 1, pero no son dos a dos primos entre sí, ya que $mcd(X^3 + X, 2X^2) = X$.

Una consecuencia obvia de la identidad de Bezout es la siguiente:

---

[37] O difícilmente, según se nos tercie el día.

[38] Se puede calcular, como en el caso de los enteros, de forma recurrente a partir del de dos polinomios.

Corolario 5.2.3. *Si $P, Q \in K[X]$ son dos polinomios primos entre sí, entonces existen polinomios $U, V \in K[X]$ que cumplen:*

$$UP + VQ = 1.$$

Demostración. Dicha propiedad es simplemente el caso particular de la identidad de Bezout en que:

$$\text{mcd}(P, Q) = 1.$$

$\square$

Igual que dije en el caso de los enteros, en algunos libros llaman identidad de Bezout precisamente a esto.

En los problemas de este capítulo estudiaremos el concepto de mínimo común múltiplo y algunas de sus propiedades.

5.3. La aldea de los irreductibles polinomios

Los polinomios se pueden descomponer como producto de polinomios más simples. ¿Que qué quiero decir con más simples? Pues que no se pueden seguir descomponiendo como productos de polinomios de grado menor. Estos polinomios son los que definiremos a renglón seguido:

Definición 5.3.1. *Un polinomio $P \in K[X]$ se dice irreducible si es de grado positivo[39] y, si $P = Q_1 Q_2$, entonces $Q_1 \in K - \{0\}$ o $Q_2 \in K - \{0\}$.*

Ejemplos 5.3.1.

1. El polinomio $3X + 1$ es irreducible en $\mathbb{Q}[X]$, pues al ser de grado 1, si se tiene $3X + 1 = Q_1 Q_2$, entonces uno de los dos factores tendría que ser de grado 0 y el otro de grado 1, y el que es de grado 0 está en $\mathbb{Q} - \{0\}$. El mismo argumento vale para demostrar que cualquier polinomio de grado 1 sobre cualquier cuerpo es irreducible.

---

[39]Y, por lo tanto, no es un polinomio constante.

2. El polinomio X^2+1 es irreducible en $\mathbb{R}[X]$. Supongamos, por reducción al absurdo, que se puede poner como producto de dos factores no constantes. Entonces, como la suma de los grados es 2, ambos tienen que ser de grado 1, digamos que:

$$x^2 + 1 = (aX + b)(cX + d),$$

con $a, b, c, d \in \mathbb{R}$. Así, $X^2 + 1 = acX^2 + (ad + bc)X + bd$, de donde:

$$ac = 1,$$

$$bd = 1,$$

$$ad + bc = 0.$$

Multiplicando la tercera ecuación por cd obtenemos $acd^2 + bdc^2 = 0$ y, usando las dos primeras ecuaciones, llegamos a que $d^2 + c^2 = 0$ y, como c, d son no nulos (por ser $ac = 1$ y $bd = 1$, ya que si alguno fuera nulo el correspondiente producto sería 0), se tiene que $d^2 > 0, c^2 > 0$ y, por lo tanto, $d^2 + c^2 > 0$, lo cual contradice que $d^2 + c^2 = 0$. Se podría haber simplificado un poco la demostración diciendo que, sin perder generalidad, podemos suponer desde el principio, dividiendo el factor $(aX + b)$ por a y multiplicando el factor $(cX + d)$ por a y observando que el producto de los coeficientes directores es 1, que $a = 1$ y $c = 1$, con lo que se tendría que $X^2 + 1 = (X + b)(X + d)$ y, por lo tanto, $b + d = 0$ y $bd = 1$, y así $-b^2 = 1$, con lo que llegamos a una contradicción. Este razonamiento es más elegante que el que he mostrado, pero, si se están ustedes iniciando en las matemáticas[40], puede que les sea más difícil de entender. Según vayan adquiriendo, con el tiempo, más madurez matemática, ustedes mismos aplicarán estos razonamientos simplificadores de 'sin perder generalidad' sin perder la paciencia.

---

[40]Y el hecho de que estén leyendo este libro hace que no sea una hipótesis descabellada.

3. Si tomamos el cuerpo de los números complejos otro gallo canta, y el polinomio $X^2 + 1$ no es irreducible en $\mathbb{C}[X]$, ya que

$$X^2 + 1 = (X + i)(X - i),$$

donde i es la unidad imaginaria. Esto no es más que la conocida identidad de que 'suma por diferencia es diferencia de cuadrados', teniendo en cuenta que $i^2 = -1$ y, por lo tanto, que el menos de la diferencia de cuadrados se convierte en un más.

Por definición de polinomio irreducible, si P es irreducible y $P = QR$, entonces o bien Q es una constante no nula o R es una constante no nula. En el primer caso, P y R son elementos asociados, y en el segundo caso, P y Q son elementos asociados. Esta es una propiedad sencilla pero útil. De hecho, podría haberse tomado como definición de polinomio irreducible, ya que la afirmación recíproca también se cumple.

Los polinomios irreducibles juegan un papel similar al que jugaban los números primos en el estudio de los números enteros. De hecho, lo mismo que el teorema fundamental de la aritmética decía que todo entero se descompone de forma esencialmente única como producto de primos, hay un teorema similar, que veremos a continuación, para polinomios[41].

Teorema 5.3.1. *Todo polinomio de $K[X]$ de grado positivo se puede descomponer como producto de polinomios irreducibles. Además, esta descomposición es única, salvo por el orden de los factores y por productos por elementos de $K - \{0\}$.*

Usaremos los dos siguientes lemas para probarlo:

Lema 5.3.1. *Si $P \in K[X]$ es un polinomio irreducible y Q_1, Q_2 son dos polinomios de $K[X]$ tales que $P \mid (Q_1 Q_2)$, entonces $P \mid Q_1$ o $P \mid Q_2$.*

Demostración. Como $P \mid Q_1 Q_2$, existe un polinomio U tal que:

$$Q_1 Q_2 = PU. \tag{5.5}$$

---

[41] Pero no lo llamaremos teorema fundamental de nada, ya que el teorema fundamental de la aritmética y el teorema fundamental del álgebra llenan el cupo de fundamentalismos matemáticos tratados en estos libros de humor matemático.

Supongamos que P no divide a Q_1, y sea $D = \text{mcd}(P, Q_1)$. El polinomio D divide a P y, por lo tanto, al ser P irreducible, o bien D es una constante no nula o es un polinomio asociado a P. Si se diera esto último se tendría que P divide a Q_1, con lo que se llega a una contradicción y, por consiguiente, D es una constante[42] y P y Q_1 son primos entre sí. Ahora deducimos del teorema de Bezout que existen polinomios V, W tales que:

$$VP + WQ_1 = 1.$$

Multiplicando por Q_2 en esta expresión llegamos a que:

$$VPQ_2 + WQ_1Q_2 = Q_2$$

y, utilizando (5.5), concluimos que $Q_2 = VPQ_2 + WQ_1Q_2 = PVQ_2 + PUW = P(VQ_2 + UW)$ y así $P \mid Q_2$, tal y como estábamos emperrados en probar. $\qquad\square$

Lema 5.3.2. *Si $P \in K[X]$ es un polinomio irreducible y $Q_1, \ldots, Q_s$ son s polinomios de $K[X]$ tales que $P \mid (Q_1 \cdots Q_s)$, entonces existe un $i \in \{1, \ldots, s\}$ tal que $P \mid Q_i$.*

Demostración. Lo demostramos por inducción sobre s. Por el lema anterior, el resultado se cumple para $s = 2$. Supongamos que $s > 2$ y que es cierto para $s - 1$. Como $P \mid Q_1(Q_2 \cdots Q_s)$, se deduce del lema previo que o bien $P \mid Q_1$ o $P \mid Q_2 \cdots Q_s$. Si se da el primer caso, no hay nada más que demostrar y, si se da el segundo caso, se deduce de la hipótesis de inducción que $P \mid Q_i$ para algún $i \in \{2, \ldots, s\}$. $\qquad\square$

Demostremos ahora el teorema 5.3.1:

Demostración. Probaremos primero la existencia de factorización, es decir, que si P es un polinomio de $K[X]$ de grado positivo, entonces existen polinomios irreducibles $P_1, \ldots, P_m$ tales que:

$$P = P_1 \cdots P_m.$$

Lo demostraremos por inducción completa sobre el grado de P. Si $\text{grad}(P) = 1$, entonces el propio polinomio P es irreducible y se descompone de forma trivial como un producto

---

[42]Digamos que 1, para evitar el sinvivir de la inconcreción; con esto no se pierde generalidad.

con un solo factor[43], en la forma $P = P$. Supongamos ahora que lo que se quiere probar es cierto para polinomios de grado menor que n, y sea P un polinomio de grado n. Pueden ocurrir dos cosas, que P sea irreducible o que no lo sea. Si P es irreducible, volvemos a encontrarnos en el caso de que P se descompone como producto de un solo irreducible. Si, por el contrario, P no es irreducible, entonces existen dos polinomios Q_1, Q_2 de grado menor que n tales que:

$$P = Q_1 Q_2.$$

Podemos aplicar (y aplicamos) la hipótesis de inducción a ambos factores y vemos así que existen polinomios irreducibles $P_1, \ldots, P_m$ tales que:

$$Q_1 = P_1 \cdots \cdot P_m$$

y existen polinomios irreducibles $P'_1, \ldots, P'_{m'}$ tales que:

$$Q_2 = P'_1 \cdots \cdot P'_{m'}.$$

Poniendo ahora todo seguidito como el pasodoble llegamos a:

$$P = Q_1 Q_2 = P_1 \cdots \cdot P_m P'_1 \cdots \cdot P'_{m'}$$

y, de esta forma, hallamos una descomposición de P como producto de polinomios irreducibles.

Ahora demostraremos la unicidad, es decir, que si $P_1, \ldots, P_r$ y $Q_1, \ldots, Q_s$ son polinomios irreducibles tales que:

$$P_1 \cdots \cdot P_r = Q_1 \cdots \cdot Q_s,$$

entonces $r = s$ y existe una permutación π del conjunto $\{1, \ldots, r\}$ tal que P_i y $Q_{\pi(i)}$ son polinomios asociados para cada índice i. Lo probaremos por inducción sobre r[44]. Si $r = 1$ entonces, como P_1 es irreducible y los Q_i no están en K (por ser de grado positivo),

---

[43]Sí, estos productos también tienen derecho a existir.

[44]¿Que por qué no sobre s, dicen ustedes? Háganlo si quieren, el argumento sería el mismo intercambiando el papel de los P y los Q.

llegamos a que $s = 1$ y $P_1 = Q_1$ y P_1 y Q_1, al ser iguales, están tope asociadísimos. Supongamos entonces que $r > 1$ y que el resultado es correcto para $r - 1$. Como P_1 divide a $Q_1 \cdots Q_s$, deducimos del lema 5.3.2 que $P_1 \mid Q_i$ para algún índice i, de forma que existe un polinomio S que cumple $Q_i = SP_1$. Pero como Q_i es irreducible y P_1 tiene grado positivo, S tiene que tener grado 0, es decir, es una constante $\lambda \in K - \{0\}$ y, por lo tanto, P_1 y Q_i son polinomios asociados. Si ahora simplificamos el factor P_1 llegamos a:

$$P_2 \cdots P_r = Q_1 \cdots Q_{i-1}(\lambda Q_{i+1})Q_{i+2} \cdots Q_s{}^{45}.$$

Por hipótesis de inducción, $r - 1 = s - 1$ (y, por tanto, $r = s$) y hay una permutación de índices en la que cada P_i del primer miembro está asociado con un factor del segundo miembro. Pero todos los factores, salvo uno, del segundo miembro, son los Q_j, que estarán así asociados con el correspondiente P_i. A uno de los factores del primer miembro le toca el haba del roscón y está asociado con λQ_{i+1}, pero, obviamente, entonces también está asociado con Q_{i+1}, con lo que se termina la demostración. $\qquad\square$

Ejemplos 5.3.2.

1. En $\mathbb{Q}[X]$ se cumple que:

$$X^2 - X = X(X - 1)$$

   y los polinomios $X, X - 1$ son irreducibles por ser de grado 1. Esta descomposición no es, estrictamente hablando, única. Por ejemplo, se puede permutar el orden de los factores, de forma que también:

$$X^2 - X = (X - 1)X.$$

   Estas factorizaciones tampoco son las únicas; de cualquier manera, se pueden multiplicar los factores de cualquier otra por constantes no nulas, de forma que se reduzcan a alguna de las dos.

---

[45]Le hemos encasquetado la constante λ al factor Q_{i+1} pero, *mutatis mutandis*, lo podríamos haber hecho a cualquier otro factor.

Pero no se pueden multiplicar de cualquier manera[46], sino que tienen que ser constantes cuyo producto sea 1, es decir, que sean inversas la una de la otra. Por ejemplo, también tenemos que:

$$X^2 - X = (\frac{1}{2}X)(2X - 2),$$

o:

$$X^2 - X = (\frac{X}{7} - \frac{1}{7})(7X).$$

2. En $\mathbb{R}[X]$:
$$X^3 + X^2 + X + 1 = (X^2 + 1)(X + 1),$$

y $X + 1$ es irreducible por ser de grado 1 y se vio en un ejemplo anterior que $X^2 + 1$ es irreducible en $\mathbb{R}[X]$.

3. En $\mathbb{C}[X]$:
$$X^3 + X^2 + X + 1 = (X + i)(X - i)(X + 1),$$

donde i es la unidad imaginaria.

Los dos últimos apartados muestran que la descomposición de un polinomio en producto de polinomios irreducibles puede depender del cuerpo en el que se tomen los coeficientes de los polinomios, no se puede hablar de la factorización de $X^3 + X^2 + X + 1$ a palo seco sin especificar el cuerpo considerado.

Si tenemos una descomposición de un polinomio en producto de factores irreducibles, en la forma:

$$P = P_1 \cdots \cdot P_n, \tag{5.6}$$

algunos de los factores P_i pueden estar asociados. Todos los polinomios asociados a un mismo P_i son el producto de una constante por P_i, por lo que el producto de todos ellos es una constante por una potencia de P_i.

Así, si $P_{i_1}, \ldots, P_{i_m}$ son los factores no asociados que aparecen en la descomposición (5.6), realizando la operación descrita anteriormente con cada uno de los P_{i_j} y multipli-

---

[46]Como diría nuestro querido Mastropiero.

cando las constantes que nos aparezcan, llegamos a que:

$$P = \lambda Q_1^{k_1} \cdot \ldots \cdot Q_m^{k_m}, \tag{5.7}$$

donde $\lambda \in K$ y $Q_1, \ldots, Q_m$ son polinomios irreducibles no asociados[47] y $k_1, \ldots, k_m$ son números naturales. Llamaremos a k_i la *multiplicidad* del irreducible Q_i. Podemos mejorar un poquito este resultado:

Teorema 5.3.2. *Todo polinomio $P \in K[X]$ de grado positivo se puede factorizar de forma única (salvo el orden de los factores) como producto:*

$$P = \lambda Q_1^{k_1} \cdot \ldots \cdot Q_m^{k_m},$$

donde $\lambda \in K$ y donde $Q_1, \ldots, Q_m$ son polinomios mónicos distintos y $k_1, \ldots, k_m$ son números naturales[48].

Demostración. Por la unicidad de la factorización probada en el Teorema 5.3.1, los polinomios Q_i que aparecen en (5.7) son 'casi' únicos; más concretamente, son únicos salvo tomar polinomios asociados, es decir, salvo factores constantes que están en K. Obviamente, cada polinomio no nulo está asociado a un único polinomio mónico, a saber, al que se obtiene dividiendo el polinomio por su coeficiente director. De nuevo por el Teorema 5.3.1, las multiplicidades de los Q_i son únicas y, por último, la constante λ también es única, ya que es el coeficiente director de P. □

Ejemplo 5.3.3. En $\mathbb{C}[X]$:

$$7X^6 - 7X^5 - 21X^4 + 35X^3 - 14X^2 = 7(X-1)^3 X^2 (X+2)^{49},$$

---

[47]Son los P_{i_j} anteriores. Los he llamado $Q_1, \ldots, Q_m$ para no lidiar con los dobles subíndices.

[48]Hasta podríamos generalizar esta factorización a polinomios P no nulos arbitrarios, conviniendo en que si P es un polinomio no nulo de grado cero, es decir, una constante no nula, la factorización asociada se corresponde con $m = 0$ y se reduce a dicha constante.

[49]Sí, está en $\mathbb{C}[X]$, al fin y al cabo los números enteros también son números complejos, ¿no?

y el factor $X - 1$ aparece con multiplicidad 3, el X con multiplicidad 2 y el $X + 2$ con multiplicidad 1 (¡por si se les ha pasado leer la nota, 49 es el número de la misma, no el exponente!).

5.4. ¡Este polinomio va a sacar un cero!

Si tenemos un polinomio $P = a_n X^n + \cdots + a_1 X + a_0 \in A[X]$, donde A es un anillo conmutativo y unitario, le podemos asociar una aplicación[50] $f_P : A \longrightarrow A$ que nos envía un elemento arbitrario $z \in A$ al elemento:

$$P(z) = a_n z^n + \cdots + a_1 z + a_0 \in A.$$

Para entendernos, sería como sustituir la X por z, es decir, ver la 'indeterminada' X como una 'variable' que sería la variable independiente de la aplicación. Por muy intuitivo que esto sea (y seguro que ustedes se están preguntando si ambas cosas, indeterminada y variable independiente, no son, evidentemente, lo mismo), hay que separar ambos conceptos, ya que no son ni mucho menos iguales, como se puso de manifiesto de forma dramática en la solución del problema 3 del capítulo 2 en [7], donde se mostraron dos polinomios distintos con coeficientes en un cuerpo finito con dos elementos que dan lugar a la misma aplicación polinómica.

En la figura siguiente podemos ver la gráfica (mejor dicho, un cacho de la gráfica) de un ejemplo de función asociada a un polinomio de $\mathbb{R}[X]$:

---

[50]'Función', cuando A sea un anillo numérico, como por ejemplo $\mathbb{R}$ o $\mathbb{C}$.

Figura 5.1: Función asociada al polinomio $3X^5 + \frac{2}{9}X^4 - 12X^3 + \sqrt{7}X + 4$

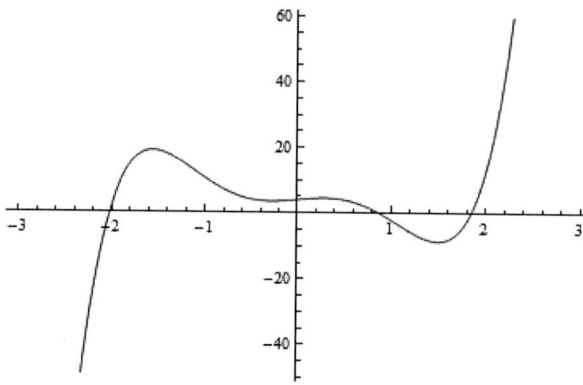

Esta asociación de una aplicación a un polinomio da mucho juego, ya que, ¿por qué limitarnos a que el dominio sea A? Si A es subanillo de B[51], también podemos asociar, *mutatis mutandis*, al polinomio $P = a_n X^n + \cdots + a_1 X + a_0 \in A[X]$ la aplicación $f_P : B \longrightarrow B$ definida por $f_P(z) = a_n z^n + \cdots + a_1 z + a_0 \ \forall z \in B$, ya que los a_i, como también están en el anillo B, se pueden sumar y multiplicar por elementos de B. Puestos a imaginar... ¡hasta podría ser el propio B un anillo de polinomios en varias indeterminadas! Por ejemplo, si consideramos el anillo de polinomios $\mathbb{R}[X]$ y el polinomio $P = 3X^2 + 1$, le podemos asociar una aplicación polinómica f_P que consiste en elevar al cuadrado, multiplicar el resultado por 3 y, finalmente, sumar 1. Como $\mathbb{R}$ es un subanillo del anillo de polinomios en dos indeterminadas $\mathbb{R}[Y, Z]$[52], podemos ver f_P como una aplicación de $\mathbb{R}[Y, Z]$ en $\mathbb{R}[Y, Z]$ de forma que, por ejemplo, $f_P(Y^2 + Z) = 3(Y^2 + Z)^2 + 1 = 3Y^4 + 3Z^2 + 6Y^2 Z + 1$.

Cambiando de tema (*ma non troppo*), todos estamos familiarizados con la idea de resolver una ecuación polinómica, es decir, de hallar un elemento del cuerpo con la propiedad de que al sustituir la incógnita por dicho elemento (en la forma descrita anteriormente considerando la aplicación polinómica asociada) se dé la igualdad entre lo que nos apa-

---

[51]Esto quiere decir que la suma y el producto en B de elementos de A está en A, el neutro para la suma y el neutro para la multiplicación de B están en A y el opuesto en B de un elemento de A está en A.

[52]Podemos entender $\mathbb{R}[Y, Z]$ como algo definido recurrentemente por $\mathbb{R}[Y][Z]$, es decir, como polinomios en la indeterminada Z cuyos coeficientes son polinomios en Y, o podemos verlo de forma intuitiva como expresiones formales en Y y en Z. También podemos dar una construcción *ad hoc* de $A[X, Y]$ similar a la que se da en el apéndice en el caso de una indeterminada.

rece en ambos miembros. Sin perder generalidad podemos suponer que lo que aparece en el miembro a la derecha de la ecuación es cero, sin más que pasar los términos que por circunstancias de la vida estuvieran ahí al otro miembro cambiándolos de signo[53]. Esto nos lleva a la siguiente definición:

Definición 5.4.1. *Sea K un cuerpo. Un elemento $\lambda \in K$ es raíz de un polinomio $P(X) \in K[X]$ si $P(\lambda) = 0$*[54].

No hay que confundir el concepto con el de raíces cuadradas, cúbicas, etc.[55], que no son más que casos particulares del concepto anterior. Así, por ejemplo, hablar de una raíz cuadrada de 4 es equivalente a hacerlo de una raíz del polinomio $X^2 - 4$. A las raíces de un polinomio P también se les llama los *ceros* de P, aunque no hay que confundirlo con que sean, literalmente, cero, sino que es una elipsis para decir 'los valores en los que P se hace cero'.

Ejemplo 5.4.1. El elemento 1 es raíz del polinomio $X^2 - 2X + 1$, ya que $1^2 - 2 \cdot 1 + 1 = 1 - 2 + 1 = 0$, pero 2 no es raíz de dicho polinomio, pues $2^2 - 2 \cdot 2 + 1 = 1 \neq 0$. Esto es cierto en cualquier cuerpo, definiendo 1 como el neutro de la multiplicación, 2 como $1 + 1$ y -2 como el opuesto para la suma de 2[56].

El concepto 'ser raíz de' se puede caracterizar en términos de divisibilidad:

Proposición 5.4.1. *Si $P \in K[X]$[57] y $\lambda \in K$, entonces λ es raíz de P si y solo si $X - \lambda$ divide a P.*

Demostración. La parte del 'si' es evidente: si $(X - \lambda) \mid P$, entonces existe un $Q \in K[X]$ tal que $P = Q \cdot (X - \lambda)$ y, sustituyendo la X por λ, obtenemos que:

$$P(\lambda) = Q(\lambda)(\lambda - \lambda) = Q(\lambda) \cdot 0 = 0.$$

---

[53]Si el anillo no está contenido en $\mathbb{R}$ no se puede hablar de 'elementos de signo positivo' ni de 'elementos de signo negativo', y con cambiar de signo quiero decir sumar el opuesto en ambos miembros.

[54]Siendo precisos, si $f_P(\lambda) = 0$.

[55]Y mucho menos con el de las raíces de las plantas.

[56]El que $1 \neq 0$ es porque, si en un cuerpo K se tuviera que $1 = 0$, entonces sería el anillo nulo $\{0\}$, ya que $\forall x \in K$ se cumpliría que $x = x \cdot 1 = x \cdot 0 = 0$, pero en la definición de cuerpo se pide que tenga más de un elemento, es decir, que sea un anillo no nulo.

[57]Recuerden que, aunque no se diga explícitamente por mor de *vaguería*, K será un cuerpo.

Para demostrar la parte del 'solo si', supongamos que λ es raíz de P, es decir, que $P(\lambda) = 0$. Haciendo la división con resto de P entre $X - \lambda$, existen $Q, R \in K[X]$ tales que:

$$P = Q \cdot (X - \lambda) + R \tag{5.8}$$

donde, o bien $R = 0$, o R es no nulo de grado menor que 1, pero entonces es de grado 0 y, por lo tanto, es una constante no nula. En cualquiera de los dos casos, el resto es un elemento de K, digamos que es una constante μ[58]. Sustituyendo en (5.8) la X por λ y teniendo en cuenta que λ es una raíz de P, llegamos a que:

$$0 = P(\lambda) = Q(\lambda)(\lambda - \lambda) + \mu = Q(\lambda) \cdot 0 + \mu = \mu,$$

por lo que el resto de la división es 0 y la división es exacta. $\qquad\square$

La proposición anterior nos permite caracterizar la irreducibilidad de los polinomios de grado pequeño[59]. Ya hemos visto que los polinomios de grado 1 son siempre irreducibles. En cambio, los polinomios de grado 2 de $K[X]$ no son siempre irreducibles y, más concretamente, veremos ahora que son irreducibles si y solo si no tienen raíces en K. Por llevar la contraria, y por facilitar la exposición de la demostración, lo enunciaremos 'a la contra':

Proposición 5.4.2. *Si $P \in K[X]$ es un polinomio de grado 2, entonces P no es irreducible si y solo si tiene por lo menos una raíz en K[60].*

Demostración. Supongamos que P no es irreducible. Entonces P se puede expresar como $P = QR$, donde Q y R son polinomios no constantes y, por lo tanto, de grado positivo. Al ser ambos de grado ≥ 1 y al ser la suma de los grados igual a 2, un grupo de eruditos matemáticos llegaría a la conclusión de que ambos son de grado 1. En particular, Q es de la forma $aX + b$, con $a, b \in K$ y $a \neq 0$, y así $P(\frac{-b}{a}) = (a\frac{-b}{a} + b) \cdot R(\frac{-b}{a}) = 0 \cdot R(\frac{-b}{a}) = 0$ y así

---

[58] Podríamos haberlo dejado como R, pero hagámoslo así para que suene más a constante.

[59] Siempre que definamos pequeño como 'hasta 3'.

[60] Puede sonar extraño lo de no tener raíces 'en K'. En realidad no lo es. Por ejemplo, si consideramos el polinomio $X^2 + 1 \in \mathbb{R}[X]$, entonces el polinomio no tiene raíces reales y, por lo tanto, es irreducible en $\mathbb{R}[X]$, pero sí tiene raíces 'fuera de $\mathbb{R}$', por ejemplo en $\mathbb{C}$.

P tiene una raíz en K, a saber, $\frac{-b}{a}$. Recíprocamente, supongamos que P tiene una raíz $\lambda \in K$. Entonces, por la proposición anterior, $X - \lambda$ divide a P, y $P = (X - \lambda)R$, donde R es un polinomio de grado 1, lo cual demuestra que P no es irreducible. $\qquad\square$

Como ya dije antes, una forma equivalente de ver lo que dice la proposición que acabamos de probar es que, si K es un cuerpo, entonces un polinomio de grado 2 de $K[X]$ es irreducible si y solo si no tiene raíces en K[61].

Con los polinomios de grado 3 pasa tres cuartos de lo mismo (en realidad cuatro cuartos, o sea, lo mismo, pero así es el dicho), es decir, que son irreducibles si y solo si no tienen raíces en el cuerpo considerado:

Proposición 5.4.3. *Si $P \in K[X]$ es un polinomio de grado 3, entonces P no es irreducible si y solo si tiene por lo menos una raíz en K*[62].

Demostración. Si P no es irreducible, entonces se puede poner como $P = QR$ con Q y R polinomios no constantes y, por lo tanto, de grado ≥ 1. El mismo grupo de matemáticos de la proposición anterior llega a la conclusión de que la única manera de que sumen 3 es $1 + 2$ o $2 + 1$. En cualquier caso, uno de ellos es de grado 1, y podemos suponer sin perder generalidad que es P, y de aquí en adelante todo sigue igual que en la demostración anterior: si $P = aX + b$, entonces $\frac{-b}{a}$ es raíz de P. Recíprocamente, si λ es raíz de P, entonces $X - \lambda$ divide a P, y $P = (X - \lambda)R$, donde R es un polinomio de grado 2, lo cual demuestra que P no es irreducible. $\qquad\square$

Puede que el inductista que hay en usted piense que lo mismo pasa con los de grado 4, grado 5, etc. ¡Para nada!, en los de grado 3 se acaba la racha. Un polinomio puede no tener raíces y, sin embargo, no ser irreducible. Por ejemplo, el polinomio $X^4 + 2X^2 + 1 \in \mathbb{R}[X]$ no es irreducible, ya que:

$$X^4 + 2X^2 + 1 = (X^2 + 1)^2.$$

---

[61]Ya que, si A y B son sentencias matemáticas, entonces $A \implies B$ es equivalente a $\neg B \implies \neg A$ (donde el símbolo $\neg$ indica la negación de la sentencia que viene después).

[62]De nuevo, esto es equivalente a que, si K es un cuerpo, entonces un polinomio de grado 3 de $K[X]$ es irreducible si y solo si no tiene raíces en K.

Sin embargo, no tiene raíces reales, ya que, si el cuadrado de $X^2 + 1$ se hace 0, el propio $X^2 + 1$ también se hace 0, pero sabemos que, cuando $\lambda \in \mathbb{R}$, se tiene que $\lambda^2 + 1$ es un número real ≥ 1 y, por lo tanto, no puede ser 0^{63}.

No todo está perdido y, por lo menos, se salva una mitad de la argumentación: si un polinomio de grado ≥ 2 es irreducible, entonces no tiene raíces reales, o equivalentemente y por la vía de llevar la contraria:

Proposición 5.4.4. *Si $P \in K[X]$ es de grado ≥ 2 y tiene alguna raíz en K, entonces P no es irreducible.*

Demostración. Si $\lambda \in K$ es una raíz de P entonces, por la Proposición 5.4.1, $X - \lambda$ divide a P, y $P = (X - \lambda)R$ con R de grado no nulo^{64} y, por lo tanto, P no es irreducible. $\square$

Para que las Proposiciones 5.4.2, 5.4.3 y 5.4.4 salgan del reino matemático (ciertas, pero inútiles^{65}) y tengan alguna utilidad práctica, sería interesante tener un repertorio de fórmulas para obtener raíces de polinomios: para los de grados $1, 2, 3$ y 4, ciertamente hay fórmulas (fáciles para grados 1 y 2 y dolorosas como un flemón para grados 3 y 4), y también las hay para algunos polinomios especiales, como por ejemplo los de la forma $ax^8 + bx^6 + cx^4 + dx^2 + e$, que se pueden reducir a sacar las de un polinomio de grado 4 haciendo el cambio $x^2 = t$. Como mencionaré después, para polinomios de grado ≥ 5 no hay forma de resolverlas en general usando sumas, restas, multiplicaciones, divisiones y extracción de raíces k-ésimas con $k \in \mathbb{N}$. En el caso de que el polinomio tenga coeficientes enteros podemos ver algunos brotes verdes y hallar las posibles raíces racionales, en caso de que las haya^{66}, como podemos ver en la siguiente proposición:

---

^{63}Otra forma de razonarlo es que las raíces de $X^2 + 1$ son $\pm i$, donde i es la unidad imaginaria y, por lo tanto, no son números reales.

^{64}Aquí es donde interviene que el grado de P es al menos 2 y que, por lo tanto, el grado de R es $\geq 2 - 1$. Si P fuese de grado 1 el grado de R sería 0 y, por lo tanto, sería una constante y no se podría concluir que P no es irreducible (¡de hecho, es que los polinomios de grado 1 son irreducibles, leñe!).

^{65}Como en aquel chiste del viajero que iba en un globo y se pierde completamente, por lo que baja a ras del suelo y le pregunta a un lugareño: "- Dígame, buen hombre, ¿qué es esto? - Eso es un globo. - Déjeme adivinar, ¡usted es matemático! - Pues sí, ¿cómo lo ha sabido? - Porque su respuesta es precisa, correcta, y completamente inútil".

^{66}Si hay raíces pero son irracionales o no son reales, ¡no hay tu tía!

Proposición 5.4.5. *Si la fracción $\frac{r}{s} \in \mathbb{Q}$, con r y s primos entre sí, es una raíz del polinomio:*

$$a_n X^n + a_{n-1} X^{n-1} + \cdots + a_1 X + a_0 \in \mathbb{Z}[X],$$

con $a_n \neq 0$, entonces $r \mid a_0$ y $s \mid a_n$.

Demostración. Se cumple que:

$$a_n \left(\frac{r}{s}\right)^n + a_{n-1} \left(\frac{r}{s}\right)^{n-1} + \cdots + a_1 \, \frac{r}{s} + a_0 = 0$$

y, de ahí, multiplicando en ambos miembros por s^n:

$$a_n r^n + a_{n-1} r^{n-1} s + \cdots + a_1 r s^{n-1} + a_0 s^n = 0.$$

Por lo tanto:

$$r\left(a_n r^{n-1} + \cdots + a_1 s^{n-1}\right) = -a_0 s^n$$

y, como r y $-s^n$ son coprimos[67], se deduce del Lema 3.6.1 que $r \mid a_0$.

Razonando de forma similar:

$$s\left(a_{n-1} r^{n-1} + \cdots + a_0 s^{n-1}\right) = -a_n r^n,$$

y al ser s y $-r^n$ primos entre sí, $s \mid a_n$. $\qquad\square$

Ejemplo 5.4.2. Supongamos que queremos hallar las raíces del polinomio:

$$2X^6 + 7X^5 - 5X^4 - 30X^3 - 15X^2 + 11X + 6 \in \mathbb{R}[X].$$

Aunque queremos hallar las raíces reales, los coeficientes son enteros, por lo que el polinomio también está en $\mathbb{Z}[X]$. Probamos a ver si suena la flauta[68] y el polinomio tiene raíces racionales. Por la proposición anterior, las candidatas son $\pm 1, \pm 2, \pm 3, \pm 6, \pm \frac{1}{2}$ y $\pm \frac{3}{2}$. Probando con paciencia una por una las doce, se ve que $-1, 2, -3$ y $\frac{-1}{2}$ sí que son raíces,

---

[67] Al ser r coprimo con s, por el problema 6 del tema 3, también lo es con cualquier potencia de s y, obviamente, también con el opuesto de la misma, por la Proposición 3.4.5.

[68] Sonará, sonará.

y dividiendo el polinomio sucesivamente por $X + 1, X - 2, X + 3$ y $X + \frac{1}{2}$ vemos que el polinomio es:

$$2(X + 1)(X - 2)(X + 3)(X + \frac{1}{2})(X^2 + X - 1).$$

Se pueden hallar fácilmente las raíces del factor rebelde $X^2 + X - 1$, ya que este es de segundo grado, y sus raíces son $\frac{-1\pm\sqrt{5}}{2}$, por lo que las cinco raíces del polinomio son $-1, 2, -3, \frac{-1}{2}, \frac{-1+\sqrt{5}}{2}$ y $\frac{-1-\sqrt{5}}{2}$.

Una consecuencia obvia de la Proposición 5.4.5 es que es fácil saber las posibles candidatas a raíces enteras de un polinomio de $\mathbb{Z}[X]$, a saber, los divisores del término independiente:

Corolario 5.4.1. *Si $r \in \mathbb{Z}$, es una raíz del polinomio:*

$$a_n X^n + a_{n-1} X^{n-1} + \cdots + a_1 X + a_0 \in \mathbb{Z}[X],$$

con $a_n \neq 0$, entonces $r \mid a_0$.

Demostración. Es evidente, ya que los números enteros son las fracciones $\frac{r}{1}$ y, dado que obviamente $1 \mid a_n$, por la Proposición 5.4.5, si $\frac{r}{1}$ es raíz del polinomio, r tendrá que dividir a a_0. $\qquad\square$

Ejemplos 5.4.3.

1. Las posibles raíces enteras del polinomio $2X^8 - 10X^7 + X^2 - 7X + 10$ son $\pm 1, \pm 2, \pm 5$ y ± 10. Probando con todas, se puede ver que 5, efectivamente, es raíz.

2. Las posibles enteras del polinomio $X^{14} + X - 32$ son $\pm 1, \pm 2, \pm 4, \pm 8, \pm 16$ y ± 32. Después de probar con las 12, se ve que ninguna de ellas es raíz [69] y, por lo tanto, el polinomio no tiene raíces enteras[70].

Definición 5.4.2. *Si λ es una raíz del polinomio P en la indeterminada X, se define la multiplicidad de λ como el mayor número natural n que cumple que $(X - \lambda)^n$ divide a P.*

---

[69]¡Qué faena, con el trabajo que nos ha costado!

[70]Tampoco racionales, dicho sea de paso, ya que el polinomio es mónico y por lo tanto los posibles denominadores son 1 y −1.

Se observa que, por la Proposición 5.4.1, λ es raíz de P si y solo si el factor $X - \lambda$ aparece en la descomposición de P como producto de irreducibles y, en este caso, la multiplicidad de la raíz que acabamos de definir coincide con la multiplicidad del factor irreducible definida en la sección 5.3. Es decir, una raíz λ tiene multiplicidad n cuando $P = (X - \lambda)^n Q$ donde el polinomio Q no es divisible por $X - \lambda$ (o sea, $Q(\lambda) \neq 0$).

Si nos ponemos extremos, hasta podemos definir e interpretar que λ no sea raíz como que $(X - \lambda)^0$ es la mayor potencia de $X - \lambda$ que divide a P, y decir en este caso que la multiplicidad de λ como raíz (bueeno, como no-raíz) es 0.

Ejemplo 5.4.4. En $\mathbb{R}[X]$, 0 es raíz del polinomio $X^5 + X^3$, ya que $0^5 + 0^3 = 0$. Como:

$$X^5 + X^3 = X^3(X^2 + 1),$$

la multiplicidad de la raíz es 3, y se dice que 0 es una raíz triple.

Cuando la multiplicidad de una raíz es 1 se dice que es una raíz simple, y cuando es mayor que 1 que es una raíz múltiple. Se pueden caracterizar algebraicamente las raíces múltiples, pero para ello necesitamos definir primero el concepto de derivada formal de un polinomio:

Definición 5.4.3. *Si:*

$$P = a_n X^n + a_{n-1} X^{n-1} + \cdots + a_2 X^2 + a_1 X + a_0 \in K[X],$$

la derivada de P es el polinomio:

$$P' = n a_n X^{n-1} + (n-1) a_{n-1} X^{n-2} + \cdots + 2 a_2 X + a_1.$$

Aquí no intervienen para nada los límites de cocientes de incrementos (y ni siquiera tienen sentido estos límites), es simplemente una expresión formal que concuerda con la conocida derivada de una función polinómica cuando $K = \mathbb{R}$, por eso he dicho que es una derivada formal.

En el siguiente teorema estudiaremos cuál es la derivada de un producto de polinomios. Es una fórmula que ya conocen ustedes del cálculo diferencial, pero no podemos apelar a dicho resultado conocido, ya que se basa en un cálculo de límites que tiene sentido cuando el cuerpo está formado por números reales (o, más en general, complejos, ya que ahí también tenemos una topología) pero, como ya dije, la idea de la derivada como límite no tiene sentido para cuerpos abstractos cualesquiera.

Teorema 5.4.1. *Si $P, Q \in K[X]$, entonces:*

$$(PQ)' = P'Q + PQ'.$$

Usaremos dos lemas sencillos para demostrarlo:

Lema 5.4.1. *Si $\lambda \in K$ y $P \in K[X]$, entonces:*

$$(\lambda P)' = \lambda P'.$$

Demostración. Supongamos que:

$$P = a_n X^n + \cdots + a_1 X + a_0.$$

Entonces:

$$\lambda P = (\lambda a_n) X^n + \cdots + (\lambda a_1) X + (\lambda a_0)$$

y:

$$(\lambda P)' = n\lambda a_n X^{n-1} + \cdots + \lambda a_1 = \lambda(n a_n X^{n-1} + \cdots + a_1) = \lambda P'.$$

$\square$

Lema 5.4.2. *Si $P, Q \in K[X]$, entonces:*

$$(P + Q)' = P' + Q'.$$

Demostración. Podemos suponer sin perder generalidad que P y Q se pueden expresar en la forma:

$$P = a_n X^n + \cdots + a_1 X + a_0$$

y:

$$Q = b_n X^n + \cdots + b_1 X + b_0,$$

donde ambos polinomios tienen $n+1$ sumandos, añadiendo monomios nulos al de menor grado si fueran de grados distintos. Ahora:

$$P + Q = (a_n + b_n)X^n + \cdots + (a_1 + b_1)X + a_0 + b_0$$

y, por lo tanto:

$$(P+Q)' = n(a_n+b_n)X^{n-1}+\cdots+(a_1+b_1) = (na_nX^{n-1}+\cdots+a_1)+(nb_nX^{n-1}+\cdots+b_1) = P'+Q'.$$

$\square$

Después de los lemas, podemos demostrar el teorema[71]:

Demostración. Demostraremos primero que si $P_1, P_2, Q \in K[X]$ y, si lo que queremos demostrar se cumple para P_1Q y P_2Q, entonces también se cumple para:

$$(P_1 + P_2)Q.$$

Tenemos:

$$((P_1 + P_2)Q)' = (P_1Q + P_2Q)'.$$

Por el Lema 5.4.2, esto es:

$$(P_1Q)' + (P_2Q)'.$$

Por hipótesis, esto nos da:

$$P_1'Q + P_1Q' + P_2'Q + P_2Q'.$$

Reagrupando términos, esto es:

$$P_1'Q + P_2'Q + P_1Q' + P_2Q'$$

y, sacando factor común, nos da:

$$(P_1' + P_2')Q + (P_1 + P_2)Q'$$

---

[71]Y un pareado me ha quedado sin haberlo deseado.

y, volviendo a usar otra vez el Lema 5.4.2, vemos que la expresión anterior es:

$$(P_1 + P_2)'Q + (P_1 + P_2)Q',$$

que es lo que queríamos obtener. Ahora es fácil demostrar por inducción sobre r que lo que acabamos de probar también se cumple para r sumandos, es decir, que si el resultado es cierto para $P_1Q, \ldots, P_rQ$, entonces también es cierto para $(P_1 + \cdots + P_r)Q$. La base de la inducción, para $r = 2$, se reduce a lo ya demostrado y el paso de la inducción también se deduce de lo ya demostrado sin más que poner $P_1 + \cdots + P_r = (P_1 + \cdots + P_{r-1}) + P_r$ y usar la hipótesis de inducción. Usando ahora esto e intercambiando el papel de los P_i y el Q deducimos que, dados $r, s \in \mathbb{N}$, si el resultado es cierto para todos los P_iQ_j con $i = 1, \ldots, r$ y $j = 1, \ldots, s$, entonces también lo es para:

$$(P_1 + \cdots + P_r)(Q_1 + \cdots + Q_s).$$

Por lo tanto, como todo polinomio es una suma de monomios, basta probar que se cumple para un producto de dos monomios y, por el Lema 5.4.1, es fácil ver que basta probar que se cumple para dos monomios $P = X^n$ y $Q = X^m$. En este caso, $PQ = X^{n+m}$ y:

$$(PQ)' = (n + m)X^{n+m-1}.$$

Por otra parte:

$$P'Q + PQ' = nX^{n-1}X^m + X^n m X^{m-1} = (n + m)X^{n+m-1},$$

con lo cual se termina la demostración del teorema. $\qquad\square$

Corolario 5.4.2. *Si $\lambda \in K$, $n \in \mathbb{N}$ y $P = (X - \lambda)^n$, entonces $P' = n(X - \lambda)^{n-1}$.*

Demostración. Lo demostramos por inducción sobre n. Si $n = 1$ el resultado es obvio. Supongamos que es cierto para $n - 1$, y sea $P = (X - \lambda)^n$. Lo podemos expresar como $P = QR$ con $Q = (X - \lambda)^{n-1}$ y $R = X - \lambda$. Por el teorema anterior, $P' = Q'R + QR'$ y, dado que por hipótesis de inducción $Q' = (n-1)(X-\lambda)^{n-2}$, obtenemos que:

$$P' = (n-1)(X-\lambda)^{n-2}(X-\lambda) + (X-\lambda)^{n-1} \cdot 1 =$$
$$(n-1)(X-\lambda)^{n-1} + (X-\lambda)^{n-1} = n(X-\lambda)^{n-1}.$$

$\square$

Ahora ya tenemos las herramientas para caracterizar las raíces múltiples de un polinomio:

Teorema 5.4.2. *Si $P \in K[X]$ y $\lambda \in K$ es una raíz de P, entonces λ es raíz múltiple de P si y solo si:*

$$P'(\lambda) = 0.$$

Demostración. Supongamos que λ es raíz múltiple de P. Por definición de raíz múltiple, existen un polinomio $Q \in K[X]$ y un número natural $n \geq 2$ tales que:

$$P = (X-\lambda)^n Q.$$

Usando el Teorema 5.4.1 y el Corolario 5.4.2 llegamos a:

$$P' = n(X-\lambda)^{n-1}Q + (X-\lambda)^n Q'$$

y substituyendo la X por λ y teniendo en cuenta que, como $n \geq 2$, entonces $n-1 \in \mathbb{N}$, obtenemos:

$$P'(\lambda) = n(\lambda-\lambda)^{n-1}Q(\lambda) + (\lambda-\lambda)^n Q'(\lambda) = n \cdot 0 \cdot Q(\lambda) + 0 \cdot Q'(\lambda) = 0.$$

Recíprocamente, supongamos que λ es raíz de P y de P' y supongamos por reducción al absurdo que la multiplicidad de λ es 1. Entonces, $P = (X-\lambda)Q$, donde $X-\lambda$ no divide a Q y obtendríamos de nuevo por el Teorema 5.4.1 y el Corolario 5.4.2, sustituyendo la X por λ, que $0 = P'(\lambda) = Q(\lambda) + (\lambda-\lambda)Q'(\lambda) = Q(\lambda)$, lo cual contradice que $(X-\lambda) \nmid Q$. Por lo tanto, $n \geq 2$ y λ es raíz múltiple del polinomio P. $\square$

Es decir, una raíz es múltiple si y solo si es raíz tanto del polinomio P como de su derivada.

Ejemplo 5.4.5. Si tomamos el polinomio:

$$P = 8X^3 + 12X^2 + 6X + 1 \in \mathbb{R}[X],$$

entonces:

$$P(\frac{-1}{2}) = -1 + 3 - 3 + 1 = 0,$$

luego $\frac{-1}{2}$ es raíz de P. Por otra parte:

$$P' = 24X^2 + 24X + 6$$

y:

$$P'(\frac{-1}{2}) = 6 - 12 + 6 = 0,$$

por lo que $\frac{-1}{2}$ es una raíz múltiple del polinomio. Concretamente:

$$P = 8(X + \frac{1}{2})^3,$$

por lo que es una raíz triple[72]. Podemos también darnos cuenta de que es raíz triple usando el problema 12 de los ejercicios del final del capítulo, observando que $\frac{-1}{2}$ también es raíz de la derivada segunda de P.

Se le puede sacar aún más jugo al teorema. Este nos puede ayudar a sacar raíces múltiples, ya que si λ es una raíz múltiple de un polinomio P, entonces λ es raíz de P y también de su polinomio derivado P', por lo que $X - \lambda$ es un divisor comun de P y de P'... ¡y, por lo tanto, divide a su máximo común divisor D!, por lo que las raíces múltiples las tenemos que buscar entre las raíces de D. Por ejemplo, si queremos hallar las raíces múltiples del polinomio:

$$P = X^5 - 3X^4 - 4X^3 + 12X^2 + 4X - 12 \in \mathbb{R}[X],$$

entonces su derivada es:

$$P' = 5X^4 - 12X^3 - 12X^2 + 24X + 4$$

---

[72]¿Alguien da más?

y, utilizando el algoritmo de Euclides, podemos ver que el máximo común divisor de ambos es:

$$D = X^2 - 2 = (X - \sqrt{2})(X + \sqrt{2}),$$

por lo que tanto $\sqrt{2}$ como $-\sqrt{2}$ son raíces múltiples de P y, dividiendo P entre:

$$(X - \sqrt{2})^2 (X + \sqrt{2})^2,$$

se ve que:

$$P = (X - \sqrt{2})^2 (X + \sqrt{2})^2 (X - 3),$$

con lo que nos sale de propina la otra raíz, que es 3.

AVANZAR SIN ECHAR RAÍCES

Todos sabemos cómo resolver una ecuación de segundo grado:

$$aX^2 + bX + c = 0,$$

con $a \neq 0$. Primero dividimos entre a en los dos miembros y obtenemos:

$$X^2 + \frac{b}{a}X + \frac{c}{a} = 0. \tag{5.9}$$

Ahora buscamos el cuadrado perfecto de la forma $(X + \lambda)^2$ que 'más se parezca' al miembro izquierdo de (5.9). Como:

$$(X + \lambda)^2 = X^2 + 2\lambda X + \lambda^2,$$

el primer sumando, X^2, ya es igual al correspondiente término en (5.9). Queremos que el término en X también coincida, es decir, que $2\lambda X = \frac{b}{a}X$ e igualando los coeficientes de la X concluimos que $\lambda = \frac{b}{2a}$, con lo que el citado cuadrado es:

$$\left(X + \frac{b}{2a}\right)^2 = X^2 + \frac{b}{a}X + \frac{b^2}{4a^2}.$$

El problema es que los términos independientes no son iguales, así que metemos el $\frac{b^2}{4a^2}$ 'con calzador', sumándolo y restándolo a la izquierda de (5.9), y tenemos entonces:

$$(X + \frac{b}{2a})^2 + \frac{c}{a} - \frac{b^2}{4a^2} = 0.$$

Esta ecuación, ahora, es fácil de resolver; pasamos los dos últimos términos al otro miembro, con lo que:

$$(X + \frac{b}{2a})^2 = \frac{b^2}{4a^2} - \frac{c}{a} = \frac{b^2 - 4ac}{4a^2}$$

y, sacando raíces cuadradas, obtenemos:

$$X + \frac{b}{2a} = \pm\sqrt{\frac{b^2 - 4ac}{4a^2}} = \frac{\pm\sqrt{b^2 - 4ac}}{2a}$$

y, finalmente, despejamos la X y llegamos a:

$$X = \frac{\pm\sqrt{b^2 - 4ac}}{2a} - \frac{b}{2a} = \frac{-b \pm \sqrt{b^2 - 4ac}}{2a},$$

que es la familiar fórmula que se suele aprender, mayormente, de memoria y que acabamos de razonar de dónde sale.

Las ecuaciones de grados tres y cuatro son huesos más duros de roer. La de tercer grado,

$$aX^3 + bX^2 + cX + d = 0, \tag{5.10}$$

también llamada *ecuación cúbica*, fue resuelta en 1530 por Niccolò Fontana. Usando notación moderna, si $\Delta_0 = b^2 - 3ac$, $\Delta_1 = 2b^3 - 9abc + 27a^2d$, y si $L = \sqrt[3]{\frac{\Delta_1 \pm \sqrt{\Delta_1^2 - 4\Delta_0^3}}{2}}$ y $\chi = \frac{-1+\sqrt{-3}}{2}$, entonces las tres raíces de la ecuación son:

$$x_i = \frac{-1}{3a}(b + \chi^i L + \frac{\Delta_0}{\chi^i L}), \text{ con } i = 0, 1, 2.$$

Puede parecer, a primera vista, que salen 18 raíces, combinando los posibles valores de la i con el $\pm$ de la raíz cuadrada en L y con las tres raíces cúbicas en L. En realidad son 3, ya que cada una aparece 6 veces. Si quieren que salgan 3 a la primera, pueden fijar el + o el − en L, así como una de las 3 raíces cúbicas. Cuando las 3 raíces de la ecuación

(5.10) son iguales el valor de L es 0, con lo que nos aparecería una división por 0, pero ese caso es fácil de manejar, aunque no voy a entrar en ello.

La ecuación de cuarto grado:

$$aX^4 + bX^3 + cX^2 + dX + e = 0,$$

también llamada la *ecuación cuártica*, fue resuelta en 1540 por Ludovico Ferrari, que la redujo a una ecuación cúbica haciendo un cambio de variable apropiado que no describiré aquí.

Y entonces llegó Abel y mandó parar. El matemático Niels Henrik Abel probó en 1824 que no hay ninguna fórmula que nos dé las soluciones de la ecuación polinómica de quinto grado:

$$aX^5 + bX^4 + cX^3 + dX^2 + eX + f = 0$$

en términos de sus coeficientes a, b, c, d, e, f haciendo sumas, restas, multiplicaciones, divisiones y extracción de raíces de cualquier orden (lo cual no quita, evidentemente, que se puedan obtener aproximaciones numéricas tan precisas como se desee y tampoco excluye que para algunas ecuaciones particulares su solución se pueda expresar en la forma indicada).

A este respecto, el matemático Évariste Galois dio un paso de gigante en 1831, elaborando un criterio para saber exactamente qué ecuaciones polinómicas se pueden resolver utilizando operaciones elementales y radicales. Su idea, genial y pionera, fue asociar al polinomio un grupo de permutaciones de sus raíces, a saber, las que dejan invariante el polinomio, y demostró que la condición necesaria y suficiente para que la ecuación se pueda resolver es que el grupo posea una cierta propiedad, llamada resolubilidad en el lenguaje moderno de la teoría de grupos. Ya sé que dicho así suena, a primera vista, como un poco a tautología: la ecuación es resoluble cuando el grupo es resoluble, con eso y cien céntimos tenemos un euro. La cosa no es tan sencilla, ya que el concepto de grupo resoluble es intrínsecamente algebraico y no involucra en su definición a la resolubilidad de ecuaciones. Quiere decir que el grupo admite una cadena de subgrupos, cada uno de ellos normal en el anterior, que comienza en el propio grupo y termina en el subgrupo trivial formado por el elemento neutro, tales que cada uno de los grupos cociente es abeliano. El trabajo de Galois puso los cimientos de la teoría de grupos moderna, y su contribución a la matemática actual es incuestionable. Pueden leer más sobre ello en [6].

Al igual que en el caso de los números enteros podíamos estudiar las congruencias módulo un número entero n, lo cual nos llevaba al anillo de clases residuales módulo n, podemos hacer lo mismo para anillos de polinomios $K[X]$, donde K es un cuerpo, de manera que podemos hablar de congruencias módulo un polinomio P y del correspondiente anillo de clases residuales módulo P. Esto conduce a resultados completamente similares a los obtenidos en el tema anterior[73] y se desarrollará en los ejercicios al final del capítulo. Las demostraciones de los ejercicios son prácticamente una fotocopia de las demostraciones ya vistas para los enteros, cambiando 'entero' por 'polinomio', 'división de enteros' por 'división de polinomios', 'algoritmo de Euclides extendido para enteros' por 'algoritmo de Euclides extendido para polinomios', etc. Que no quiera repetir casi literalmente las argumentaciones no quiere decir que no sean cosas importantes y animo como siempre a los lectores a que hagan los mencionados ejercicios.

5.5. Si divides de manera formal, obtendrás una función racional

Hemos visto hasta ahora dos posibles formas de dividir polinomios: una, en la que Q divide a P cuando existe un polinomio C tal que $P = CQ$. En este caso podemos decir que $\frac{P}{Q} = C$, pero esto no ocurre siempre, es más, ocurre rara vez, y si escoge al azar dos polinomios P y Q con $\operatorname{grad}(P) > \operatorname{grad}(Q)$, es extremadamente improbable que Q divida

---

[73]Esto es debido, en el fondo, a que las propiedades algebraicas del anillo $\mathbb{Z}$ de los números enteros son muy pero que muy parecidas a las de los anillos de polinomios $K[X]$ con K cuerpo. En ambos casos hay un algoritmo de división euclídea con resto, en ambos casos hay factorización única (como producto de números primos para enteros y como producto de polinomios irreducibles para polinomios), etc. Así y todo, no son anillos isomorfos, no son taaan parecidos.

a P^{74}. La otra forma, más general que la primera, de dividir polinomios es la división con resto, en la que existen polinomios C y R tales que $P = CQ + R$, donde el resto es 0 o es de grado menor que el de Q. Es más general porque el que Q divida a P es equivalente a que el resto sea 0, pero no arregla mucho la cosa, porque tenemos que asumir que la mayor parte de las veces la división no es exacta y tenemos que lidiar con un resto no nulo. En esta sección veremos una tercera vía para dividir polinomios, que es considerarlos como expresiones formales y, más concretamente, como fracciones en las que el numerador y el denominador son polinomios. A estas fracciones las llamaremos *funciones racionales*, aunque no tenemos que dejarnos engañar por el nombre 'funciones'. A cada fracción de polinomios le podemos asociar una función en la que, para cada $a \in K$, sustituimos la indeterminada X por el elemento a (siempre que el denominador no se haga 0, ya que no se puede dividir por 0), pero la fracción en sí misma no es una función, sino que es... hummm, es como si fuera... ,esto... bueno, en fin, dentro de un momento les daré la definición matemática rigurosa de lo que es el llamado cuerpo de funciones racionales. Quizá a primera vista les resulte un poco extraño el concepto de formar una fracción entre dos polinomios, pero eso es simplemente for falta de familiaridad con el concepto, ya que es exactamente el mismo proceso por el que forman fracciones con los números enteros para definir los números racionales.

La construcción del *cuerpo de cocientes* de un anillo de polinomios $K[X]$ se hace de la forma siguiente: definimos en el producto cartesiano $K[X] \times (K[X] - \{0\})$ la relación:

$$(P, Q)\mathcal{R}(R, S) \text{ si } PS = RQ.$$

Veamos que la relación $\mathcal{R}$ es de equivalencia:

$(P, Q)\mathcal{R}(P, Q)\forall P, Q \in K[X]$, ya que $PQ = PQ$ y, por lo tanto, la relación es reflexiva.

Supongamos que $(P, Q)\mathcal{R}(R, S)$. Entonces $PS = RQ$ y, por lo tanto, también $RQ = PS$, de donde concluimos que $(R, S)\mathcal{R}(P, Q)$, y así la relación es simétrica.

Supongamos, finalmente, que $(P, Q)\mathcal{R}(R, S)$ y $(R, S)\mathcal{R}(T, U)$. Entonces:

$$PS = RQ \text{ y } RU = TS.$$

---

[74]Excepto en los exámenes, en los libros de texto y en las clases magistrales; ahí, van a proliferar como setas los polinomios con relaciones de divisibilidad entre ellos.

Multiplicando la primera igualdad por U y la segunda por Q, llegamos a:

$$SPU = RQU \text{ y } RQU = STQ.$$

De ahi, $SPU = STQ$ y, simplificando el factor S[75], obtenemos $PU = TQ$, de donde deducimos que $(P,Q)\mathcal{R}(T,U)$, por lo que la relación es transitiva.

Podemos considerar entonces el conjunto cociente:

$$\frac{K[X] \times (K[X] - \{0\})}{\mathcal{R}},$$

formado por las clases de equivalencia, al cual denotaremos por $K(X)$. A la clase de equivalencia representada por el par (P,Q) se la suele denotar en forma de fracción, como $\frac{P}{Q}$. Hay que entender que, por lo que sabemos de momento, esto es simplemente una notación y no quiere decir 'dividir el polinomio P entre el polinomio Q', aunque cuando veamos enseguida las operaciones que se pueden definir en este conjunto (¡alerta de *spoiler*!) llegaremos a que sí se puede interpretar, en último término, como una división de polinomios.

La fracción $\frac{P}{Q}$ no está formada por un único par de $K[X] \times (K[X]-\{0\})$. Por ejemplo, en $\mathbb{Q}(X)$, el par $(1,X)$ y el par (X,X^2) están relacionados, por lo que representan a la misma clase de equivalencia, es decir, $\frac{1}{X} = \frac{X}{X^2}$, de forma que en un elemento de $K(X)$ el numerador y denominador de una fracción no son únicos. En particular, se puede ver fácilmente a partir de la definición que, si en una fracción se divide el numerador y el denominador por un divisor común de ambos, la nueva fracción representa a la misma clase de equivalencia y es más sencilla que la original. Como no queremos repetir una secuencia de simplificaciones sucesivas, es mejor agarrar el mayor bocado que podamos al numerador y al denominador, esto es, simplificar el máximo común divisor del numerador y el denominador. Con esto obtenemos el llamado representante canónico de la fracción[76].

---

[75]Lo cual se puede hacer, ya que por hipótesis $S \neq 0$ y que, si K es cuerpo, en el anillo de polinomios $K[X]$ se pueden simplificar polinomios no nulos que aparezcan multiplicando, por la Proposición 5.1.3.

[76]'El' es un decir, ya que es único salvo por una constante no nula dependiendo de qué máximo común divisor tomemos.

Ejemplo 5.5.1. Si tomamos la fracción $\frac{X^5-X^4+2X^3+1}{2X^8+2X^6+3X^5-2X^3+X^2-3X-3}$ de $\mathbb{Q}(X)$, es fácil ver, utilizando el algoritmo de Euclides, que:

$$\mathrm{mcd}(X^5 - X^4 + 2X^3 + 1, 2X^8 + 2X^6 + 3X^5 - 2X^3 + X^2 - 3X - 3) = X^3 + X + 1,$$

por lo que, dividiendo el numerador y el denominador por $X^3 + X + 1$, vemos que la fracción original es igual a $\frac{X^2-X+1}{2X^5+X^2-3}$.

Podemos introducir ahora las operaciones de suma y multiplicación en $K(X)$:

Definición 5.5.1. *Si* $\frac{P}{Q}, \frac{R}{S} \in K(X)$:

$$\frac{P}{Q} + \frac{R}{S} = \frac{PS + RQ}{QS}$$

y:

$$\frac{P}{Q} \cdot \frac{R}{S} = \frac{PR}{QS}.$$

Tenemos que asegurarnos de que ambas operaciones están bien definidas, ya que hemos visto que el numerador y el denominador de una función racional no son únicos. Sería muy mala noticia si al cambiar los numeradores y denominadores de los operandos nos diera otra función racional diferente. Afortunadamente, no se da el caso, como veremos a continuación.

Proposición 5.5.1. *Si* $\frac{P}{Q} = \frac{P'}{Q'}$ *y* $\frac{R}{S} = \frac{R'}{S'}$, *entonces:*

1.
$$\frac{PS + RQ}{QS} = \frac{P'S' + R'Q'}{Q'S'},$$

2.
$$\frac{PR}{QS} = \frac{P'R'}{Q'S'}.$$

Demostración. Por hipótesis se cumple que:

$$PQ' = P'Q \qquad (5.11)$$

y:

$$RS' = R'S. \qquad (5.12)$$

227

Profundiza en las matemáticas universitarias con humor

Vamos a demostrar primero que la suma está bien definida. Multiplicando en ambos miembros de (5.11) por SS' obtenemos:

$$PSQ'S' = P'S'QS, \tag{5.13}$$

y multiplicando en ambos miembros de (5.12) por QQ' nos queda:

$$RQQ'S' = R'Q'QS. \tag{5.14}$$

Sumando (5.13) y (5.14) llegamos a:

$$PSQ'S' + RQQ'S' = P'S'QS + R'Q'QS$$

y, sacando factor común $Q'S'$ en el miembro izquierdo y QS en el derecho, concluimos que:

$$(PS + RQ)Q'S' = (P'S' + R'Q')QS,$$

lo cual prueba que:

$$\frac{PS + RQ}{QS} = \frac{P'S' + R'Q'}{Q'S'}.$$

Para probar que también la multiplicación está bien definida, multiplicamos (5.11) y (5.12), y vemos así que:

$$PRQ'S' = P'R'QS$$

y, por lo tanto:

$$\frac{PR}{QS} = \frac{P'R'}{Q'S'}.$$

$\square$

Proposición 5.5.2. *Se cumple que:*

$$(K(X), +, \cdot)$$

es un cuerpo[77].

---

[77]Por eso se le suele llamar a $K(X)$ el cuerpo de cocientes de $K[X]$ y no la berenjena de cocientes de $K[X]$.

Demostración. La demostración es sencilla y se propone a los lectores que la hagan. Únicamente probaré que todo elemento no nulo de $K(X)$ es inversible. Sea $\frac{P}{Q} \in K(X) -$ $\{0\}$. Entonces, $P \neq 0$ (ya que, si no, se tendría $\frac{P}{Q} = \frac{0}{1}$, al ser $P \cdot 1 = 0 \cdot Q = 0$) y ahora se puede ver de forma inmediata que el inverso de $\frac{P}{Q}$ es $\frac{Q}{P}$. Como ven, es ridículamente sencillo hallar el inverso de una fracción, tan solo se intercambian el numerador y el denominador, lo difícil ha sido ha sido definir con rigor lo que son las fracciones de polinomios. $\qquad\square$

El anillo $K[X]$ está 'metido' dentro del cuerpo $K(X)$, en el sentido de que hay una aplicación inyectiva entre los elementos de ambas estructuras que preserva las leyes de composición y el elemento neutro del producto, como veremos ahora:

Proposición 5.5.3. *La aplicación $f : K[X] \longrightarrow K(X)$ que envía un polinomio P a la fracción $\frac{P}{1}$ es un homomorfismo[78] inyectivo.*

Demostración. Si $P, Q \in K[X]$, entonces $f(P+Q) = \frac{P+Q}{1} = \frac{P \cdot 1 + Q \cdot 1}{1 \cdot 1} = \frac{P}{1} + \frac{Q}{1} = f(P) + f(Q)$, luego f preserva la suma.

Además, $f(PQ) = \frac{PQ}{1} = \frac{PQ}{1 \cdot 1} = \frac{P}{1} \cdot \frac{Q}{1} = f(P)f(Q)$ y así f también preserva la multiplicación.

También, $f(1) = \frac{1}{1}$, luego la imagen del elemento neutro de la multiplicación en $K[X]$ es el elemento neutro de la multiplicación en $K(X)$.

Finalmente, si $f(P) = f(Q)$, entonces $\frac{P}{1} = \frac{Q}{1}$, luego $P \cdot 1 = Q \cdot 1$ y, por lo tanto, $P = Q$, por lo que f es inyectiva. $\qquad\square$

Mediante la aplicación anterior podemos identificar el polinomio P con la fracción $\frac{P}{1}$. Es evidente que el elemento $\frac{P}{Q}$ de $K(X)$ es la división de $\frac{P}{1}$ y $\frac{Q}{1}$, es decir, de P y Q, ya que $\frac{P}{Q} = \frac{P}{1} \cdot \frac{1}{Q} = \frac{P}{1} \cdot \left(\frac{Q}{1}\right)^{-1}$. Por eso, como comenté antes, en último término, $\frac{P}{Q}$ es la división de los polinomios P y Q, pero entendiendo bien qué queremos decir con esto.

Dados dos polinomios $P, Q \in K[X]$, con $Q \neq 0$, si C y R son el cociente y el resto, respectivamente, de la división de P entre Q, de forma que $P = CQ + R$, entonces:

$$\frac{P}{Q} = \frac{CQ + R}{Q} = C + \frac{R}{Q}. \tag{5.15}$$

---

[78]Esto quiere decir que la imagen de una suma es la suma de las imágenes, la imagen de un producto es el producto de las imágenes y la imagen del neutro de la multiplicación es el neutro de la multiplicación.

De esta forma, nos basta estudiar las funciones racionales en las que el grado del numerador es menor que el grado del denominador. También es interesante destacar que en una función racional $\frac{P}{Q}$ podemos suponer sin pérdida de generalidad que el polinomio Q es mónico, ya que si no lo fuera podríamos dividir P y Q por el coeficiente director de Q.

En el caso en el que el cuerpo sea el de los números reales, llamaremos *fracciones simples* a las funciones racionales de la forma:

$$\frac{A}{(X - \lambda)^n},$$

con $A, \lambda \in \mathbb{R}$ y $n \in \mathbb{N}$, o de la forma:

$$\frac{AX + B}{(X^2 + \lambda X + \mu)^n},$$

con $A, B, \lambda, \mu \in \mathbb{R}$, $n \in \mathbb{N}$ y $\lambda^2 - 4\mu < 0$.

Las fracciones simples juegan un papel fundamental en la integración de funciones racionales, ya que son (más o menos) fáciles de integrar y, como veremos en el siguiente teorema, toda función racional se puede expresar como suma de ellas:

Teorema 5.5.1. *Toda función racional $\frac{P}{Q}$ cuyo grado del numerador es menor que el grado del denominador se puede descomponer como suma de fracciones simples.*

Demostración. Lo probaremos por inducción completa sobre $\mathrm{grad}(Q)$. Es trivialmente cierto cuando $\mathrm{grad}(Q) = 1$, ya que en este caso la función racional es de la forma $\frac{a}{bX+c}$ y

$$\frac{a}{bX + c} = \frac{\frac{a}{b}}{X - \frac{-c}{b}}.$$

Supongamos, entonces, que $\mathrm{grad}(Q) \geq 2$. Por el teorema fundamental del álgebra[79], Q tiene por lo menos una raíz, que puede ser real o compleja con parte imaginaria no nula, lo cual nos lleva a distinguir esos dos casos en la demostración.

---

[79]Que dice que todo polinomio con coeficientes complejos de grado ≥ 1 tiene, por lo menos, una raíz compleja.

Si Q tiene una raíz real λ de multiplicidad n, entonces la función racional es de la forma $\frac{P}{(X-\lambda)^n Q_1}$, con $Q_1(\lambda) \neq 0$. Ahora, se tiene que:

$$\frac{P}{(X-\lambda)^n Q_1} = \frac{P(\lambda)}{(X-\lambda)^n Q_1(\lambda)} + \frac{P - \frac{P(\lambda)}{Q_1(\lambda)} Q_1}{(X-\lambda)^n Q_1}.$$

Por otra parte, el polinomio $P - \frac{P(\lambda)}{Q_1(\lambda)} Q_1$ se anula en λ, ya que $P(\lambda) - \frac{P(\lambda)}{Q_1(\lambda)} Q_1(\lambda) = 0$ y, por lo tanto, es divisible por $X - \lambda$, de forma que $P - \frac{P(\lambda)}{Q_1(\lambda)} Q_1 = (X - \lambda) P_1$ para algún $P_1 \in \mathbb{R}[X]$, y:

$$\frac{P}{(X-\lambda)^n Q_1} = \frac{P(\lambda)}{(X-\lambda)^n Q_1(\lambda)} + \frac{P_1}{(X-\lambda)^{n-1} Q_1},$$

donde, si $P_1 \neq 0$, se tendrá que $\mathrm{grad}(P_1) < \mathrm{grad}((X-\lambda)^{n-1} Q_1)$ (con lo cual nos seguimos moviendo en el terreno en el que el grado del numerador es menor que el del denominador) y dado que $\frac{P(\lambda)}{(X-\lambda)^n Q_1(\lambda)}$ es una fracción simple (si se considera $\frac{P(\lambda)}{Q_1(\lambda)}$ como el numerador de la misma), el resultado se sigue aplicando la hipótesis de inducción a $\frac{P_1}{(X-\lambda)^{n-1} Q_1}$, ya que $\mathrm{grad}((X-\lambda)^{n-1} Q_1) < \mathrm{grad}((X-\lambda)^n Q_1)$.

Si Q tiene una raíz compleja $z = a + bi$ de multiplicidad n con $b \neq 0$, entonces $\overline{z}$ también es raíz de Q de multiplicidad n y:

$$(X-z)^n (X-\overline{z})^n = ((X-z)(X-\overline{z}))^n = (X^2 - (z+\overline{z})X + z\overline{z})^n = (X^2 - 2aX + a^2 + b^2)^n,$$

el cual es el denominador de una fracción simple. Está claro que:

$$Q = (X^2 - 2aX + a^2 + b^2)^n Q_1,$$

con $Q_1(z) \neq 0$ y $Q_1(\overline{z}) \neq 0$. Ahora, la idea es parecida al caso de raíces reales, ya que buscamos expresar la función racional original como:

$$\frac{P}{(X^2 - 2aX + a^2 + b^2)^n Q_1} = \frac{AX + B}{(X^2 - 2aX + a^2 + b^2)^n} + \frac{P_1}{(X^2 - 2aX + a^2 + b^2)^{n-1} Q_1}. \quad (5.16)$$

Como $X^2 - 2aX + a^2 + b^2 = (X-z)(X-\overline{z})$, esto nos lleva a:

$$\frac{P}{((X-z)(X-\overline{z}))^n Q_1} = \frac{AX + B}{((X-z)(X-\overline{z}))^n} + \frac{P_1}{((X-z)(X-\overline{z}))^{n-1} Q_1} \quad (5.17)$$

y, de ahí, a $P = (AX + B)Q_1 + P_1(X - z)(X - \overline{z})$. Sustituyendo la X por z,

$$P(z) = (Az + B)Q_1(z) + P_1(z) \cdot 0 \cdot (z - \overline{z})) = (Az + B)Q_1(z).$$

Análogamente, sustituyendo la X por $\overline{z}$,

$$P(\overline{z}) = (A\overline{z} + B)Q_1(\overline{z}).$$

Obtenemos así:

$$\frac{P(z)}{Q_1(z)} = Az + B \tag{5.18}$$

y:

$$\frac{P(\overline{z})}{Q_1(\overline{z})} = A\overline{z} + B. \tag{5.19}$$

Restando ambas ecuaciones,

$$\frac{P(z)}{Q_1(z)} - \frac{P(\overline{z})}{Q_1(\overline{z})} = A(z - \overline{z}). \tag{5.20}$$

El número $z - \overline{z}$ es imaginario puro, por ser diferencia de dos números conjugados el uno del otro (concretamente, es $2bi$). De forma similar, como P y Q_1 tienen coeficientes reales, $P(\overline{z}) = \overline{P(z)}$ y $Q_1(\overline{z}) = \overline{Q_1(z)}$. Por lo tanto:

$$\frac{P(\overline{z})}{Q_1(\overline{z})} = \overline{\left(\frac{P(z)}{Q_1(z)}\right)}$$

y $\frac{P(z)}{Q_1(z)} - \frac{P(\overline{z})}{Q_1(\overline{z})}$ es también una diferencia de números conjugados el uno del otro y, en consecuencia, es imaginario puro. Así, por (5.20),

$$A = \frac{\frac{P(z)}{Q_1(z)} - \frac{P(\overline{z})}{Q_1(\overline{z})}}{z - \overline{z}}$$

es un cociente de números imaginarios puros en el que se cancelan las i y, por consiguiente, es un número real. Para calcular la B, la despejamos en (5.18), obteniendo:

$$B = \frac{P(z)}{Q_1(z)} - Az.$$

Aunque no lo parezca, también es un número real ya que, si conjugamos en (5.18), teniendo en cuenta que A es real y que P y Q_1 tienen coeficientes reales, obtenemos:

$$\frac{P(\overline{z})}{Q_1(\overline{z})} = A\overline{z} + \overline{B}$$

y, de esto y de (5.19), llegamos a que $B = \overline{B}$ y B es real, como dije (¿pero a que es verdad que al principio no lo parecía?).

Finalmente, lo que queremos probar se deduce de $(5.16)^{80}$, pues el primer sumando es una fracción simple y en el segundo podemos utilizar la hipótesis de inducción, porque claramente el grado de P_1 es menor que el del demominador y el grado del denominador es menor que el de Q, y así concluye la demostración. $\qquad\square$

Corolario 5.5.1. *Toda función racional se puede expresar como la suma de un polinomio de $\mathbb{R}[X]$ y fracciones simples.*

Demostración. Es una consecuencia obvia de (5.15) y del teorema anterior. $\qquad\square$

Siguiendo la demostración del Teorema 5.5.1 se ve que, si una función racional $\frac{P}{Q}$ con P de grado n y Q mónico de grado m cumple que $n < m$, entonces cada raíz real λ del polinomio Q con multiplicidad k da lugar a una suma:

$$\frac{A_1}{X - \lambda} + \frac{A_2}{(X - \lambda)^2} + \cdots + \frac{A_k}{(X - \lambda)^k}$$

de k fracciones simples, y cada factor cuadrático $X^2 + \lambda X + \mu$ de multiplicidad k correspondiente a raíces complejas de multiplicidad k origina una suma:

$$\frac{B_1 X + C_1}{X^2 + \lambda X + \mu} + \frac{B_2 X + C_2}{(X^2 + \lambda X + \mu)^2} + \cdots + \frac{B_k X + C_k}{(X^2 + \lambda X + \mu)^k}$$

de k fracciones simples. Cuando se hace esta operación con todas las raíces de Q y se suman todas las fracciones simples asociadas a las mismas podemos sacar factor común a la expresión resultante, con lo que nos quedará en el denominador el polinomio Q y en el numerador un polinomio en X con m parámetros, donde los parámetros son los A_i, B_i y C_i de las fracciones simples. Igualando los coeficientes de las potencias de X de

---

[80] Una vez que calculamos el polinomio P_1, el cual tiene, obviamente, coeficientes reales.

este polinomio con los del polinomio P obtenemos un sistema de m ecuaciones lineales con m incógnitas. El Teorema 5.5.1 nos garantiza que el sistema tiene solución, así que ¡adelante con los faroles y a resolverla!

Ejemplo 5.5.2. Vamos a descomponer en suma de un polinomio y una suma de fracciones simples la función racional:

$$\frac{X^5 + X + 1}{X^4 + X^2}.$$

Al dividir $X^5 + X + 1$ entre $X^4 + X^2$ el cociente es X, y el resto $-X^3 + X + 1$, por lo que:

$$\frac{X^5 + X + 1}{X^4 + X^2} = \frac{X(X^4 + X^2) + (-X^3 + X^2 + 1)}{X^4 + X^2} = X + \frac{-X^3 + X + 1}{X^4 + X^2}.$$

Sacando factor común a X^2 en el denominador vemos que $X^4 + X^2 = X^2(X^2 + 1)$, y el factor $X^2 + 1$ tiene raíces imaginarias $\pm i$. Entonces, la función racional a descomponer es:

$$\frac{-X^3 + X + 1}{X^2(X^2 + 1)}$$

y el denominador tiene la raíz real doble 0 y las raíces imaginarias simples $\pm i$ que se corresponden con el factor cuadrático irreducible $X^2 + 1$.

La raíz real doble 0 da lugar a la suma de dos fracciones simples:

$$\frac{A}{X} + \frac{B}{X^2}$$

y las raíces imaginarias simples $\pm i$ (o, equivalentemente, el factor cuadrático $X^2 + 1$) a una fracción simple:

$$\frac{CX + D}{X^2 + 1},$$

por lo que:

$$\frac{-X^3 + X + 1}{X^2(X^2 + 1)} = \frac{A}{X} + \frac{B}{X^2} + \frac{CX + D}{X^2 + 1}.$$

De ahí obtenemos:

$$-X^3 + X + 1 = AX(X^2 + 1) + B(X^2 + 1) + (CX + D)X^2. \tag{5.21}$$

Desarrollando el polinomio del miembro derecho llegamos a que:

$$-X^3 + X + 1 = (A + C)X^3 + (B + D)X^2 + AX + B.$$

Igualando los coeficientes de las correspondientes potencias de X en ambos miembros nos queda el siguiente sistema de ecuaciones lineales:

$$\begin{cases} A + C = -1 \\ B + D = 0 \\ A = 1 \\ B = 1 \end{cases}$$

Resolviendo el sistema obtenemos $A = 1, B = 1, C = -2, D = -1$, por lo que la descomposición buscada es:

$$\frac{-X^3 + X + 1}{X^2(X^2 + 1)} = \frac{1}{X} + \frac{1}{X^2} + \frac{-2X - 1}{X^2 + 1}$$

y, volviendo a la función racional original:

$$\frac{X^5 + X + 1}{X^4 + X^2} = X + \frac{1}{X} + \frac{1}{X^2} + \frac{-2X - 1}{X^2 + 1}.$$

Vemos así que podemos descomponer una función racional en fracciones simples resolviendo un sistema de ecuaciones lineales. Hay un algoritmo eficiente para resolver esta tarea, que es el método de Gauss, por lo que es algo relativamente sencillo, nada que ver con subir por las escaleras una bombona de butano al quinto piso, por ejemplo. No obstante, hay una forma más fácil de hacerlo, por lo que vamos a revisitar el ejemplo anterior viéndolo desde otra perspectiva:

Ejemplo 5.5.3. Descompondremos en suma de fracciones simples la misma función racional que obteníamos en el ejemplo anterior cuando le quitábamos la parte polinómica:

$$\frac{-X^3 + X + 1}{X^2(X^2 + 1)}.$$

Igual que hicimos antes:

$$\frac{-X^3 + X + 1}{X^2(X^2 + 1)} = \frac{A}{X} + \frac{B}{X^2} + \frac{CX + D}{X^2 + 1},$$

y reduciendo a común denominador e igualando los numeradores, como ya vimos en (5.21):

$$-X^3 + X + 1 = AX(X^2 + 1) + B(X^2 + 1) + (CX + D)X^2. \tag{5.22}$$

Pero ahora, en lugar de desarrollar la expresión de la derecha e igualar los coeficientes con los respectivos del polinomio a la izquierda, lo que hacemos es sustituir en ambos miembros la X por la raíz real 0, con lo que dos de los tres sumandos del miembro derecho se hacen 0, y nos queda a tiro el cálculo de la B: $-0^3 + 0 + 1 = 1 = 0 + B \cdot 1 + 0$, de donde $B = 1$. Aprovechando la información de que 0 es raíz doble, derivamos ambos miembros en (5.22), obteniendo:

$$-3X^2 + 1 = A(X^2 + 1) + 2AX^2 + 2BX + CX^2 + 2X(CX + D)$$

y, sustituyendo otra vez la X por 0, cuatro de los cinco sumandos del miembro derecho se hacen 0, y llegamos a $A = 1$. El 'truco' para hallar C y D (vinculados a las raíces simples i y $-i$) es básicamente el mismo que el de cuando hallamos la B, pero ahora en vez de sustituir la X por 0 la sustituimos por i, con lo que tenemos que operar con números complejos, que una vez superado el complejo de operar en $\mathbb{C}$ es casi igual de fácil que hacerlo en $\mathbb{R}$. Al hacer esto, a la izquierda de (5.22) nos queda $-i^3 + i + 1$, es decir, $2i + 1$. Ahora, como $i^2 + 1 = 0$, dos de los tres sumandos a la derecha se hacen 0 y la suma se reduce a $(Ci + D)i^2$, que es $-D - Ci$, con lo que:

$$1 + 2i = -D - Ci.$$

Igualando las partes reales, nos queda $D = -1$ e, igualando las partes imaginarias, $C = -2$, y así hemos determinado los cuatro parámetros antes conocidos como cantidades desconocidas A, B, C y D. Quizá se estén ustedes preguntando qué pasaría si sustituimos la X por la otra raíz compleja, es decir, por $-i$. Básicamente, es información redundante ya que $-i$ es el complejo conjugado de i y volvemos a obtener $D = -1$ y $C = -2$[81].

El método de solución mostrado en el ejemplo se generaliza de forma directa a polinomios arbitrarios. Por lo general, mostrar un ejemplo concreto en vez del análisis del caso general es una mala praxis y abronco con frecuencia a mis alumnos por esta causa. No obstante, hay dos excepciones a esta regla. Una es cuando el ejemplo contiene las ideas que se extienden al caso general de forma clara y transparente. La otra es pereza del profesor en dar todos los detalles cuando esto no aporta mayor claridad al argumento. No expondré el razonamiento en el caso general un poco por las dos razones anteriores a partes iguales.

Para finalizar, quisiera decir que es obvio que este segundo método muestra la unicidad de los parámetros A_i, B_i y C_i y, por lo tanto, demuestra que la descomposición de una función racional con grado del numerador menor que el del denominador en suma de fracciones simples es única.

5.6. Ejercicios

1. Demostrar la Proposición 5.1.1.

2. Probar la Proposición 5.2.3.

3. Demostrar la Proposición 5.2.5.

4.   *a)* Demostrar que, si $P(X) \in \mathbb{R}[X]$ y $z \in \mathbb{C}$ es raíz de $P(X)$, entonces también $\overline{z}$ es raíz de $P(X)$.

     b) Deducir que, si $P(X) \in \mathbb{R}[X]$ y $z \in \mathbb{C}$ es raíz de $P(X)$, entonces $P(X)$ es divisible en $\mathbb{R}[X]$ por un polinomio de $\mathbb{R}[X]$ de grado 1 o 2, según que z sea o no sea un número real.

---

[81]Si ya habíamos obtenido los 4 parámetros A, B, C, D, ¿qué esperaban obtener de información nueva, la solución del misterio del triángulo de las Bermudas?

c) Deducir, utilizando el teorema fundamental del álgebra, que todos los polinomios irreducibles en $\mathbb{R}[X]$ son de grados 1 o 2. ¿Exactamente cuáles de los de grado 2 son irreducibles?

d) Concluir que todo polinomio de $\mathbb{R}[X]$ de grado impar tiene al menos una raíz real.

5. Hallar el máximo común divisor en $\mathbb{Q}[X]$ de los siguientes pares de polinomios P, Q y expresarlo como $UP + VQ$, con $U, V \in \mathbb{Q}[X]$:

a) $P = 2X^3 - 7X^2 + 4X - 3$ y $Q = 3X^3 - 8X^2 - 2X - 3$,

b) $P = -X^2 + \frac{X}{2} - 1$ y $Q = X^2 + 4X$.

6. Encontrar el máximo común divisor D en $\mathbb{Z}/3\mathbb{Z}[X]$ de los polinomios:

$$P = X^4 + X^3 + \overline{2}X^2 + \overline{2}X \text{ y } Q = \overline{2}X^4 + X^3 + X^2 + X + \overline{2}$$

y dos polinomios U, V que satisfagan la identidad:

$$UP + VQ = D.$$

7. Demostrar que si $\lambda Q_1^{a_1} \cdots Q_m^{a_m}$ y $\mu Q_1^{b_1} \cdots Q_m^{b_m}$ son descomposiciones de dos polinomios P_1, P_2 en producto de irreducibles en la forma indicada en el Teorema 5.3.2 [82], entonces $P_1 \mid P_2$ si y solo si $a_i \leq b_i$ $\forall i$.

8. Probar que, si $\lambda Q_1^{a_1} \cdots Q_m^{a_m}$ y $\mu Q_1^{b_1} \cdots Q_m^{b_m}$ son descomposiciones de dos polinomios P_1, P_2 en producto de irreducibles, entonces:

$$\text{mcd}(P_1, P_2) = Q_1^{c_1} \cdots Q_m^{c_m} \text{[83]},$$

donde:

$$c_i = \text{mín}\{a_i, b_i\} \ \forall i.$$

---

[82] Podemos suponer que los irreducibles mónicos son los mismos en ambas factorizaciones añadiendo, si fuera (o fuese) necesario polinomios irreducibles elevados 'a la cero'.

[83] Observen que no aparece un factor en K al principio ya que el máximo común divisor es único salvo por productos por elementos de $K - \{0\}$. Este mismo 'truco' de omitir los factores en K no lo podemos hacer con P_1 y P_2, ya que no tienen por qué ser polinomios mónicos.

9. Diremos que un polinomio R es un *mínimo común múltiplo* de dos polinomios P y Q de $K[X]$ (y lo denotaremos por $R = \text{mcm}(P,Q)$[84] si se cumple:

   a) $P \mid R, Q \mid R$.

   b) Si $P \mid S, Q \mid S$, entonces $R \mid S$.

   Demostrar que, si R_1, R_2 son ambos mínimo común múltiplo de P y Q, entonces $\exists \lambda \in K - \{0\}$ tal que $R_2 = \lambda R_1$ y que, recíprocamente, si R es un mínimo común múltiplo de P y Q y si $\lambda \in K - \{0\}$, entonces λR también lo es.

10. Demostrar que, si $\lambda Q_1^{a_1} \cdots Q_m^{a_m}$ y $\mu Q_1^{b_1} \cdots Q_m^{b_m}$ son descomposiciones de dos polinomios P_1, P_2 en producto de irreducibles, entonces:

    $$\text{mcm}(P_1, P_2) = Q_1^{c_1} \cdots Q_m^{c_m},$$

    donde:

    $$c_i = \text{máx}\{a_i, b_i\} \ \forall i.$$

11. Probar que, si $P_1, P_2 \in K[X]$, entonces:

    $$\text{mcd}(P_1, P_2)\text{mcm}(P_1, P_2) \sim P_1 P_2.\text{[85]}$$

12. Demostrar que, si $P \in K[X]$ y $\lambda \in K$ es una raíz de P, entonces la raíz es de multiplicidad n si y solo si $P(\lambda) = P'(\lambda) = P''(\lambda) = \cdots = P^{(n-1)}(\lambda) = 0$ pero $P^{(n)}(\lambda) \neq 0$, donde, dado un número natural m, la derivada m-ésima se define recursivamente como en la Definición 5.4.3 cuando $m = 1$ y como $P^{(m)} = (P^{(m-1)})'$ cuando $m > 1$.

13. Si K es un cuerpo y si P es un polinomio no nulo de $K[X]$, demostrar que la relación $\mathcal{R}$ definida en $K[X]$ mediante $Q_1 \mathcal{R} Q_2$ si $P \mid (Q_1 - Q_2)$ es de equivalencia (cuando dos polinomios Q_1 y Q_2 están relacionados se dice que son congruentes módulo P, y se denota por $Q_1 \equiv Q_2 \ (\text{mód } P)$).

---

[84]También se suele denotar el mínimo común múltiplo de P y Q por $\text{mcm}\{P,Q\}$ y por $[P,Q]$.

[85]Usamos el símbolo $\sim$ en vez del de igualdad porque el producto del miembro izquierdo no es un solo polinomio, sino varios, pero todos ellos asociados.

14. Probar que, si K es un cuerpo y si P es un polinomio no nulo de $K[X]$ de grado n, entonces las clases de equivalencia de la relación de congruencia módulo P son las representadas por polinomios de grado menor que n (aceptaremos aquí el convenio de que el polinomio nulo tiene grado $-\infty$ y que este es menor que n y, por tanto, admitiremos a la clase de equivalencia representada por 0). A la clase de equivalencia representada por Q se la llama coclase módulo P representada por Q, y se la denota por $\overline{Q}$ y también por $Q + PK[X]$, y al conjunto cociente formado por todas las clases de equivalencia se le denota por $\frac{K[X]}{(P)}$, y también por $\frac{K[X]}{PK[X]}$.

15. Hallar el conjunto cociente $\frac{\mathbb{R}[X]}{(3X^2 - X + 2)}$.

16. Demostrar que, si K es un cuerpo y si P es un polinomio no nulo de $K[X]$, y si $Q_1 \equiv Q_1'$ (mód P) y $Q_2 \equiv Q_2'$ (mód P), entonces:

$$Q_1 + Q_2 \equiv Q_1' + Q_2' \quad (\text{mód } P)$$

y:

$$Q_1 Q_2 \equiv Q_1' Q_2' \quad (\text{mód } P).$$

Esto nos permite definir en el conjunto cociente $K[X]/(P)$ las operaciones:

$$\overline{Q_1} + \overline{Q_2} = \overline{Q_1 + Q_2} \text{ y } \overline{Q_1}\, \overline{Q_2} = \overline{Q_1 Q_2}.$$

17. Dado un cuerpo K y un polinomio no nulo P de $K[X]$, demostrar que el conjunto cociente $\frac{K[X]}{(P)}$ con las operaciones de suma y multiplicación del problema anterior es un anillo conmutativo y unitario.

18. Probar que, si K es un cuerpo y si $P, Q \in K[X]$ con $P \neq 0$, entonces $\overline{Q}$ es inversible en el anillo $\frac{K[X]}{(P)}$ si y solo si mcd$(P, Q) = 1$, es decir, si y solo si P y Q son primos entre sí.

19. Decidir si las siguientes coclases son inversibles en $\frac{\mathbb{R}[X]}{(X^2-1)\mathbb{R}[X]}$, e invertirlas en caso de que lo sean:

   a) $\overline{X^2 - X}$,

   b) $\overline{X^2 + 2X}$.

20. Demostrar que, si K es cuerpo y $P, Q, R \in K[X]$ con $P \neq 0$, la congruencia:

$$Q\,U \equiv R \quad (\text{mód } P)^{86}$$

admite solución si y solo si $\text{mcd}(Q, P) \mid R$ y que, en caso de que la tenga, si S_1 es una solución, entonces S_2 es solución si y solo si:

$$S_1 \equiv S_2 \quad \left(\text{mód } \frac{P}{\text{mcd}(Q, P)}\right).$$

21. Estudiar si las siguientes congruencias en la incógnita U tienen solución en $\mathbb{R}[X]$ y hallarla en caso de que la tengan:

   a) $2XU + 1 \equiv X - 1 \ (\text{mód } X^2 + X + 5)$,

   b) $(X + 1)U \equiv X^2 \ (\text{mód } X^2 + 2X + 1)$.

22. Probar que, si K es un cuerpo, n es un número natural mayor o igual que 2, $Q_1, \ldots, Q_n$ son polinomios de $K[X]$ y si $P_1, \ldots, P_n$ son polinomios no nulos de $K[X]$ dos a dos primos entre sí, entonces existe un polinomio $S \in K[X]$ que satisface $S \equiv Q_i \ (\text{mód } P_i) \ \forall i \in \{1, \ldots, n\}$. Además, si $S' \in K[X]$, demostrar que entonces S' satisface las n congruencias si y solo si $S' \equiv S \ (\text{mód } P_1 \cdots P_n)$. Este es el *teorema chino de los restos* para polinomios.

23. Resolver en $\mathbb{Q}[X]$ el siguiente sistema de congruencias en la incógnita U:

$$\begin{cases} U \equiv 7 \quad (\text{mód } X^2 - X - 6), \\ U \equiv X + 5 \quad (\text{mód } X^2 + 7X). \end{cases}$$

24. Descomponer las siguientes funciones racionales como suma de un polinomio y una suma de fracciones simples:

   a) $\frac{3X+1}{2X+10}$,

   b) $\frac{X^5 + X^2 - 2X + 1}{X^4 + 2X^3 + 2X^2 + 2X + 1}$,

---

[86] ¿Que por qué he llamado U a la incógnita, en vez de X? ¡Elemental, querido Watson!, para que no se confunda con la indeterminada X del anillo de polinomios $K[X]$.

c) $\frac{-X^3+2X^2+4X}{(X^2+X+1)^2}$.

Capítulo 6

¡Da Igual si es Desigual!

6.1. Poniendo orden en los números reales

En matemáticas no solo tiene interés saber cuándo dos números reales son iguales, sino que también lo tiene, en caso de que no lo sean, saber cuál de ellos es el mayor y cuál es el menor. Esto no nos da tanta información como cuando tenemos una bonita identidad en la que los dos miembros de la misma son iguales, pero ¡menos da una piedra!, y algo de información nos aporta.

No es, en absoluto, un conocimiento menor[1] el que se obtiene estudiando las desigualdades. Por el contrario, hay desigualdades nada triviales (algunas de las cuales analizaremos en este capítulo) que suelen llevar el nombre del matemático que las demostró y que a veces no son fáciles de probar y suponen un avance en sus respectivos campos. Además, en muchas de estas desigualdades 'clásicas', suelen ser interesantes los casos extremales en los que se da la igualdad. Por mencionar un ejemplo de esto último, en la teoría de diseños combinatorios hay una desigualdad famosa, que es la desigualdad de Fisher, que dice que en un diseño no trivial el número de bloques es mayor o igual que el número de puntos. Pues bien, los diseños en los que se cumple la igualdad y el número de bloques es igual al número de puntos, a los cuales se les suele llamar diseños simétricos,

---

[1] Y el adjetivo viene muy al pelo del tema tratado.

tienen abundantes propiedades que no tienen los demás diseños, y hay muchos teoremas y problemas abiertos aplicables específicamente a los diseños simétricos.

Una razón adicional por la que las desigualdades son importantes es que forman parte de muchas de las definiciones fundamentales del cálculo diferencial e integral. El propio concepto de límite se enuncia en términos de desigualdades y, por lo tanto, también, implícitamente, todos los derivados de este como el de derivada[2], convergencia de una serie, integral definida e indefinida, etc. Sin estudiar las desigualdades no se podría comprender el cálculo infinitesimal.

En la misma línea de lo dicho en el párrafo anterior, las desigualdades forman la base de la teoría de la optimización matemática (y, en particular, de la programación lineal, la programación entera, la programación estocástica y otras programaciones varias, menos la de la tele), en la que se pretende buscar, de entre un elevado número de posibles soluciones a un problema, aquella (o aquellas, si hubiera más de una) en la que una cierta función toma el valor máximo[3], de forma que al mismo tiempo las candidatas a soluciones satisfagan ciertas restricciones de igualdad y/o de desigualdad, con lo que el concepto de desigualdad aparece por partida doble, en la maximización de la función y en las restricciones.

Hay muchas más áreas de las matemáticas (por no decir todas) en las que las desigualdades ocupan un lugar importante, que no enumeraré por no aburrir a los lectores (con lo que conseguiría el efecto opuesto al buscado al escribir este libro).

Vamos a considerar, entonces, el conjunto $\mathbb{R}$ de los números reales con la relación usual de orden[4] 'ser menor o igual que', que se suele denotar por $\leq$. De aquí se derivan las siguientes tres notaciones:

$$x \geq y \text{ denota } y \leq x[5],$$

$$x < y \text{ denota } x \leq y \text{ y } x \neq y,$$

---

[2]Sí, es un juego de palabras.

[3]O mínimo, según como se formule el problema.

[4]Esto es: reflexiva, antisimétrica y transitiva.

[5]Por cierto, la relación $\geq$ también es relación de orden, es la relación dual de $\leq$.

$$x > y \text{ denota } x \geq y \text{ y } x \neq y^6.$$

Algunos autores introducen la llamada *recta real ampliada*, en la que añaden dos símbolos $+\infty$ y $-\infty^7$, llamados *más infinito* y *menos infinito*, respectivamente, con las desigualdades:

$$\forall x \in \mathbb{R}, -\infty < x < +\infty$$

y:

$$-\infty < +\infty$$

y con las operaciones algebraicas obvias (en algunos casos, como por ejemplo $\frac{+\infty}{+\infty}$, no hay un resultado definido). La introducción de estos elementos $+\infty$ y $-\infty$ es más un convenio útil para unificar algunas definiciones que una verdadera 'ampliación' de los números reales, ya que no son 'números' en el sentido estricto de la palabra (no forman parte del conjunto de los números reales obtenido, por ejemplo, en las construcciones de los números reales por cortaduras de Dedekind o por identificación de sucesiones de Cauchy mediante una relación de equivalencia hecha por Cantor); tampoco son 'objetos misteriosos' que están allá lejos, lejos, lejos... en el infinito; eso serían disquisiciones filosóficas, y este no es un libro de filosofía[8] (creo). No obstante, el imaginar que son puntos en el infinito a derecha e izquierda, respectivamente, puede ayudarles a comprender intuitivamente ciertas demostraciones, siempre que sean conscientes de que no es algo matemáticamente riguroso, sino tan solo una *aide-mémorie*. Por lo menos, a mí me ayuda.

Con esta aclaración sobre la recta real extendida, podemos definir los siguientes conjuntos: si $a, b \in \mathbb{R}$,

$$(a, b) = \{x \in \mathbb{R} \mid a < x < b\} \text{ (intervalo abierto con extremos } a \text{ y } b)^9,$$

$$[a, b] = \{x \in \mathbb{R} \mid a \leq x \leq b\} \text{ (intervalo cerrado con extremos } a \text{ y } b)^{10},$$

---

[6]O, equivalentemente, $y < x$.

[7]No se suelen atrever a llamarlos elementos y, en mi opinión, hacen bien.

[8]Sin desmerecer con ello a la filosofía, que es una materia que obliga a pensar y que, en mi opinión, debería estar mejor valorada de lo que lo está en el currículo educativo.

[9]Si $a \geq b$, es el conjunto vacío, obviamente.

[10]Si $a = b$, se reduce al conjunto $\{a\}$ y, si $a > b$, es el conjunto vacío.

$(a, b] = \{x \in \mathbb{R} \mid a < x \leq b\}$ (intervalo semiabierto en a y semicerrado en b)[11],

$[a, b) = \{x \in \mathbb{R} \mid a \leq x < b\}$ (intervalo semicerrado en a y semiabierto en b)[12],

$$(-\infty, b) = \{x \in \mathbb{R} \mid x < b\},$$

$$(-\infty, b] = \{x \in \mathbb{R} \mid x \leq b\},$$

$$(a, +\infty) = \{x \in \mathbb{R} \mid x > a\},$$

$$[a, +\infty) = \{x \in \mathbb{R} \mid x \geq a\},$$

$$(-\infty, +\infty) = \mathbb{R}^{13}.$$

Lo mismo que las operaciones algebraicas de suma y multiplicación en los números reales satisfacen ciertas propiedades que le confieren una estructura de cuerpo, también las desigualdades satisfacen ciertas propiedades básicas de las que se deducen otras desigualdades posteriores. Seguiremos el formalismo de Michael Spivak en [10] para enunciarlas en términos del concepto de positividad. Para establecer estas propiedades hay que introducir primero la siguiente notación: llamaremos P al conjunto de números reales positivos, que no es mas que el intervalo $(0, +\infty)$, el cual tomaremos como objeto básico primario. El conjunto P satisface las siguientes propiedades:

1. Para cada $x \in \mathbb{R}$ se da exactamente una de estas tres posibilidades (*ley de tricotomía*)[14]:

   a) $x \in P$,

   b) $x = 0$,

   c) $-x \in P$[15].

2. $\forall x, y \in P, x + y \in P$ (P es cerrado para la suma).

3. $\forall x, y \in P, xy \in P$ (P es cerrado para el producto).

Ahora, podemos definir las *desigualdades* en términos de P:

---

[11] Es vacío si $a \geq b$.

[12] De nuevo, es vacío si $a \geq b$.

[13] ¡En este caso pongan solo $\mathbb{R}$, por Dios, que es más breve que $(-\infty, +\infty)$!

[14] No confundir con el tricotaje, que es la técnica de hacer tejidos de punto.

[15] Los x que cumplen esta condición se llaman números reales negativos.

Definición 6.1.1. *Sean $x, y \in \mathbb{R}$. Se dice que $x < y$ si $y - x \in P$.*

Observen que, por muy intuitivamente obvio que pueda parecer lo que se acaba de definir, no es ningún teorema ni proposición, sino una definición, es decir, partiendo del concepto básico de positividad llegamos a definir las desigualdades en general[16].

A partir de la definición de 'ser menor que', es obvio ahora que:

$$x \leq y \text{ sii } y - x \in P \cup \{0\},$$

$$x > y \text{ sii } x - y \in P,$$

$$x \geq y \text{ sii } x - y \in P \cup \{0\}.$$

(El 'sii' que aparece arriba es una abreviatura, introducida por el matemático Paul R. Halmos, según él mismo cuenta en su "automatografía" en [3], para decir 'si y solo si').

Vamos a demostrar ahora algunas propiedades básicas de las desigualdades. Aunque las probaremos para desigualdades estrictas, se obtienen propiedades similares con $\geq$ y $\leq$.

Proposición 6.1.1. *Sean $x, y \in \mathbb{R}$.*

1. *Si $x > 0, y < 0$, entonces $xy < 0$,*

2. *Si $x < 0, y > 0$, entonces $xy < 0$,*

3. *Si $x < 0, y < 0$, entonces $xy > 0$.*

Demostración.

1. Por la ley de tricotomía se cumple que $-y \in P$ luego, por la propiedad 3 de la positividad, $x(-y) \in P$ y, por otra parte, $-(xy) = x(-y) \in P$, de donde $xy < 0$.

2. Se deduce de lo probado en el apartado anterior intercambiando los papeles de x e y.

---

[16]Podrían ustedes alegar (y seguro que lo están pensando) que el propio concepto de positividad involucra el de desigualdad, ya que los números reales positivos se definen como los que son mayores que cero y que, por lo tanto, es como la pescadilla que se muerde la cola. En realidad no es así, ya que cuando se hace la construcción formal de los números reales se puede definir el conjunto P de los números positivos independientemente del orden en $\mathbb{R}$ aunque, eso sí, utilizando el orden en $\mathbb{Q}$, pero, como diría José Mota, las gallinas que entran por las que salen.

3. Se tiene que $-x \in P$, $-y \in P$, y $xy = (-x)(-y) \in P$, de nuevo por la propiedad 3, y así queda probado que $xy > 0$.

$\square$

Lo que hemos demostrado en esta proposición es la famosa *regla de los signos*.

Una consecuencia del tercer apartado de la misma y de la propiedad 3 de la positividad es que el cuadrado de un número real no nulo es siempre positivo y, en particular, que $1 = 1^2$ es positivo (esto es trivial pero requería una demostración a partir de las propiedades básicas, recuerden que, todo lo que no sean axiomas ¡tiene que probarse!, por evidente que parezca).

Proposición 6.1.2. *Si $x, y, z \in \mathbb{R}$ y $x < y$, entonces:*

$$x + z < y + z.$$

Demostración. Como $x < y$, obtenemos $y - x \in P$ y, de ahí, $(y + z) - (x + z) = y + z - x - z = y - x + z - z = y - x \in P$, de donde podemos concluir que $x + z < y + z$. $\square$

Es decir, al sumar un mismo número en ambos miembros de una desigualdad, esta se mantiene. Lo mismo ocurre con $\leq, >$ y $\geq$.

Corolario 6.1.1. *Si $x, y, z \in \mathbb{R}$ y $x < y$, entonces:*

$$x - z < y - z.$$

Demostración. Se deduce de la proposición anterior, teniendo en cuenta que restar z no es más que sumar el opuesto de z. $\square$

Proposición 6.1.3. *Si $x, y, z \in \mathbb{R}$ y $x < y$, entonces:*

1. *$xz < yz$, si $z \in P$,*

2. *$xz > yz$, si $-z \in P$.*

Demostración.

1. Si $x < y$, entonces $y - x \in P$. Ahora, por la propiedad 3 de la positividad, $(y - x)z \in P$, luego $yz - xz \in P$ y, de ahí, $xz < yz$.

2. Si $x < y$, entonces $y - x \in P$ y, de nuevo por 3, $(y-x)(-z) \in P$, es decir, $-yz + xz \in P$,

   de donde $xz - yz \in P$ y $xz > yz$.

   $\square$

Lo que hemos probado quiere decir que, al multiplicar por un mismo número en ambos miembros de una desigualdad, esta se mantiene si el número es positivo y se invierte si el número es negativo[17]. Lo mismo pasa con $\leq, >$ y $\geq$.

Corolario 6.1.2. *Si $x, y, z \in \mathbb{R}$ con $z \neq 0$ y $x < y$, entonces:*

1. $\frac{x}{z} < \frac{y}{z}$, *si $z \in P$,*

2. $\frac{x}{z} > \frac{y}{z}$, *si $-z \in P$.*

Demostración. Es una consecuencia inmediata de la proposición anterior, ya que dividir entre z es, simplemente, multiplicar por el inverso $\frac{1}{z}$ de z. $\square$

Es un error frecuente, cuando se comienzan a estudiar las matemáticas, multiplicar las desigualdades por números negativos y no invertirlas (este error se suele corregir después del primer suspenso a resultas del mismo, pero es mejor que lo corrijan ahora de una forma menos dolosa).

Proposición 6.1.4. *Si $x, x', y, y' \in \mathbb{R}$ y $x < y, x' < y'$, entonces:*

$$x + x' < y + y'.$$

Demostración. Se tiene que $(y + y') - (x + x') = (y - x) + (y' - x') \in P$, por la propiedad 2 de la positividad. $\square$

Hemos probado así que dos desigualdades del tipo 'menor que' se pueden sumar. Lo mismo ocurre si las dos son del tipo 'menor o igual que', 'mayor que' o 'mayor o igual que'[18].

Se dan también las variantes obvias de la proposición para $\leq, >$ y $\geq$.

---

[17]Si el número es cero, obviamente nos queda la igualdad $0 = 0$.

[18]Pero ¡cuidado!, si se restan se puede pasar de todo, y la desigualdad no siempre se mantiene ni se invierte. Por ejemplo, $7 > 2, 4 > 1$ y $3 = 7 - 4 > 2 - 1 = 1$ y, en este caso, se mantiene el sentido de la desigualdad, pero $10 > 9, 3 > 1$ y $7 = 10 - 3 < 9 - 1 = 8$ y, en este caso, se invierte.

Proposición 6.1.5. *Si* $x, x', y, y' \in \mathbb{R}$ *y* $0 < x < y, 0 < x' < y'$, *entonces:*

$$xx' < yy'.$$

Demostración.

$$yy' - xx' = yy' - yx' + yx' - xx' = y(y' - x') + x'(y - x).$$

Como $x', y, y - x, y' - x' \in P$ también, por las propiedades 2 y 3 de la positividad:

$$y(y' - x') + x'(y - x) \in P.$$

$\square$

Hemos probado así que dos desigualdades del tipo 'menor que' con números positivos se pueden multiplicar[19] [20]. Lo mismo ocurre si, siendo x, y, x', y' no negativos, las demás relaciones de desigualdad son del tipo 'menor o igual que'.

Proposición 6.1.6. *Si* $x, y \in \mathbb{R}$ *y* $0 < x < y$, *entonces:*

$$0 < \frac{1}{y} < \frac{1}{x}.$$

Demostración. Como $x \cdot \frac{1}{x} = 1$, se tiene que $\frac{1}{x} > 0$, ya que en caso contrario, por la ley de tricotomía, sería $\frac{1}{x} < 0$ (evidentemente, no puede ser 0), y entonces $x \cdot \frac{1}{x} < 0$, lo cual contradice que $1 > 0$. El mismo argumento demuestra que $\frac{1}{y} > 0$. Ahora, por la propiedad 3 de la positividad y por la Proposición 6.1.3, multiplicando en los dos miembros de la desigualdad $x < y$ por $\frac{1}{x} \cdot \frac{1}{y}$, obtenemos $\frac{1}{y} < \frac{1}{x}$, tal y como queríamos demostrar. $\square$

En la proposición anterior hemos demostrado que, si tenemos una desigualdad de números positivos, al tomar inversos se invierte la desigualdad.

---

[19]¡Cuidado!, si no son números positivos el resultado puede ser falso. Por ejemplo, $2 < 10, -5 < -2$, pero $-10 > -20$.

[20]¡Cuidado de nuevo!, incluso si los números son positivos, al dividir desigualdades puede pasar de todo, como en una inspección de Chicote a un restaurante, y las desigualdades se pueden mantener o invertirse. Por ejemplo, $10 < 60, 2 < 4$ y $5 = \frac{10}{2} < \frac{60}{4} = 15$, y la desigualdad se mantiene, pero en el ejemplo $6 < 16, 2 < 8$ se tiene que $3 = \frac{6}{2} > \frac{16}{8} = 2$ y, en este caso, la desigualdad se invierte.

Una consecuencia de la ley de tricotomía es que para un número real x arbitrario se cumple que o bien $x \geq 0$ o $-x \geq 0$ (se dan ambas cosas a la vez cuando $x = 0$). Esto nos permite definir el valor absoluto de x:

Definición 6.1.2. *Si $x \in \mathbb{R}$, el valor absoluto de x es:*

$$|x| = \begin{cases} x, & si\ x \geq 0, \\ -x, & si\ x \leq 0. \end{cases}$$

Observamos que aunque $x = 0$ cuelga de ambas 'ramas' de la definición de $|x|$, esta es consistente, ya que en ese caso $0 = -0$ y ambos valores coinciden.

Intuitivamente, tomar el valor absoluto de x consiste en 'olvidarnos del signo'. De esta forma, si un número x es negativo y $-x$ es 'muy grande', aunque estrictamente hablando x es 'muy pequeño' porque está muy a la izquierda del 0, desde el punto de vista del valor absoluto es 'muy grande'. Por ejemplo, si usted debe muchos miles de millones al banco, aunque su saldo es negativo, el valor absoluto de la deuda es muy grande (y probablemente el banco estará absolutamente preocupado por sus valores monetarios).

Al valor absoluto de un número también se le llama *módulo* del número.

Por ejemplo, $|0| = 0$, $|\frac{-3}{5}| = \frac{3}{5}$, y $|\sqrt{2}-1| = \sqrt{2}-1$ (el número $\sqrt{2}-1$ tiene una expresión decimal horrible, pero es un número positivo).

Veamos un primer ejemplo de resultados generales sobre desigualdades:

Proposición 6.1.7 (*desigualdad triangular*). *Si $x, y \in \mathbb{R}$, entonces:*

$$|x + y| \leq |x| + |y|.$$

Demostración. Consideraremos toda la casuística posible de signos que se puede dar para x, y y $x + y$ y demostraremos, con paciencia y una caña, que el resultado se cumple en todos los casos:

1. $x \geq 0, y \geq 0$. En este caso, $x + y \geq 0$ y:

$$|x + y| = x + y = |x| + |y|\ \text{(al darse el } =, \text{también se da el } \leq).$$

2. $x \geq 0, y \leq 0, x + y \geq 0$. Entonces:

$$|x + y| = x + y \leq x - y^{21} = |x| + |y|.$$

3. $x \geq 0, y \leq 0, x + y \leq 0$. Entonces:

$$|x + y| = -x - y \leq x - y = |x| + |y|.$$

4. $x \leq 0, y \geq 0, x + y \geq 0$. Entonces:

$$|x + y| = x + y \leq -x + y = |x| + |y|^{22}.$$

5. $x \leq 0, y \geq 0, x + y \leq 0$. Entonces:

$$|x + y| = -x - y \leq -x + y = |x| + |y|^{23}.$$

6. $x \leq 0, y \leq 0$. En este caso, $x + y \leq 0$ y:

$$|x + y| = -x - y = |x| + |y| \text{ (De nuevo, al darse el } = \text{, también se da el } \leq \text{).}$$

$\square$

Observen que un análisis más fino de la demostración analizando cuándo se da la igualdad y cuándo se da la desigualdad estricta mostraría que se da la igualdad exactamente cuando o bien $x, y \geq 0$ o $x, y \leq 0$, y se da el menor estricto en los demás casos. ¿Recuerdan lo que les dije sobre que suelen ser interesantes los casos extremales en los que se da la igualdad en los teoremas sobre desigualdades? En esta proposición los casos extremales se dan cuando x e y tienen el mismo signo. No es algo para echar cohetes ni para recibir la medalla Fields[24], pero es moderadamente interesante.

---

[21]Ya que al ser $y \leq 0$, tomando opuestos, $-y \geq 0$ (recuerden que, al multiplicar por un número negativo, se invierten las desigualdades), y así $y \leq 0 \leq -y = |y|$.

[22]También se podría haber razonado que este caso es el mismo que el caso 2 intercambiando la x y la y.

[23]Otra vez esto se puede reducir a un caso anterior; concretamente, al 3.

[24]Es una medalla en reconocimiento a los descubrimientos fundamentales realizados en matemáticas. Se concede cada cuatro años por la Unión Matemática Internacional y fue

También se puede demostrar la desigualdad triangular en un contexto más general y de una forma más elegante que no requiera distinguir una casuística de signos. Es lo que haremos más adelante en otra sección.

Veamos ahora cómo se puede saber qué números tienen valor absoluto menor o igual que un número real no negativo dado:

Proposición 6.1.8. *Si $a \geq 0$ y $x \in \mathbb{R}$, entonces $|x| \leq a$ si y solo si:*

$$-a \leq x \leq a^{25}.$$

Demostración. Supongamos que $|x| \leq a$. Si $x \geq 0$, entonces $x = |x| \leq a$ y, por ser $-a \leq 0$ y $0 \leq x$, también $-a \leq x$. Si $x \leq 0$, entonces $x = -|x| \geq -a$ y, como $x \leq 0$ y $0 \leq a$, deducimos que $x \leq a$.

Recíprocamente, supongamos que $-a \leq x \leq a$. Si $x \geq 0$, entonces $|x| = x \leq a$ y, si $x \leq 0$, entonces $|x| = -x \leq a$, ya que $x \geq -a$. $\qquad\square$

Corolario 6.1.3. *Si $a \geq 0$, entonces $|x| \geq a$ si y solo si o bien $x \leq -a$ o $x \geq a$.*

Demostración. Por lo probado en la proposición, $|x| > a$ si y solo si $x < -a$ o $x > a$ y, obviamente, $|x| = a$ si y solo si $x = -a$ o $x = a$. $\qquad\square$

Se tienen resultados similares a los de la proposición y su corolario para desigualdades estrictas.

Además de la ley de tricotomía, que nos ha permitido introducir el valor absoluto, y de las dos propiedades 'algebraicas' de las desigualdades (que el conjunto P es cerrado para las operaciones de suma y multiplicación), hay otra propiedad de las desigualdades, esta de un tipo más 'topológico', que es fundamental en el cálculo diferencial e integral, y es el axioma del supremo. Para enunciarla (y comprenderla), necesitaremos dar algunas definiciones previas. Se dice que un número real a es *cota superior* de un conjunto A de

---

instituida debido a que no hay Premio Nobel de matemáticas (o por lo menos, seguro que algo influyó). Se concede a investigadores en matemáticas menores de 40 años, por lo que si tiene usted 41 o más, búsquese la gloria por otro lado.

[25]Esta notación quiere decir que se dan a la vez las desigualdades $-a \leq x$ y $x \leq a$.

números reales si $a \geq a'$ $\forall a' \in A$. Si, además, $a \in A$, se dice que a es el *máximo* de A[26].

Se dice que un conjunto de números reales está *acotado superiormente* si tiene alguna cota superior[27]. También tenemos los conceptos duales de los anteriores cambiando las desigualdades; un número a es *cota inferior* de un conjunto A si $a \leq a'$ $\forall a' \in A$ y, si además está en A, se dice que es el *mínimo* de A, y un conjunto de números reales está *acotado inferiormente* si tiene alguna cota inferior. Si el conjunto de cotas superiores de un conjunto A tiene elemento mínimo, a este mínimo se le llama *supremo* de A. Aunque para introducir el axioma del supremo nos basta con definir el concepto de supremo, mencionaremos también el concepto dual obtenido invirtiendo las desigualdades, a saber, si el conjunto de cotas inferiores de un conjunto A tiene elemento máximo, a dicho máximo se le llama *ínfimo* de A.

Hay una razón obvia por la que puede no existir el supremo de un conjunto: que el conjunto sea vacío, ya que en este caso, de manera vacua, todo número real x es cota superior del conjunto vacío[28], pero no existe el elemento mínimo de $\mathbb{R}$[29].

Hay una segunda razón evidente por la que puede no existir el supremo de un conjunto: que el mismo no esté acotado superiormente y, al no haber cotas superiores, tampoco haya mínimo de estas[30].

Salvo estas dos excepciones, el axioma del supremo dice que en los demás casos sí hay supremo:

Axioma del supremo: si A es un subconjunto no vacío de $\mathbb{R}$ y acotado superiormente, entonces existe el supremo de A.

Como el mínimo de un conjunto es único, también lo es el supremo de un conjunto A, y este se suele denotar por Sup(A), o también por Sup A.

---

[26]En este caso, a es un elemento de A mayor o igual que todos los elementos de A y, por lo tanto, es 'el mayor' de todos los elementos de A. Un conjunto puede no tener máximo, pero si lo tiene es único.

[27]En este caso la cota no es única, ya que un número mayor que una cota superior es también cota superior.

[28]¡Encuentren, si pueden, algún elemento del conjunto vacío que no sea $\leq x$!

[29]Incluso en este caso, si para salvar la papeleta consideramos la recta real ampliada, se tendría que $-\infty$ también sería cota superior y el mínimo de las cotas superiores sería $-\infty$, por lo que sí podríamos decir que el supremo es $-\infty$.

[30]De nuevo, incluso en este caso, si consideramos la recta real ampliada se tendrá que $+\infty$ es la única cosa superior, de forma que el propio $+\infty$ es el supremo del conjunto.

Lo que quiere decir que un número α sea el supremo de un conjunto A es que α es cota superior de A pero ningún número menor que α lo es, es decir, se cumple:

1. $\forall a \in A, a \leq \alpha$,

2. $\forall \alpha' < \alpha, \exists a' \in A$ tal que $a' > \alpha'$,

o sea, estas dos propiedades caracterizan al supremo de A.

Veremos en los ejercicios que una consecuencia del axioma del supremo es que todo conjunto no vacío y acotado inferiormente de números reales tiene ínfimo. Este se suele denotar por Inf(A), o también por Inf A.

Cuando Sup$(A) \in A$, se tiene que dicho supremo es el elemento máximo de A, y se denota por Max(A) o Max A. A diferencia del supremo, no todo conjunto no vacío acotado superiormente de números reales admite máximo. De forma similar, si Inf$(A) \in A$, se tiene que dicho ínfimo es el elemento mínimo de A, y se denota por Min(A) o Min A.

Como consecuencia del axioma del supremo tenemos el siguiente resultado:

Proposición 6.1.9 (*propiedad arquimediana de los números reales*). *Si $a, b \in \mathbb{R}$ y $a > 0$, entonces existe un $n \in \mathbb{N}$ tal que $na > b$.*

Demostración. Supongamos, por reducción al absurdo, que no existe un tal n. Consideramos ahora el conjunto:

$$A = \{na \mid n \in \mathbb{N}\}.$$

Evidentemente, A es no vacío (ya que contiene, por lo menos, al elemento a) y, por lo que estamos suponiendo, b es cota superior de A, por lo que el conjunto está acotado superiormente. Sea $\alpha = \text{Sup}(A)$. Como $a > 0$, se tiene que $\alpha - a < \alpha$ y, al ser α la menor cota superior, se deduce que $\alpha - a$ no es cota superior de A y así $\exists na \in A$ tal que $na > \alpha - a$, de donde llegamos a que $\alpha < (n+1)a$ y, como $n+1 \in \mathbb{N}$ y, por tanto, $(n+1)a \in A$, esto contradice que α es cota superior de A. $\qquad\qquad \square$

Intuitivamente, la propiedad arquimediana viene a decir que, si se junta un número suficientemente grande de pulgas, estas llegarán a vencer a cualquier gigante, por pequeñas que sean las pulgas y grande que sea el gigante.

Una consecuencia de la propiedad arquimediana es:

Corolario 6.1.4. *Si* $a \in \mathbb{R}$*, entonces existe un único* $n \in \mathbb{Z}$ *tal que:*

$$n \leq a < n + 1.$$

Demostración. Supongamos que $a \geq 0$. Aplicando la propiedad arquimediana con los números 1 y a, $\exists n \in \mathbb{N}$ tal que $n \cdot 1 > a$ y, por lo tanto, el conjunto $A = \{n \in \mathbb{N} \mid n > a\}$ es no vacío. Sea n' el mínimo elemento de A, el cual existe, por el principio de buena ordenación[31]. Ahora, el número $n = n' - 1$ cumple las propiedades buscadas.

Si, por el contrario, $a < 0$ y a no es entero, entonces $-a > 0$, y si n cumple $n \leq -a < n+1$, entonces $-n - 1 < a \leq -n$ y, por lo tanto, $-n - 1 \leq a < -n$ (ya que al no ser a entero la desigualdad que teníamos entre a y $-n$ es estricta), de donde se deduce fácilmente lo que queremos probar.

Finalmente, si a es negativo y entero, entonces $a \leq a < a + 1$, y a es el entero buscado, y con esto hemos demostrado la existencia.

Veamos ahora la unicidad. Supongamos que $n \leq a < n + 1$ y $m \leq a < m + 1$. Entonces, siguiendo las desigualdades 'cruzadas', $n < m+1$ y $m < n+1$, es decir, $n-m < 1$ y $m-n < 1$, luego $|n - m| < 1$ y así, como el módulo de un número entero es un entero no negativo, $|n - m| = 0$, de donde deducimos finalmente que $n = m$[32]. $\square$

El corolario anterior permite definir la *parte entera* de a, también llamada *suelo* de a, como el único número entero que cumple $n \leq a < n + 1$[33], el cual se denota por $\lfloor a \rfloor$. También, se define el *techo* de a como el único número entero n' que cumple $n' - 1 < a \leq n'$[34], el cual es obvio que existe y es único, y se denota por $\lceil a \rceil$. Tal y como habrán ustedes adivinado, cada número se mueve 'entre el suelo y el techo', es decir, $\lfloor a \rfloor \leq a \leq \lceil a \rceil$, y es evidente que se da la igualdad entre los tres números cuando a es entero[35].

Veamos otro corolario de la propiedad arquimediana:

---

[31] Que viene a decir eso mismo, que todo conjunto no vacío de números naturales tiene un elemento mínimo.

[32] Sí, ya sé que la demostración era un poco larga para considerarse 'corolario'.

[33] Es decir, es el mayor entero menor o igual que a.

[34] O sea, es el menor entero mayor o igual que a.

[35] ¡Y solo en este caso!

Corolario 6.1.5. *Si $a, b \in \mathbb{R}$ y $a < b$, entonces existe $\frac{p}{q} \in \mathbb{Q}$, con $q > 0$, tal que:*

$$a < \frac{p}{q} < b.$$

Demostración. Como $b - a > 0$, por la propiedad arquimediana existe $q \in \mathbb{N}$ tal que:

$$q(b - a) > 1. \tag{6.1}$$

Ahora, si $p = \lfloor qa \rfloor + 1$, entonces $p - 1 \leq qa < p$, luego $qa < p \leq qa + 1 < qb$ (la última desigualdad se da por (6.1)) y, dividiendo por q, se mantienen las desigualdades, ya que q es positivo y obtenemos $a < \frac{p}{q} < b$, tal y como queríamos demostrar. $\square$

Es decir, hemos probado que entre dos números reales cualesquiera siempre hay un número racional. En términos topológicos esto quiere decir que $\mathbb{Q}$ es denso en $\mathbb{R}$, es decir, que los números racionales están repartidos entre los reales sin dejar zonas aisladas que no contengan números racionales[36].

6.2. Despejando dudas

Cuando tenemos una igualdad entre dos expresiones en las que aparecen una o varias cantidades desconocidas, llamadas incógnitas, nos interesa saber los números por los que se pueden sustituir las incógnitas de forma que se satisfaga la igualdad, es decir, que obtengamos el mismo número en ambos miembros. A este proceso se le llama despejar las incógnitas o, también, resolver la ecuación. De la misma forma, cuando tenemos una desigualdad de alguno de los cuatro tipos $<, \leq, >$ o $\geq$ entre dos expresiones con cantidades desconocidas (a estas desigualdades 'con incógnitas' se las suele llamar *inecuaciones*), estamos interesados en resolver la inecuación hallando los valores por los que pueden sustituirse las incógnitas de tal manera que se cumpla la correspondiente desigualdad numérica. En esta sección les contaré (casi) todos los arcanos misterios para conseguirlo.

---

[36]Lo cual no quita para que desde otro punto de vista, a saber, el de la cardinalidad, como se puede ver en el capítulo 2 de [7], $\mathbb{Q}$ es numerable y $\mathbb{R}$ no lo es, con lo cual $\mathbb{Q}$ se hace aguachirri en $\mathbb{R}$. Lo primero es compatible con lo segundo, los matemáticos no nos contradecimos, sino que cambiamos la perspectiva.

Vamos a empezar considerando el caso de inecuaciones polinómicas[37].

Las inecuaciones más sencillas del mundo son las de primer grado, también llamadas lineales, es decir, las de la forma:

$$ax + b > 0, \tag{6.2}$$

donde a, b son dos parámetros reales con $a \neq 0$[38].

Las cuatro reglas que ya utilizaban ustedes para resolver una ecuación de primer grado son:

1. Lo que está sumando en un miembro de la ecuación pasa restando al otro miembro.

2. Lo que está restando en un miembro de la ecuación pasa sumando al otro miembro.

3. Lo que está multiplicando en un miembro de la ecuación pasa dividiendo al otro miembro.

4. Lo que está dividiendo en un miembro de la ecuación pasa multiplicando al otro miembro.

Las reglas para resolver inecuaciones de primer grado son prácticamente las mismas, con una matización: al sumar o restar un número, como ya hemos demostrado anteriormente, se mantienen las desigualdades, mientras que al multiplicar o dividir por un número, como también hemos demostrado, las desigualdades se mantienen si el número es positivo y se invierten si el número es negativo.

Así, para resolver la inecuación (6.2), observamos que la desigualdad $ax + b > 0$ es equivalente a $ax > -b$ y ahora, si $a > 0$ esto es equivalente a $x > \frac{-b}{a}$ y, si $a < 0$, es equivalente a $x < \frac{-b}{a}$, con lo que el conjunto de soluciones es $(\frac{-b}{a}, +\infty)$ si $a > 0$ y es $(-\infty, \frac{-b}{a})$ si $a < 0$.

---

[37]Y casi casi, terminaremos ahí, ya que solo vamos a dar unas pinceladas, por razones de tiempo y espacio, de algunas inecuaciones en las que aparecen expresiones analíticas no polinómicas.

[38]Les he mentido un poquito, las más sencillas del mundo son las que son o bien de grado cero o nulas (¡tengan en cuenta que al polinomio nulo no se le asigna grado, y no es correcto decir que es de grado cero!), en las que no aparece la x, y son de la forma $a > 0$, donde a es un parámetro real. El conjunto de soluciones de esta inecuación, si $a > 0$, es todo $\mathbb{R}$, ya que para cada número real x se cumple $a > 0$ (sí, está bien, no es ninguna errata, es una a: si $a > 0$ y no aparece explícitamente la x, entonces se cumple para todo x), y si $a \leq 0$ es el conjunto vacío, ya que para ningún número real x se satisface que $a > 0$ (¡por la hipótesis que estamos haciendo sobre a!). Como ven, este caso se describe muy fácilmente y no da para mucho más que para un chiste.

Observen que, a diferencia de las ecuaciones de primer grado, hay en este caso infinitas soluciones.

Ejemplos 6.2.1.

1. Para resolver la inecuación:

$$3x + 1 > 2$$

hacemos $3x > 1$, y de ahí $x > \frac{1}{3}$, con lo que el conjunto de soluciones es:

$$(\frac{1}{3}, +\infty).$$

2. Para resolver:

$$-2x + 3 > 0,$$

ponemos $-2x > -3$ y, por lo tanto, $x < \frac{-3}{-2}$, con lo que el conjunto de soluciones es:

$$(-\infty, \frac{3}{2}).$$

3. Para solucionar la inecuación:

$$2x - 2 > 5x + 1,$$

obtenemos $-3x > 3$, de donde $x < -1$, y el conjunto de soluciones es:

$$(-\infty, -1)^{39}.$$

Se resuelven de forma similar las inecuaciones de primer grado con desigualdades del tipo $\geq, <$ y $\leq$.

Ejemplo 6.2.2. Si queremos solucionar la inecuación:

$$3x \leq x - 1,$$

---

[39]De aquí en adelante diré simplemente 'la solución', queriendo decir con ello 'el conjunto de soluciones' (no es un chiste, es un abuso del lenguaje ampliamente utilizado, por brevedad en la exposición).

obtenemos $2x \leq -1$, y $x \leq \frac{-1}{2}$, por lo que la solución es:

$$\left(-\infty, \frac{-1}{2}\right].$$

También son sencillas de resolver las inecuaciones de la forma:

$$|ax + b| > c, \tag{6.3}$$

donde $a, b, c \in \mathbb{R}$ y $a \neq 0$. Simplemente, recuerden que, si $c \geq 0$, entonces $|y| > c$ es equivalente a que se dé una de las dos desigualdades $y > c$ o $y < -c$, y si $c < 0$, se cumple que $|y| > c$ para todo $y \in \mathbb{R}$. Así, si $c < 0$ la inecuación (6.3) la cumplen todos los números reales y, si $c \geq 0$, la cumplen los números reales que satisfacen alguna de las inecuaciones $ax + b > c$ o $ax + b < -c$ y, de esta forma, nos reducimos al caso ya estudiado de las inecuaciones de primer grado[40], uniendo los conjuntos de soluciones de ambas inecuaciones.

Ejemplo 6.2.3. La inecuación:

$$|-4x + 1| > 2$$

se cumple cuando, o bien $-4x + 1 > 2$, o $-4x + 1 < -2$. La solución de la primera inecuación es $\left(-\infty, \frac{-1}{4}\right)$ y la de la segunda $\left(\frac{3}{4}, +\infty\right)$, por lo que la solucion buscada es:

$$\left(-\infty, \frac{-1}{4}\right) \cup \left(\frac{3}{4}, +\infty\right).$$

El análisis para resolver inecuaciones de la forma $|ax + b| < c$ es muy similar, solo que en este caso, si $c \leq 0$, la inecuación no tiene solución y, si $c > 0$, los x que la satisfacen son los que cumplen a la vez las inecuaciones $-c < ax + b$ y $ax + b < c$, por lo que tenemos que tomar la intersección de los respectivos conjuntos de soluciones.

---

[40]Es como en el conocido chiste de los matemáticos y los ingenieros: en el problema *A* hay dos habitaciones en llamas con una fuente en un fregadero y un cubo vacío, una ocupada por un ingeniero y la otra por un matemático. Para apagarlo, el ingeniero llena el cubo de agua y la arroja sobre las llamas. El matemático, que no es tonto, hace exactamente lo mismo. El problema *B* es similar, pero ahora el cubo está lleno de agua. El ingeniero arroja el contenido del cubo en el fuego. El matemático vacía el cubo en el fregadero, con lo que se reduce al caso *A*.

Ejemplo 6.2.4. Vamos a resolver la inecuación:

$$|3x + 1| < 5,$$

cuya solución está formada por los x que satisfacen simultaneamente $-5 < 3x + 1$ y $3x + 1 < 5$, es decir, que cumplen $x > -2$ y $x < \frac{4}{3}$, por lo que la solución es:

$$\left(-2, \frac{4}{3}\right).$$

Los casos en los que la desigualdad es ≥ 0 o ≤ 0 se tratan de forma similar.

Ejemplo 6.2.5. Se cumple que:

$$|2x - 7| \geq 5$$

si y solo si $2x - 7 \geq 5$ o $2x - 7 \leq -5$, es decir, $x \geq 6$ o $x \leq 1$, y así, la solución es:

$$(-\infty, 1] \cup [6, +\infty).$$

Para estudiar inecuaciones de la forma:

$$|ax + b| > |cx + d|,$$

determinen primero qué valores satisfacen $cx + d \geq 0$ y, entre ellos, seleccionen los que satisfacen $|ax + b| > cx + d$, y luego encuentren qué valores cumplen $cx + d < 0$, y entre ellos seleccionen los que satisfacen $|ax + b| > -cx - d$.

Ejemplo 6.2.6. Consideramos la inecuación:

$$|x + 3| > |2x + 1|.$$

Primero, observamos que $2x + 1 \geq 0$ cuando $x \geq \frac{-1}{2}$, y ahora habría que ver cuándo, además, $|x + 3| > 2x + 1$ y, resolviendo esta nueva inecuación como describimos antes, esto nos da $x < 2$[41], por lo que obtenemos que $x \in [\frac{-1}{2}, 2)$. Por otra parte, $2x + 1 < 0$ cuando $x < \frac{-1}{2}$, y ahora tenemos que estudiar cuándo, además, $|x + 3| > -2x - 1$, y esto último

---

[41]El otro 'cacho' $x < \frac{-4}{3}$ no cumple $x \geq \frac{-1}{2}$.

ocurre para $x > \frac{-4}{3}$ [42] y así llegamos a $x \in (\frac{-4}{3}, \frac{-1}{2})$, por lo que la solución buscada es:

$$(\frac{-4}{3}, \frac{-1}{2}) \cup [\frac{-1}{2}, 2) = (\frac{-4}{3}, 2)^{[43]}.$$

Se tratan de forma similar los casos en los que la desigualdad es $\geq, <$ o $\leq$.

Ejemplo 6.2.7. La solución de la inecuación:

$$|x + \pi| \geq |-x + 2|$$

es la unión de las soluciones de:

$$-x + 2 \geq 0, |x + \pi| \geq -x + 2$$

y:

$$-x + 2 < 0, |x + \pi| \geq x - 2.$$

La solución de la primera es $[\frac{2-\pi}{2}, 2]$ y la de la segunda es $(2, +\infty)$, luego la solución de la inecuación inicial es:

$$[\frac{2 - \pi}{2}, +\infty).$$

Este tipo de inecuaciones con valores absolutos se pueden resolver más fácilmente usando razonamientos sobre continuidad de funciones. Veamos cómo podríamos resolver de este modo, por ejemplo, la inecuación vista en el ejemplo 6.2.6: $|x+3| > |2x+1|$, la cual la podemos poner como:

$$|x + 3| - |2x + 1| > 0.$$

Analizamos la función $f(x) = |x + 3| - |2x + 1|$, la cual es evidentemente continua. La función se anula cuando $|x + 3| = |2x + 1|$, y esto ocurre cuando $x + 3$ y $2x + 1$ son o bien iguales u opuestos. En el primer caso, $x + 3 = 2x + 1$, se obtiene que $x = 2$ y, en el segundo, $x + 3 = -2x - 1$, se llega a que $x = \frac{-4}{3}$. En cada uno de los tres intervalos $(-\infty, \frac{-4}{3})$, $(\frac{-4}{3}, 2)$ y $(2, +\infty)$ el signo de $f(x)$ se mantiene o bien positivo o bien negativo, ya que si en alguno de esos intervalos el signo cambiara de positivo a negativo o viceversa, deduciríamos,

---

[42]Mismo comentario que el anterior (¡bueno, casi el mismo!).

[43]Vean que los dos intervalos anteriores se pegan perfectamente uno de ellos con el siguiente formando un único intervalo.

por el *teorema de Bolzano*[44], que f tendría que anularse en algún punto del intervalo, lo cual contradice que la función solo se anula en $\frac{-4}{3}$ y en 2. Así que, para salir de dudas, tomamos un punto cualquiera en cada uno de los tres intervalos[45] y vemos si en cada uno de ellos se satisface la inecuación. Si tomamos $x = -2$ en el intervalo $(-\infty, \frac{-4}{3})$ vemos que $|x + 3| = 1$ y $|2x + 1| = 3$ (¡mala suerte, siga jugando!). Si tomamos $x = 0$ en $(\frac{-4}{3}, 2)$, vemos que $|x + 3| = 3$ y $|2x + 1| = 1$ (venga $(\frac{-4}{3}, 2)$ 'pal saco de soluciones') y si tomamos, finalmente, $x = 3$ en $(2, +\infty)$, entonces $|x + 3| = 6$ y $|2x + 1| = 7$ (¡mala suerte de nuevo!), con lo que la solución es $(\frac{-4}{3}, 2)$. Este método de utilizar la continuidad de funciones da mucho juego y ayuda a resolver un amplio abanico de inecuaciones[46].

Vamos ahora a torcer un poco las inecuaciones lineales y estudiaremos las inecuaciones cuadráticas, que vienen determinadas por un polinomio de grado dos y son de la forma:

$$ax^2 + bx + c > 0, \text{ con } a \neq 0. \tag{6.4}$$

Para resolverlas, utilizaremos de nuevo un argumento de continuidad: como las funciones polinómicas son continuas, por el teorema de Bolzano se tiene que el signo que toman se mantiene en tanto en cuanto no haya un cero en algún punto del intervalo considerado. Así que es conveniente olvidarnos por un momento[47] de las inecuaciones y considerar la ecuación:

$$ax^2 + bx + c = 0.$$

Esta la tenemos bien estudiada desde tiempos inmemoriales, y su solución es:

$$x = \frac{-b \pm \sqrt{b^2 - 4ac}}{2a}.$$

Por lo general, esto nos da dos valores distintos, pero hay excepciones que van a afectar a cómo luego se soluciona la inecuación. Una excepción se da si $b^2 - 4ac$ (también llamado el discriminante de la ecuación) es negativo, ya que, como dije en su momento, el cua-

---

[44]El cual dice que si una función f es continua en un intervalo $[a, b]$ y o bien $f(a) > 0$ y $f(b) < 0$ o $f(a) < 0$ y $f(b) > 0$ entonces $\exists c \in (a, b)$ que cumple $f(c) = 0$.

[45]Bueno, un punto en el que sea fácil calcular la $f(x)$ haciendo cuentas sencillas.

[46]En sentido figurado, claro está. ¿Para qué iba nadie a querer hacer un abanico con inecuaciones?

[47]¡Pero solo por un momento!

drado de un número no nulo es siempre positivo, luego no tiene sentido la raíz cuadrada $\sqrt{b^2 - 4ac}$. Mejor dicho, sí que tiene sentido, pero en el marco de los números complejos y no en el de los números reales. Volviendo a la inecuación (6.4), en este caso, no hay ceros... ¡no hay cambios de signo! ¿Y cuál es, entonces, el signo de la expresión $ax^2 + bx + c$?[48]. Podemos calcularlo de dos maneras. Una, razonando que $\lim_{x \to \infty} ax^2 + bx + c$ es $+\infty$ si $a > 0$ y $-\infty$ si $a < 0$. Por lo tanto, el signo de la expresión es positivo si $a > 0$ y negativo en caso contrario. Otra forma de saberlo es ver qué pasa con la c: dado que el signo es el mismo para todos los valores de x, entonces será igual, en particular, al signo cuando $x = 0$, pero en este caso nos queda $a \cdot 0^2 + b \cdot 0 + c = c$, y así el signo es positivo cuando $c > 0$ y negativo en caso contrario.

Resumiendo: si el discriminante es negativo, la solución de la inecuación (6.4) es $\mathbb{R}$ si $a > 0$, y es $\varnothing$ si $a < 0$.

Otra excepción se da si las soluciones de la ecuación cuadrática son iguales. Esto ocurre cuando el discriminante $b^2 - 4ac$ es 0, ya que entonces las soluciones correspondientes al + y al − coinciden. En este caso, si llamamos α a la única solución, es decir, si $\alpha = \frac{-b}{2a}$, entonces $ax^2 + bx + c$ es a multiplicado por un cuadrado perfecto, ya que $ax^2 + bx + c = a(x - \alpha)^2$ [49]. Ahora, como $(x - \alpha)^2$ es positivo si $x \neq \alpha$ y es 0 si $x = \alpha$, llegamos a que, si $a > 0$, la solución de (6.4) es $\mathbb{R} - \{\alpha\}$, y si $a < 0$, es $\varnothing$.

Finalmente, el caso que nos falta por estudiar es aquel en que las dos soluciones de la ecuación son distintas, lo cual ocurre cuando el discriminante es positivo[50]. Si llamamos α y β a las raíces que obtenemos, con $\alpha < \beta$, entonces $ax^2 + bx + c = a(x - \alpha)(x - \beta)$ [51].

Para estudiar el signo de $a(x - \alpha)(x - \beta)$, vamos a empezar analizando el de $(x - \alpha)(x - \beta)$. Si $x < \alpha$, ambos factores son negativos, luego el producto es positivo. Si $x = \alpha$, el producto es 0. Si $\alpha < x < \beta$, el primer factor es positivo y el segundo negativo, y el

---

[48] No me digan que Piscis o Capricornio, ¡sean serios!

[49] En efecto, $a(x - \alpha)^2 = a(x + \frac{b}{2a})^2 = ax^2 + bx + \frac{b^2}{4a} = ax^2 + bx + c$, ya que $\frac{b^2}{4a} = \frac{4ac}{4a} = c$.

[50] Ya ven por qué se le llama discriminante, es porque su signo discrimina las tres situaciones posibles que se pueden dar respecto al número de raíces distintas.

[51] Ya que $a(x - \alpha)(x - \beta) = a(x + \frac{b+\sqrt{b^2-4ac}}{2a})(x + \frac{b-\sqrt{b^2-4ac}}{2a}) = a((x + \frac{b}{2a}) + \frac{\sqrt{b^2-4ac}}{2a})((x + \frac{b}{2a}) - \frac{\sqrt{b^2-4ac}}{2a}) =$ (como suma por diferencia es diferencia de cuadrados) $a((x + \frac{b}{2a})^2 - \frac{b^2-4ac}{4a^2}) = a(x^2 + \frac{b}{a}x + \frac{b^2}{4a^2} - \frac{b^2}{4a^2} + \frac{c}{a}) = ax^2 + bx + c$. ¡Milagro! (en realidad, no tan milagro, esto pasa siempre: si $a_n x^n + \cdots + a_0$ es un polinomio de grado n y si $\alpha_1, \ldots, \alpha_n$ son sus n raíces, entonces el polinomio es $a_n(x - \alpha_1) \cdots (x - \alpha_n)$).

producto es negativo. Si $x = \beta$, el producto es 0. Finalmente, si $x > \beta$, ambos factores son positivos y su producto también lo es. Si ahora tenemos en cuenta el signo del factor a, obtenemos que, si $a > 0$, la solución de (6.4) es:

$$(-\infty, \alpha) \cup (\beta, +\infty)$$

y, si $a < 0$ la solución es:

$$(\alpha, \beta).$$

Otra forma, más 'a la cuenta de la vieja', de resolverlo en los tres casos, es que en cada intervalo (no necesariamente finito) limitado por raíces de la ecuación, el signo de $ax^2 + bx + c$ se mantiene y, para ver cuál es, basta evaluarlo en un punto cualquiera del intervalo (el que les sea más fácil de evaluar o, si no, lo echan a suertes). Una vez hecho esto seleccionan los intervalos en los que el valor obtenido es positivo.

Ejemplo 6.2.8. Estudiamos la inecuación:

$$2x^2 + 7x - 4 > 0.$$

Las soluciones de la ecuación $2x^2 + 7x - 4 = 0$ son $x = \frac{-7\pm\sqrt{81}}{4} = \frac{-7\pm9}{4}$, que nos da los dos valores -4 y $\frac{1}{2}$, y así podemos reescribir la inecuación como:

$$2(x+4)\left(x - \frac{1}{2}\right) > 0.$$

Esto ocurre cuando $x - \frac{1}{2} < 0, x + 4 < 0$ o $x - \frac{1}{2} > 0, x + 4 > 0$, es decir, $x < -4$ o $x > \frac{1}{2}$, y la solución es:

$$\left(-\infty, -4\right) \cup \left(\frac{1}{2}, +\infty\right).$$

Esto coincide, obviamente, con la fórmula descrita en el método general de solución, que dice que la solución es $(-\infty, \alpha) \cup (\beta, +\infty)$ cuando $b^2 - 4ac > 0$ y $a > 0$. También, haciéndolo con el otro método, como las raíces de la ecuación son -4 y $\frac{1}{2}$, tomamos un punto cualquiera en cada uno de los intervalos $(-\infty, -4), (-4, \frac{1}{2})$ y $(\frac{1}{2}, +\infty)$, por ejemplo, $-5, 0$ y 1, y vemos que el resultado de evaluar el polinomio en esos puntos es $11, -4$ y 5, respectivamente y es positivo en el primer y el tercer caso.

Para solucionar las inecuaciones de la forma:

$$ax^2 + bx + c \geq 0,$$

el procedimiento es muy similar al ya estudiado, con la diferencia de que, si α y β son las raíces de la ecuación:

$$ax^2 + bx + c = 0 \text{ (que pueden ser iguales o incluso no existir)}^{52},$$

entonces α y β también son soluciones de la inecuación.

Finalmente, las correspondientes inecuaciones con $<$ y $\leq$ se reducen a las ya estudiadas multiplicando ambos miembros por -1 [53]. De esta forma:

$$ax^2 + bx + c < 0$$

es equivalente a:

$$-ax^2 - bx - c > 0$$

y:

$$ax^2 + bx + c \leq 0$$

es equivalente a:

$$-ax^2 - bx - c \geq 0.$$

Ejemplo 6.2.9. Para resolver:

$$x^2 - 8x + 15 \leq 0,$$

la multiplicamos por -1 y obtenemos:

$$-x^2 + 8x - 15 \geq 0^{54}.$$

---

[52] Esto último es lo más humillante que le puede pasar a una raíz.

[53] O, lo que es lo mismo, pasando todos los términos al otro miembro de la desigualdad.

[54] Aunque también podríamos haber adaptado el argumento para estudiar, fácilmente, qué signo tienen que tener los factores $x - \alpha$ y $x - \beta$, derivados de las soluciones de la correspondiente ecuación cuadrática, para que el producto $a(x - \alpha)(x - \beta)$ sea ≤ 0, es decir, no teníamos por qué reducirnos al caso ≥ 0 (si recuerdan el chiste del matemático y el ingeniero, no tenemos por qué vaciar el cubo en el fregadero).

Las soluciones de la ecuación:

$$-x^2 + 8x - 15 = 0$$

son $\alpha = 3$ y $\beta = 5$, por lo que la inecuación se puede poner como:

$$-(x - 3)(x - 5) \geq 0,$$

que se satisface cuando o bien $x - 3 \geq 0, x - 5 \leq 0$ o $x - 3 \leq 0, x - 5 \geq 0$, es decir, $x \geq 3, x \leq 5$ o $x \leq 3, x \geq 5$. La segunda posibilidad no puede darse, luego la solución de la inecuación es:

$$[3, 5].$$

Las siguientes cinco proposiciones son útiles a la hora de hallar las soluciones de inecuaciones polinómicas de grado superior a dos. Omitiré las demostraciones porque son sencillas y las pueden hacer ustedes sin problema. De hecho, incluso puedo decir, y digo, que una buena parte del trabajo ya está hecho, ya que, en las cuatro primeras, una de las dos partes del 'si y solo si' ya se ha demostrado anteriormente (para números positivos en el caso de la cuarta) y la otra se reduce fácilmente a la primera, por lo que en estas se trata más de poner las cosas en su sitio que de hacer un esfuerzo duro de demostración.

Proposición 6.2.1. *Si $a, b, c \in \mathbb{R}$, entonces $a > b$ (respectivamente, $a \geq b, a < b, a \leq b$) si y solo si $a + c > b + c$ (respectivamente, $a + c \geq b + c, a + c < b + c, a + c \leq b + c$).*

Proposición 6.2.2. *Si $a, b, c \in \mathbb{R}$ y $c > 0$, entonces $a > b$ (respectivamente, $a \geq b, a < b, a \leq b$) si y solo si $ac > bc$ (respectivamente, $ac \geq bc, ac < bc, ac \leq bc$).*

Proposición 6.2.3. *Si $a, b, c \in \mathbb{R}$ y $c < 0$, entonces $a > b$ (respectivamente, $a \geq b, a < b, a \leq b$) si y solo si $ac < bc$ (respectivamente, $ac \leq bc, ac > bc, ac \geq bc$).*

Proposición 6.2.4. *Si $a, b \in \mathbb{R}$ y si a y b tienen el mismo signo, entonces $a > b$ (respectivamente, $a \geq b, a < b, a \leq b$) si y solo si $\frac{1}{a} < \frac{1}{b}$[55] (respectivamente, $\frac{1}{a} \leq \frac{1}{b}, \frac{1}{a} > \frac{1}{b}, \frac{1}{a} \geq \frac{1}{b}$).*

Proposición 6.2.5. *Si $a_1, \ldots, a_n \in \mathbb{R}$, entonces $a_1 \cdots a_n > 0$ si y solo si $a_i < 0$ para un número par de índices y el resto de los factores son positivos.*

---

[55]Si a y b tienen distinto signo, entonces es falso; por ejemplo, $-1 < 1$ y $\frac{1}{-1} = -1 < 1 = \frac{1}{1}$.

Observación 6.2.1. El resto de desigualdades relativas a un producto de n factores se pueden reducir a esta teniendo en cuenta las proposiciones 6.2.2, 6.2.3 y el hecho de que un producto es 0 si y solo si alguno de los factores es 0.

Supongamos ahora que queremos solucionar la inecuación $P(X) \geq 0$, donde P es un polinomio de $\mathbb{R}[X]$ (cuando se consideran los cuatro tipos de desigualdades $>, \geq, <, \leq$, estas se llaman *inecuaciones polinómicas*). Dicho polinomio se puede descomponer como producto de su coeficiente director y potencias de polinomios mónicos irreducibles. Los mónicos irreducibles pueden ser, o bien lineales, de la forma $X - \lambda$, o cuadráticos, de la forma $X^2 + \lambda X + \mu$ con $\lambda^2 - 4\mu < 0$. Estos últimos factores no cambian de signo, ya que el discriminante del polinomio es negativo y, como son mónicos, siempre toman valores positivos. Por lo tanto, sus potencias también toman siempre valores positivos. Los polinomios de la forma $(X - \lambda)^k$ con k par también toman valores no negativos, es decir, ≥ 0, ya que un número real elevado a una potencia par nunca puede ser estrictamente negativo. Más concretamente, toma el valor 0 cuando $X = \lambda$ y valores estrictamente positivos en los demás casos[56]. Por lo tanto, lo que corta el bacalao y determina el signo de $P(X)$ son los $(X - \lambda)^k$ con k impar. Como un número positivo elevado a una potencia impar es positivo y un número negativo elevado a una potencia impar es negativo, el signo de $(X - \lambda)^k$ es el mismo que el de $X - \lambda$, es decir, obtenemos números positivos cuando $X > \lambda$, 0 cuando $X = \lambda$ y negativos cuando $X < \lambda$. De esta forma, si $X - \lambda_1, \ldots, X - \lambda_r$ son los factores lineales que aparecen elevados a exponentes impares (pongamos que estos sean, respectivamente, $k_1, \ldots, k_r$), entonces $P(X)$ se hace 0 en los λ_i y, por lo tanto, se satisface la inecuación $P(X) \geq 0$ en dichos valores y, en cuanto a los restantes valores de X, cada $(X - \lambda_i)^{k_i}$ es negativo cuando $X < \lambda_i$ y positivo en caso contrario. Esto hace que el número de factores $(X - \lambda_i)^{k_i}$ negativos aumente en 1 cuando 'cruzamos' uno de estos λ_i, de forma que el signo de $P(X)$ va cambiando al cruzar uno de tales λ_i. ¿Y cuál es el signo al comienzo, antes de cruzar el primero de ellos? Ahí es donde interviene el coeficiente director: si dicho coeficiente director es positivo, entonces, cuando

---

[56]Aquí estamos cometiendo el abuso del lenguaje de confundir el polinomio con la función polinómica asociada, que son, estrictamente hablando, distintos. Lo que quiero decir es que sería más correcto, aunque también más largo y aburrido, decir "cuando sustituimos la X por λ nos da como resultado 0 y cuando la sustituimos por cualquier otro número nos da como resultado un número estrictamente positivo".

X tiende a $-\infty$, si el grado del polinomio es par, el polinomio tiende a $+\infty$, y $P(X)$ se mantiene positivo hasta llegar a la primera raíz real con multiplicidad impar y, si el grado es impar, entonces el polinomio tiende a $-\infty$, y $P(X)$ se mantiene negativo hasta llegar a la primera raíz real. Si, por el contrario, el coeficiente director es negativo, entonces cuando X tiende a $-\infty$, si el grado del polinomio es par el polinomio tiende a $-\infty$, y $P(X)$ se mantiene negativo hasta llegar a la primera raíz real con multiplicidad impar y, si el grado es impar, entonces el polinomio tiende a $+\infty$, y $P(X)$ se mantiene positivo hasta llegar a la primera raíz real. Si esto les ha parecido un trabalenguas como el de la parte contratante de la primera parte de los hermanos Marx en *Una Noche en la Ópera*, no se preocupen, en los ejemplos concretos lo entenderán perfectamente.

La misma idea se aplica para resolver inecuaciones polinómicas de la forma $P(X) > 0$, pero, en este caso, excluimos las raíces del polinomio y para resolver inecuaciones de la forma $P(X) \leq 0$ o $P(X) < 0$, en cuyo caso multiplicamos la inecuación por -1[57] para obtener una del tipo de las ya estudiadas.

Ejemplos 6.2.10.

1. Consideremos la inecuación:

$$x^4 - 2x^2 + 1 < 0.$$

   Como el polinomio es bicuadrado, haciendo el cambio $x^2 = t$ nos queda la inecuación cuadrática[58]:

$$t^2 - 2t + 1 < 0.$$

   Como en el primer miembro nos queda un cuadrado perfecto[59], otra forma de expresar la inecuación es:

$$(t - 1)^2 < 0.$$

   Ahora, como un cuadrado nunca puede ser estrictamente negativo, esta inecuación no tiene solución y, por lo tanto, la inecuación inicial en x tampoco la tiene.

---

[57]O, *mutatis mutandis*, hacemos un análisis similar sin necesidad de multiplicar por -1.

[58]Todo queda más cuadrado que un post-it pegado a una baldosa.

[59]O, de forma más sistemática, si no nos damos cuenta a primera vista de que es un cuadrado perfecto, hallando las raíces del polinomio $t^2 - 2t + 1$.

2. Analizemos la inecuación:

$$x^4 + x^3 > 0.$$

Sacando factor común a x^3, llegamos a:

$$x^3(x+1) > 0.$$

Dado que las dos raíces del polinomio, 0 y −1, tienen multiplicidad impar, hay un cambio de signo en −1 y otro en 0. Cuando x tiende a −∞, se tiene que $x^4 + X^3$ tiene límite $+\infty$[60], y así el polinomio toma valores positivos para valores menores que la primera raíz, es decir, que −1. A partir de ahí el signo se va alternando y toma valores negativos entre −1 y 0 y otra vez positivos a partir del 0. Es decir, que la solución de la inecuación es:

$$(-\infty, -1) \cup (0, +\infty).$$

Observen que los intervalos son abiertos en −1 y en 0 porque en dichos valores el polinomio se hace 0 y la desigualdad que estamos estudiando es del tipo 'mayor estricto'.

Si se lían con lo del exponente par o impar y con lo de los límites, siempre pueden hacer un razonamiento sobre continuidad de funciones tomando, por ejemplo, $-2 \in (-\infty, -1)$, y ver que, como $(-2)^4 + (-2)^3 = 8 > 0$, −2 satisface la inecuación; después tomar, por ejemplo, $\frac{-1}{2} \in (-1, 0)$, y ver que $(\frac{-1}{2})^4 + (\frac{-1}{2})^3 = \frac{-1}{16} < 0$, luego $\frac{-1}{2}$ no la satisface y finalmente tomar, por ejemplo, $1 \in (0, +\infty)$ y observar[61] que $1^4 + 1^3 = 2 > 0$, luego 1 también la satisface, de forma que la solución es, como ya vimos antes,

$$(-\infty, -1) \cup (0, +\infty).$$

---

[60]Intuitivamente, x^4 es lo que 'vence' en $x^4 + x^3$, ya que para valores con valor absoluto grande una potencia cuarta es mucho mayor en valor absoluto que un cubo y este último, aunque grande, es insignificante respecto al primero y, por lo tanto, cuando x es grande y negativo (como Godzilla), x^4 es grande y positivo.

[61]Que es mejor que ver.

3. Tomemos la inecuación:

$$x^4 + 9x^3 + 20x^2 \geq 0.$$

Sacando factor común a x^2 llegamos a:

$$x^2(x^2 + 9x + 20) \geq 0.$$

Como el polinomio $x^2 + 9x + 20$ es de segundo grado, es fácil hallar sus raíces, que son -4 y -5 y, por tanto, podemos poner la inecuación en la forma:

$$x^2(x + 4)(x + 5) \geq 0.$$

Como el factor x está elevado al cuadrado, x^2 siempre toma valores ≥ 0, y así el signo de $x^2(x + 4)(x + 5)$ es el mismo que el de $(x + 4)(x + 5)$. Como las raíces -4 y -5 tienen multiplicidad 1, que es impar, hay cambios de signo en -4 y en -5. Al ser $(x + 4)(x + 5) = x^2 + 9x + 20$, su límite cuando x tiende a $-\infty$ es es $+\infty$ y, así, toma valores positivos cuando $x < -5$ (otra forma de razonarlo, sin tener que hablar de límites, es que cuando $x < -5$ se cumple que $x + 5$ es negativo y, con mayor razón[62], $x + 4$ también lo es y un producto de dos negativos es positivo). En -5 hay un cambio de signo, y así, entre -5 y -4 es negativo, y en -4 hay otro cambio de signo, de forma que a partir de -4 vuelve a ser positivo. Por lo tanto, la solución de la inecuación es:

$$(-\infty, -5] \cup [-4, +\infty).$$

Observamos que en este caso los intervalos son cerrados en -5 y en -4, porque dichos números son raíces del polinomio y, al cumplirse que el valor del polinomio es 0 en esos números, también es ≥ 0.

4. Nos planteamos[63] resolver la inecuación:

$$-2x^5 + 4x^4 + 8x^3 - 8x^2 + 10x - 12 \leq 0.$$

---

[62]O, por lo menos, con la misma razón y más despilfarro.
[63]Muy resolutivamente y con entusiasmo.

Podríamos, como ya dije anteriormente, multiplicar ambos miembros por −1, con lo que cambia el signo de la desigualdad y llegamos a:

$$2x^5 - 4x^4 - 8x^3 + 8x^2 - 10x + 12 \geq 0,$$

que es del tipo ≥ 0 que ya hemos estudiado antes. No obstante, la inecuación no se resuelve más fácilmente por ello y no es necesario hacerlo, así que vamos a dejar la inecuación en su forma original y empezar a trabajar a partir de ahí. El polinomio se factoriza como:

$$-2(x^2 + 1)(x - 1)(x + 2)(x - 3),$$

por lo que podemos reescribir la inecuación en la forma:

$$-2(x^2 + 1)(x + 2)(x - 1)(x - 3) \leq 0.$$

El factor cuadrático mónico $x^2 + 1$ tiene raíces imaginarias $\pm i$, por lo que toma siempre valores positivos y, así, el signo del polinomio es el mismo que el de:

$$-2(x + 2)(x - 1)(x - 3).$$

Las tres raíces reales tienen multiplicidad 1, que es impar, por lo que hay cambio de signo en −2, en 1 y en 3. El límite cuando x tiende a −∞ de $-2x^5 + 4x^4 + 8x^3 - 8x^2 + 10x - 12$ es +∞, por lo que el polinomio toma valores positivos cuando $x < -2$ (otra forma de verlo es que, en ese caso, $x^2 + 1$ es positivo y los tres factores $x + 2, x - 1$ y $x - 3$ son negativos, por lo que, al multiplicar el producto de los cuatro factores por −2, nos da positivo. Así, entre −2 y 1 es negativo, entre 1 y 3 positivo, y a partir de 3, negativo, por lo que la solución de la inecuación es:

$$[-2, 1] \cup [3, +\infty).$$

Los intervalos son cerrados en −2, 1 y 3, ya que estamos estudiando una inecuación del tipo ≤ 0 y, por lo tanto, se cumple para las raíces del polinomio.

También se pueden resolver inecuaciones del tipo $P(x) > Q(x)$ y similares con otros tipos de desigualdades, donde $P(x)$ y $Q(x)$ son polinomios de $\mathbb{R}[x]^{64}$. Simplemente, pasamos restando $Q(x)$ al primer miembro y nos queda la inecuación $P(x) - Q(x) > 0$, que es del tipo de las ya estudiadas.

Ejemplo 6.2.11. Vamos a resolver la inecuación:

$$3x^3 + x + 1 > 2x^3 + 2x + 1.$$

Pasamos restando el segundo polinomio y llegamos a:

$$x^3 - x > 0$$

y, factorizando el primer miembro, a:

$$x(x + 1)(x - 1) > 0,$$

cuya solución es:

$$(-1, 0) \cup (1, +\infty).$$

Asimismo, podemos plantearnos resolver inecuaciones de la forma $\frac{P(x)}{Q(x)} > 0$, donde $P(x)$ y $Q(x)$ son polinomios de $\mathbb{R}[x]$ y $Q(x)$ no es el polinomio nulo (cuando se tienen en cuenta los cuatro tipos de desigualdades $>, \geq, <, \leq$, estas se llaman *inecuaciones racionales*). Como vimos al estudiar las funciones racionales, podemos suponer que ambos polinomios son primos entre sí, dividiendo ambos entre su máximo común divisor. Factorizando ahora ambos polinomios llegamos a que $\frac{P(x)}{Q(x)}$ es el producto de un número real por un producto de potencias de mónicos irreducibles, pero ahora los exponentes son números enteros y pueden ser negativos, para darle un poco de sal y pimienta al problema. Los polinomios mónicos irreducibles son, o bien lineales, de la forma $x - \lambda$ con $\lambda \in \mathbb{R}$, o bien cuadráticos, de la forma $x^2 + \lambda x + \mu$, con $\lambda^2 - 4\mu < 0$. Por lo demás, el análisis es muy parecido al de las inecuaciones polinómicas: las potencias con exponente par dan valores siempre positivos y las potencias con exponente impar tienen el mismo signo que

---

[64]Aquí cometemos el abuso del lenguaje de representar con el símbolo x tanto la incógnita de la inecuación como la indeterminada de los polinomios.

la base y, además, los factores cuadráticos irreducibles mónicos toman siempre valores positivos.

Hay una diferencia importante con las inecuaciones polinómicas: las raíces del denominador nunca están en la solución, porque las divisiones por cero están más prohibidas que aparcar en doble fila.

Ejemplo 6.2.12. Tomemos la inecuación:

$$\frac{x^2 + 3x + 2}{x^3 + 5x^2} > 0.$$

Factorizando el numerador y el denominador obtenemos:

$$\frac{(x+1)(x+2)}{x^2(x+5)} > 0,$$

es decir,

$$(x+1)(x+2)x^{-2}(x+5)^{-1} > 0.$$

El factor x está elevado a -2, que es par y, por lo tanto, es siempre positivo y, tanto $x+1$ como $x+2$, aparecen elevadas a 1, que es impar y $x+5$ está elevado a -1, que también es impar, por lo que los cambios de signo se dan en -5, en -2 y en -1. En este caso, el límite cuando x tiende a $-\infty$ de $\frac{x^2+3x+2}{x^3+5x^2}$ es 0^{65}, lo cual no nos dice nada de cuál comienza siendo el signo, pero se ve fácilmente que, cuando $x < -5$, se tiene que $\frac{1}{x^2}$ es positivo, mientras que $\frac{1}{x+5}$, $x+1$ y $x+2$ son negativos, por lo que el signo es negativo antes de -5. Aunque al pasar por $x = 0$ no hay cambio de signo, este valor no es solución de la inecuación, ya que no se puede dividir por 0. Por la misma razón, $x = -5$ tampoco es solución de la inecuación y, aunque la función racional sí está definida en $x = -2$ y en $x = -1$, tampoco estos valores son soluciones de la misma, por que el cociente correspondiente tiene que ser estrictamente mayor que 0. Por tanto, la solución es:

$$(-5, -2) \cup (-1, 0) \cup (0, +\infty).$$

---

[65]Ya que el grado del denominador es mayor que el del numerador.

El más difícil todavía se da cuando tenemos funciones racionales en ambos miembros de la inecuación, es decir, algo de la forma:

$$\frac{P}{Q} > \frac{R}{S}.$$

Pasando la segunda función racional al primer miembro nos reducimos a una del tipo de las ya estudiadas, ya que nos queda:

$$\frac{P}{Q} - \frac{R}{S} > 0,$$

es decir:

$$\frac{PS - RQ}{QS} > 0.$$

Ejemplo 6.2.13. Vamos a resolver la inecuación:

$$\frac{x^3 + 2x^2 + 12x + 17}{x^4 + 9x^3 + 17x^2 + 27x + 42} > \frac{1}{x^2 + 3}.$$

Pasamos restando la segunda fracción al primer miembro y llegamos a:

$$\frac{x^3 + 2x^2 + 12x + 17}{x^4 + 9x^3 + 17x^2 + 27x + 42} - \frac{1}{x^2 + 3} > 0,$$

es decir, a:

$$\frac{x^5 + x^4 + 6x^3 + 6x^2 + 9x + 9}{(x^4 + 9x^3 + 17x^2 + 27x + 42)(x^2 + 3)} > 0$$

y, después de dividir el numerador y el denominador entre su máximo común divisor (que se puede ver, usando el algoritmo de Euclides, que es $(x^2 + 3)^2$), llegamos a que la inecuación se puede poner como:

$$\frac{x + 1}{x^2 + 9x + 14} > 0.$$

Factorizando, obtenemos:

$$\frac{x + 1}{(x + 2)(x + 7)} > 0$$

y la solución de esta última inecuación es:

$$(-7, -2) \cup (-1, +\infty).$$

Para resolver inecuaciones que no son polinómicas ni racionales hay que tener en cuenta los intervalos de crecimiento y decrecimiento de las funciones que aparezcan[66]. Una vez hecho esto, todo se reduce a aplicar el tipo de técnicas que ya hemos visto anteriormente.

Ejemplo 6.2.14. Analicemos la inecuación de elevadas aspiraciones:

$$2^{x^2-3x+1} > 7.$$

Como la función $\log_2(x)$ es creciente en todo su dominio, tomando logaritmos en base 2 en ambos miembros de la desigualdad, esta se mantiene y vemos así que es equivalente a:

$$x^2 - 3x + 1 > \log_2(7),$$

es decir, a:

$$x^2 - 3x + 1 - \log_2(7) > 0,$$

y esta es de las cuadráticas que ya hemos estudiado y su solución es el conjunto:

$$\left(-\infty, \frac{3 - \sqrt{5 + 4\log_2(7)}}{2}\right) \cup \left(\frac{3 + \sqrt{5 + 4\log_2(7)}}{2}, +\infty\right).$$

Ejemplo 6.2.15. Consideremos la inecuación:

$$\sqrt{x} - x + 2 \leq 0,$$

la cual la podemos poner como:

$$\sqrt{x} \leq x - 2.$$

El siguiente razonamiento sería erróneo, ya que la función $f(x) = x^2$ no es creciente en todo $\mathbb{R}$[67]: elevando al cuadrado, $x \leq (x-2)^2$, es decir, $0 \leq x^2 - 5x + 4$ y, como las raíces del polinomio $x^2 - 5x + 4$ son $x = 1$ y $x = 4$, la 'pseudosolución' sería $(-\infty, 1] \cup [4, +\infty)$. Esto

---

[66]Por lo que, ¡cuidado!, si estas no son crecientes ni decrecientes en todo su dominio, no es un camino de rosas y hay que andarse con ojo.

[67]Lo cual ilustra lo que dije antes de que hay que tener cuidado cuando la función que aplicamos en ambos miembros de la desigualdad no es, o bien creciente en todo su dominio (en cuyo caso las desigualdades siempre se mantienen), o decreciente en todo su dominio (en cuyo caso las desigualdades siempre se invierten).

no es correcto ya que, aunque los números de $[4, +\infty)$ sí satisfacen la inecuación, los de $(-\infty, 1]$ no lo hacen. Por ejemplo, para $x = -1$ ni siquiera existe la raíz cuadrada y, para $x = \frac{1}{4}$, se tiene que $\sqrt{\frac{1}{4}} = \frac{1}{2}$ y $\frac{1}{4} - 2 = \frac{-7}{4}$, pero $\frac{1}{2} > \frac{-7}{4}$ y no se cumple la desiguldad buscada. Podríamos resolver la inecuación (esta vez bien), estableciendo una casuística respecto a los posibles valores de x o también, más fácilmente, razonando por continuidad: la función $f(x) = \sqrt{x} - x + 2$ es continua en $[0, +\infty)$[68] y se hace 0 en $x = 4$[69] y, por lo tanto, mantiene su signo en $[0, 4)$ y en $(4, +\infty)$. En el primer intervalo toma valores positivos ya que, por ejemplo, $f(1) = 2$ y, por lo tanto, los elementos de dicho intervalo no son soluciones de la inecuación, pero en el segundo toma valores negativos, y de ahí sí sacamos soluciones. El propio $x = 4$ también es solución, ya que la inecuación es del tipo $\leq$ y, así, la solución es:

$$[4, +\infty).$$

Ejemplo 6.2.16. Resolveremos, como último ejemplo, la inecuación:

$$\operatorname{sen}(2x + 7) < 0.$$

La función seno va para arriba y para abajo, como una montaña rusa, pero toma valores negativos en los intervalos:

$$((2k + 1)\pi, (2k + 2)\pi), \text{ con } k \in \mathbb{Z}.$$

Dado un número entero k, ¿cuándo se cumple $(2k + 1)\pi < 2x + 7 < (2k + 2)\pi$? Evidentemente, cuando:

$$x \in \left(\frac{(2k + 1)\pi - 7}{2}, \frac{(2k + 2)\pi - 7}{2}\right),$$

por lo que la solución de la inecuación es:

$$\bigcup_{k \in \mathbb{Z}} \left(\frac{(2k + 1)\pi - 7}{2}, \frac{(2k + 2)\pi - 7}{2}\right).$$

---

[68]Para x negativos no está definida y la inecuación no tiene sentido.
[69]El valor $x = 1$ de antes no anula a $f(x)$, pero el $x = 4$ sí.

6.3.   Es un clásico

En la sección anterior vimos cómo resolver algunos tipos específicos de inecuaciones. Aquí, por el contrario, volveremos a tomar el vuelo de la abstracción y estudiaremos algunos tipos de desigualdades clásicas con nombre y apellido[70]. Primero necesitamos ver un par de definiciones que nos proporcionarán la terminología en la que se pueden expresar estas desigualdades.

Definición 6.3.1. *Si* $u = (u_1, \ldots, u_n), v = (v_1, \ldots, v_n) \in \mathbb{R}^n$, *su producto escalar es:*

$$u \cdot v = u_1 v_1 + \cdots + u_n v_n.$$

Ejemplo 6.3.1. Se tiene que:

$$(\frac{1}{3}, -1, \frac{1}{2}) \cdot (4, \frac{1}{5}, \sqrt{2}) = \frac{1}{3} \cdot 4 - 1 \cdot \frac{1}{5} + \frac{1}{2}\sqrt{2} = \frac{17}{15} + \frac{\sqrt{2}}{2}.$$

Definición 6.3.2. *Si* $u = (u_1, \ldots, u_n) \in \mathbb{R}^n$, *su norma cuadrática es:*

$$\|u\| = \sqrt{u_1^2 + \cdots + u_n^2}.$$

Ejemplo 6.3.2. Se cumple:

$$\|(1, 4, 0, \sqrt{3})\| = \sqrt{1 + 16 + 0 + 3} = \sqrt{20} = 2\sqrt{5}.$$

Cuando $n = 2$, se deduce del teorema de Pitágoras que $\|(a, b)\|$ es la distancia del punto del plano $\mathbb{R}^2$ con abscisa a y ordenada b al origen de coordenadas $(0, 0)$ y, cuando $n = 3$, que $\|(a, b, c)\|$ es la distancia del punto del espacio tridimensional $\mathbb{R}^3$ con coordenadas a, b y c al origen de coordenadas $(0, 0, 0)$[71].

Teorema 6.3.1. *(desigualdad de Cauchy-Schwarz-Bunyakovsky) Si:*

$$u = (u_1, \ldots, u_n), v = (v_1, \ldots, v_n) \in \mathbb{R}^n,$$

---

[70]Tanto tanto, no, pero sí, por lo menos, con nombre.

[71]Si $n \geq 4$, un venerable hiperpitágoras multidimensional llegaría a similares conclusiones con respecto a un punto de $\mathbb{R}^n$ con coordenadas $a_1, \ldots, a_n$.

entonces:

$$|u \cdot v| \leq \|u\| \cdot \|v\|.$$

Además, se da la igualdad si y solo si u y v son proporcionales[72].

Demostración. Para cada $x \in \mathbb{R}$ se cumple que:

$$0 \leq \sum_{i=1}^{n} (u_i + v_i x)^2, \tag{6.5}$$

ya que un cuadrado es no negativo y, por lo tanto, una suma de cuadrados también lo es. Como $(u_i + v_i x)^2 = u_i^2 + 2u_i v_i x + v_i^2 x^2$, el sumatorio anterior se descompone en suma de tres sumatorios, por lo que:

$$0 \leq \sum_{i=1}^{n} u_i^2 + 2(\sum_{i=1}^{n} u_i v_i)x + (\sum_{i=1}^{n} v_i^2)x^2.$$

Dado que para todos los valores de x la expresión cuadrática anterior toma valores ≥ 0, podemos concluir que el discriminante es ≤ 0, ya que si fuera > 0 la ecuación asociada tendría 2 raíces reales distintas y, por lo tanto, dicha expresión tomaría valores positivos en algunos sitios y negativos en otros. Desarrollando el discriminante, obtenemos:

$$4(\sum_{i=1}^{n} u_i v_i)^2 - 4(\sum_{i=1}^{n} u_i^2)(\sum_{i=1}^{n} v_i^2) \leq 0$$

y, pasando el término que tiene el signo $-$ sumando al otro miembro y dividiendo luego por 4 en ambos miembros, llegamos a:

$$(\sum_{i=1}^{n} u_i v_i)^2 \leq (\sum_{i=1}^{n} u_i^2)(\sum_{i=1}^{n} v_i^2)$$

y, tomando raíces cuadradas[73], se obtiene la desigualdad buscada.

Para caracterizar cuándo se da la igualdad en (6.5), observamos que el que exista $x \in \mathbb{R}$ tal que:

$$\sum_{i=1}^{n} (u_i + v_i x)^2 = 0$$

---

[72]Esto quiere decir que las coordenadas de u y las coordenadas de v son proporcionales, es decir, que existe un número real λ tal que $u_i = \lambda v_i$ $\forall i$.

[73]Y teniendo en cuenta que la raíz cuadrada positiva del cuadrado de un número es el valor absoluto del número.

es equivalente, dado que una suma de cuadrados es 0 si y solo si la base de cada sumando es 0, a que $\exists x \in \mathbb{R}$ tal que:

$$u_i + v_i x = 0 \ \forall i \in \{1, \ldots, n\},$$

es decir, a que u y v sean proporcionales, con constante de proporcionalidad $\lambda = -x$. Como ya he mencionado que la suma cuadrática a la derecha de (6.5) toma siempre valores no negativos (y, por lo tanto, representa una parábola 'con los cuernos para arriba' o bien por encima del eje de abscisas, como en la Figura 6.1, o tangente al mismo, como en la Figura 6.2), el que haya un x para el que la suma de cuadrados es 0 es equivalente a que la parábola sea tangente a dicho eje, es decir, a que tenga una raíz doble, lo cual es a su vez equivalente a que el discriminante sea 0, o sea, a que se dé la igualdad en la desigualdad de Cauchy-Schwarz-Bunyakovsky.

Figura 6.1: Parábola optimista

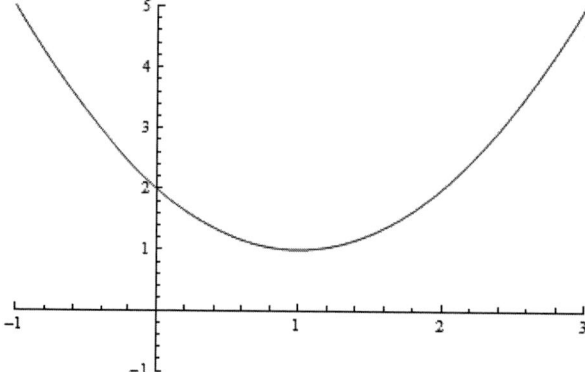

Figura 6.2: Parábola realista

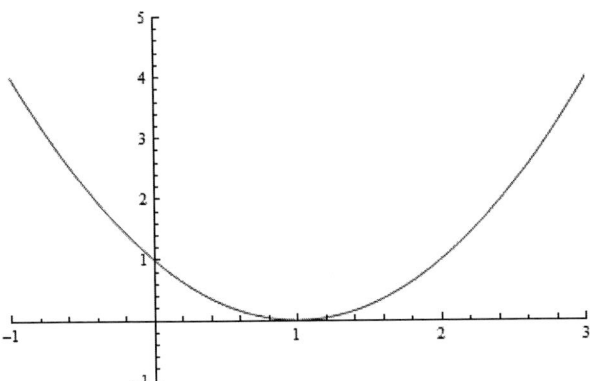

Con esto hemos probado que, tanto el que se dé la igualdad en la mencionada des-igualdad como que u y v sean proporcionales, son equivalentes a que todos los cuadrados en (6.5) sean 0 para algún valor de x, por lo que las dos primeras afirmaciones también son equivalentes, lo cual prueba la segunda parte del teorema. $\qquad\square$

Ejemplos 6.3.3.

1. Si $u = (1, 5, -2), v = (3, -4, 0)$, entonces:

$$u \cdot v = -17, \text{ y } |u \cdot v| = 17.$$

Por otro lado:

$$\|u\| = \sqrt{30}, \|v\| = \sqrt{25} = 5, \text{ y } 17 < 5\sqrt{30},$$

ya que:

$$17^2 = 289 < 750 = \left(5\sqrt{30}\right)^2.$$

Se cumple la desigualdad con menor estricto, debido a que u y v no son propor-cionales.

2. Si $u = (4, 7), v = (8, 14)$, en este caso sí son proporcionales, pues $u = \frac{1}{2}v$ y, en consecuencia, se da la igualdad:

$$|u \cdot v| = 130 = \sqrt{65}\sqrt{260} = \|u\| \cdot \|v\|,$$

pues:

$$130^2 = 16900 = 65 \cdot 260.$$

NO SE PUEDE TENER TODO

Uno de los principios más conocidos de la mecánica cuántica es el *principio de incertidumbre de Heisenberg* (que no es no saber cómo acaba "Breaking Bad"), que dice que no se pueden determinar simultáneamente con completa precisión la posición y el *momentum* de una partícula (en la mecánica clásica el *momentum* es el producto de la masa por la velocidad, aunque en mecánica cuántica su definición es más abstracta y es un operador de la función de onda, definido por $p = -i\hbar\nabla$, donde i es la unidad imaginaria, $\hbar$ es la constante de Planck reducida $\frac{h}{2\pi}$ (aquí, h es la constante de Planck) y ∇ es el operador gradiente). Más concretamente, cuanta mayor precisión se tenga respecto a la posición, mayor incertidumbre se tendrá sobre el *momentum* y, recíprocamente, cuanto más exactamente se pueda determinar el *momentum*, menos certeza habrá sobre la posición.

Matemáticamente, el principio se concreta en una desigualdad:

$$\sigma_x \sigma_p \geq \frac{\hbar}{2}, \tag{6.6}$$

donde x denota la posición y σ_x la desviación típica de la posición, p representa el *momentum* y σ_p la desviación típica de dicho *momentum* y $\hbar$, como se mencionó antes, es la constante de Planck reducida. El que una magnitud esté determinada con mucha precisión quiere decir que se dispersa poco, es decir, que su desviación típica es muy pequeña y, recíprocamente, que haya mucha incertidumbre sobre una determinada magnitud quiere decir que su desviación típica es grande. Viendo la desigualdad (6.6), si uno de los factores del miembro izquierdo se hace muy pequeño, el otro factor tendrá que ser muy grande, para compensar el hecho de que el producto sea al menos $\frac{\hbar}{2}$.

Curiosamente, la demostración matemática del principio de incertidumbre de Heisenberg se basa en la utilización de una desigualdad que ya conocemos, a saber, la desigualdad de Cauchy-Schwarz-Bunyakovsky, en su versión para integrales de variable compleja en lugar de sumas finitas en $\mathbb{R}^n$, con los operadores asociados a la posición y el *momentum*, respectivamente.

No encuentro el momento de parar de hablar de este fascinante tema, pero me temo que no hay lugar para ello.

Proposición 6.3.1. *(desigualdad triangular) Si $u, v \in \mathbb{R}^n$, entonces:*

$$\|u + v\| \le \|u\| + \|v\|.$$

Demostración. Se tiene que $\|u + v\|^2 = (u + v) \cdot (u + v)$. Usando propiedades elementales del producto escalar[74], se ve que esto es igual a $u \cdot u + 2u \cdot v + v \cdot v$ y, como todo número real es menor o igual que su valor absoluto, el número anterior es menor o igual que $u \cdot u + 2|u \cdot v| + v \cdot v$. Utilizando la desigualdad de Cauchy-Schwarz-Bunyakovsky, este número es menor o igual que $u \cdot u + 2\|u\|\|v\| + v \cdot v$ y, puesto que el producto escalar de una tupla por ella misma es el cuadrado de su norma cuadrática, esto nos da $\|u\|^2 + 2\|u\| \cdot \|v\| + \|v\|^2$, que pueden ver que es un cuadrado perfecto, concretamente $(\|u\| + \|v\|)^2$. Siguiendo la cadena de igualdades y desigualdades, hemos demostrado que $\|u + v\|^2 \le (\|u\| + \|v\|)^2$ y, tomando ahora raíces cuadradas, obtenemos la desigualdad buscada. $\square$

La desigualdad triangular vista en la Proposición 6.1.7 es un caso particular de la proposición anterior, ya que cuando $n = 1$, si $x, y \in \mathbb{R}$, los podemos ver como las 1-tuplas (x) y (y), respectivamente y, entonces:

$$\|(x + y)\| = \sqrt{(x + y)^2} = |x + y|$$

y:

$$\|(x)\| + \|(y)\| = |x| + |y|.$$

Pueden, si lo desean, profundizar más en el estudio de las desigualdades en [4].

---

[74]Concretamente, las propiedades fácilmente demostrables a partir de la definición de producto escalar de que, si $u_1, u_2, u, v_1, v_2, v \in \mathbb{R}^n$, entonces $(u_1 + u_2) \cdot v = u_1 \cdot v + u_2 \cdot v$, $u \cdot (v_1 + v_2) = u \cdot v_1 + u \cdot v_2$ y $u \cdot v = v \cdot u$.

6.4. Ejercicios

1. Decir razonadamente si son ciertas o falsas las siguientes afirmaciones:

   a) Si $a, b, c \in \mathbb{R}$ con $a > 1$ y $b > c$, entonces $a^b > a^c$.

   b) Si $a, b, c \in \mathbb{R}$ con $a > 0$ y $b > c$, entonces $a^b > a^c$.

   c) Si $x \in \mathbb{R}$, entonces $\operatorname{sen}(x)\operatorname{sen}(x + \pi) \leq 0$.

2. Buscar el error en la siguiente 'demostración'[75] de que $1 < 0$:

   Sea x un número con $0 < x < 1$. Como la función logaritmo neperiano es creciente en todo su dominio, tomando logaritmos se mantiene la desigualdad y, así, $\ln x < \ln 1$ y, como $\ln 1 = 0$, $\ln x < 0$. Ahora dividimos entre $\ln x$ en ambos miembros, con lo que $1 < \frac{0}{\ln x}$ y, al ser 0 dividido entre cualquier número igual a 0[76], obtenemos con estupor que $1 < 0$.

3. Demostrar que, si $n \in \mathbb{N}$ y $x_1, \ldots, x_n \in \mathbb{R}$, entonces:

$$|x_1 + \cdots + x_n| \leq |x_1| + \cdots + |x_n|.$$

   ¿Cuándo se da la igualdad?

4. Probar que, si $x, y \in \mathbb{R}$, entonces:

$$\big||x| - |y|\big| \leq |x - y|.$$

5. Decir si los siguientes conjuntos están acotados superiormente y si están acotados inferiormente y, en caso de que lo estén, hallar los respectivos supremo e ínfimo y analizar si los conjuntos tienen máximo o mínimo:

   a)
$$A = \mathbb{R},$$

   b)
$$B = (0, +\infty),$$

---

[75]Técnicamente: sofisma o falacia.

[76]Entre cualquier número no nulo, por supuesto; si no, tenemos una indeterminación. Pero, en este caso, $\ln x \neq 0$ y, por lo tanto, podemos hacer esta división.

c)

$$C = (-\infty, 2] \cup [5, 7),$$

d)

$$D = (-10, -6) \cup (-3, 1],$$

e)

$$E = [-4, -\frac{1}{3}) \cup (\sqrt{2}, 3],$$

f)

$$F = \{x \in \mathbb{R} \mid x^3 = x\},$$

g)

$$G = \{\frac{1}{n} \mid n \in \mathbb{N}\},$$

h)

$$H = \{\frac{1}{n} \mid n \in \mathbb{N}\} \cup \{0\},$$

i)

$$I = \{x \in \mathbb{Q} \mid 0 < x < 1\},$$

j)

$$J = \bigcup_{n \in \mathbb{N}} [1 - 2^{-n}, 1 - 2^{-n-1}),$$

k)

$$K = \{x \in \mathbb{Q} \mid x^2 \leq 2\}.$$

6. Demostrar que todo subconjunto de $\mathbb{R}$ no vacío y acotado inferiormente tiene ínfimo.

7. Resolver las siguientes inecuaciones:

   a) $7x + 1 > 0$,

   b) $-2x + 3 \leq 0$,

   c) $2x^2 - 3x + 1 < 0$,

   d) $4x^2 + 8x + 3 > 0$,

e) $6x^3 + 7x^2 \geq 1$,

f) $2x^5 + 2x^4 - x^3 - x^2 < x^4 - 2x^3$,

g) $-\frac{x^3 + 6x^2 + 12x + 8}{x^3 - 2x^2 + x} \leq 0$.

8. Resolver la inecuación:

$$-2\lambda\mu^3 + (-6\lambda\mu^2 + \mu^3)x + (-6\lambda\mu + 3\mu^2)x^2 + (-2\lambda + 3\mu)x^3 + x^4 > 0$$

respecto a la incógnita x, donde λ y μ son parámetros.

9. Probar que, si $a, b \geq 0$, entonces $\frac{a+b}{2} \geq \sqrt{ab}$, es decir, que la media aritmética de dos números reales no negativos es mayor o igual que su media geométrica[77].

10. Demostrar que, si $a_1, \ldots, a_n \in \mathbb{R}$, entonces:

$$\frac{a_1 + \cdots + a_n}{n} \leq \sqrt{\frac{a_1^2 + \cdots + a_n^2}{n}}.$$

---

[77]En realidad, se puede demostrar que esta desigualdad entre medias aritméticas y geométricas no se cumple tan solo para dos números, sino que también es cierta para una cantidad arbitraria de números reales no negativos.

Apéndice: construcción rigurosa de los anillos de polinomios

Si $(A, +, \cdot)$ es un anillo conmutativo y unitario, se llaman polinomios en una indeterminada con coeficientes en A a las sucesiones $\{a_n\}_{n \in \mathbb{Z}_{\geq 0}}$, con índices enteros no negativos, de elementos de A que cumplen que existe un entero no negativo n_0 tal que $a_n = 0 \; \forall n \geq n_0$, es decir, que satisfacen que todos los términos de la sucesión a partir de uno de ellos son 0. Se suele decir, de forma más abreviada, que casi todos los términos de la sucesión son 0[1]. Por ejemplo, si $A = \mathbb{Z}$, la sucesión $0, 1, 2, 3, 4, 5, 6, 7, 8, 9, 10, 0, 0, 0, 0, 0, \ldots$ cuyo término general a_n vale n si $0 \leq n \leq 10$ y 0 si $n > 10$, es un polinomio, pero la sucesión $1, 1, 0, 0, 1, 0, 0, 0, 0, 1, 0, 0, 0, 0, 0, 0, 1, \ldots$ cuyo término general b_n es 1 si n es un cuadrado perfecto y 0 si n no es un cuadrado perfecto[2] no es un polinomio, ya que tiene infinitas

---

[1] Entendiendo esta expresión como lo que es, un tecnicismo para decir que solo hay un número finito de elementos no nulos (en particular, quizá ninguno, que también es finito), no como una apreciación subjetiva del término 'casi', respecto al cual casi nunca coinciden las opiniones.

[2] Recuerden que los índices están en $\mathbb{Z}_{\geq 0}$ y el primer índice es el 0-ésimo, y que $0 = 0^2$ es un cuadrado perfecto.

entradas no nulas. La definición dada de polinomio es completamente rigurosa desde el punto de vista matemático[3], ya que se hace a partir de objetos y relaciones bien conocidos y definidos: elementos de un anillo, sucesiones y ser cero a partir de cierto índice.

Para construir el anillo de polinomios necesitamos definir la suma y el producto de dos polinomios:

Si $P = \{a_n\}_{n \in \mathbb{Z}_{\geq 0}}$ y $Q = \{b_n\}_{n \in \mathbb{Z}_{\geq 0}}$ son dos polinomios, definimos $P + Q = \{c_n\}_{n \in \mathbb{Z}_{\geq 0}}$ con $c_n = a_n + b_n \ \forall n \in \mathbb{Z}_{\geq 0}$ y $P \cdot Q = \{d_n\}_{n \in \mathbb{Z}_{\geq 0}}$ con $d_n = \displaystyle\sum_{\substack{0 \leq j,k \ \text{y} \ j+k=n}} c_j d_k$[4]. Es evidente que ambas operaciones están bien definidas, es decir, casi todos sus términos son 0, ya que, si $a_n = 0 \ \forall n \geq n_0'$ y si $b_n = 0 \ \forall n \geq n_0''$, entonces $c_n = 0 \ \forall n \geq \max\{n_0', n_0''\}$ y $d_n = 0 \ \forall n \geq n_0' + n_0'' - 1$.

Ahora podemos comprobar fácilmente, aunque omitiré la demostración porque es rutinaria y la pueden hacer ustedes sin ningún problema con un poco de tiempo y paciencia, que si denotamos por B al conjunto de polinomios, entonces $(B, +, \cdot)$ es un anillo conmutativo y unitario. El elemento neutro de la suma es la sucesión $0, 0, 0, \dots$ con todos sus términos nulos[5] y el elemento neutro del producto es la sucesión $1, 0, 0, \dots$ cuyo primer término es 1[6] y todos los demás son 0. El opuesto de la sucesión $\{a_n\}_{n \in \mathbb{Z}_{\geq 0}}$ es la sucesión $\{-a_n\}_{n \in \mathbb{Z}_{\geq 0}}$[7].

¿Pero dónde rayos está la indeterminada en todo esto? La indeterminada, por definición, no es ni más ni menos que la sucesión $0, 1, 0, 0, \dots$, que evidentemente es un polinomio. Es un elemento cuya definición depende solo del anillo A pero, como a todo en la vida, hay que denotarla de alguna forma, y es tradicional usar la letra X. Es evidente, a partir de la definición de multiplicación, que la potencia n-ésima X^n de la indeterminada es la sucesión $0, 0, \dots, 0, 1, 0, \dots$ que tiene un 1 en la posición correspondiente al índice n (pero que está físicamente en la posición $(n+1)$-ésima, ya que empezamos a numerar desde el índice 0). Ahora, si identificamos un elemento a del anillo A con el polinomio $a, 0, 0, \dots$ que tiene todos sus elementos nulos excepto posiblemente el prime-

---

[3]Lo cual no hace que sea agradable ni que nos sintamos cómodos con ella en un primer momento.

[4]El número de sumandos en c_n es finito (con lo que la suma tiene sentido) ya que, al ser j y k no negativos, se tiene que $0 \leq j, k \leq n$.

[5]Donde 0 es el elemento neutro de la suma en el anillo A.

[6]Donde 1 es el elemento neutro para la multiplicación en el anillo A.

[7]Donde $-a_n$ es el opuesto de a_n en el anillo A.

ro, que es a, entonces aX^n es el polinomio dado por la sucesión con a en la posición de índice n y ceros en todas las demás y, ahora, es evidente que el polinomio $a_0, a_1, a_2, \ldots$ es $a_0 + a_1 X + a_2 X^2 + \ldots$, es decir, que reconciliamos la definición rigurosa con la expresión formal dada en el capítulo 5[8].

---

[8] *Bien está lo que bien acaba*: la reconciliación de los dos enfoques, la nota, el capítulo y el libro.

Bibliografía

[1] Belski, A. A. y Kaluzhnin, L.A. (1977). *División inexacta*. Editorial Mir.

[2] Gómez, J. (2010). *Matemáticos, espías y piratas informáticos*. RBA libros.

[3] Halmos, P. R. (1988). *I Want to Be a Mathematician: An Automatography in Three Parts*. Mathematical Association of America (MAA).

[4] Korovkin, P. P. (1976). *Desigualdades*. Editorial Mir.

[5] Lahoz-Beltrá, R. (2005). *Turing: del primer ordenador a la inteligencia artificial*. Editorial Nivola.

[6] Livio, M. (2016). *La ecuación jamás resuelta*. Editorial Ariel.

[7] Martínez, L. (2023). *Adéntrate en las matemáticas universitarias con humor*. Editorial Marcombo.

[8] Nielsen, P. P. (2015). *Odd perfect numbers, diophantine equations, and upper bounds*. Mathematics of Computation, 84(295), 2549-2567.

[9] Ochem, P. y Rao, M. (2012). *Odd perfect numbers are greater than 10^{1500}*. Mathematics of Computation, 81(279), 1869-1877.

[10] Spivak, M. (2012). *Calculus*. (3ª ed.). Editorial Reverté.

[11] Torra, V. (2011). *Del ábaco a la revolución digital*. RBA libros.

[12] Trajtenbrot, B. A. (1977). *Los algoritmos y la resolución automática de problemas*. Editorial Mir.

[13] Turing, A. M. (1937). *On Computable Numbers, with an Application to the Entscheidungsproblem*. Proceedings of the London Mathematical Society, 2(42), 230-265.

[14] Vera et al. (1992). *Álgebra abstracta aplicada.* Editorial AVL.

Índice alfabético